ro
ro
ro

ro
ro
ro

TIMO SIEBER
HELGA HOFMANN-SIEBER

WILDE GENE

VOM VERBORGENEN LEBEN IN UNS

Mit Illustrationen von
Oliver Weiss

ROWOHLT
TASCHENBUCH VERLAG

Originalausgabe
Veröffentlicht im Rowohlt Taschenbuch Verlag,
Reinbek bei Hamburg, Dezember 2016

Redaktion Regina Carstensen
Illustrationen Oliver Weiss, einige nach Ideen von Boris Dammer
Umschlaggestaltung ZERO Werbeagentur, München
Umschlagillustration Oliver Weiss
Satz aus der FF Franziska, InDesign
Gesamtherstellung CPI books GmbH, Leck, Germany
ISBN 978 3 499 63117 7

Für Maike und Adrian

INHALT

Einleitung

Hier räumen wir mit allen Vorurteilen auf, erledigen die Gesundheitstipps und schnallen uns an für die Reise zu den wilden Genen.

So. Jetzt haben wir den Salat. Sie halten dieses Buch in Händen und wollen jetzt wissen, worum es darin geht. Haben Sie es irgendwo in einem Buchladen eher zufällig aus dem Regal gefischt? Oder hat ein finsterer Algorithmus beschlossen, dass das doch ganz prima zu den Suchbegriffen passt, die Sie in den letzten Wochen so ins Netz philosophiert haben? Womöglich hat es Ihnen auch eine Freundin oder ein Freund mit den Worten «Hier, lies das. Dieses Buch hat mein Leben von Grund auf verändert!» über den Tisch geschoben. Egal wie: Wahrscheinlich wird dieses Buch Ihr Leben nicht verändern. Sie werden durch den Konsum dieser Lektüre nicht schlanker oder glücklicher. Es ist auch kein medizinisches Buch, das Ihnen Tipps gibt, um ein gesünderes Leben zu führen. Kein Stück! Na gut: Rauchen und Alkohol sind schlecht, essen Sie nicht zu viel, schlafen Sie nicht zu wenig und versuchen Sie gelegentlich ein wenig zu lachen. Das war's aber auch schon.

...

Sie sind noch da? Gut. Dann kommen wir zum Punkt: Dieses Buch will nichts mehr und nichts weniger, als Ihnen erzählen, wie großartig Sie sind. Jawohl: Sie! Sie und alles andere, was auf diesem Planeten so kreucht und fleucht, vom Bakterium über irgendwelche Winz-Würmer bis hin zu dem miesepetrigen Zoo-Elefanten, der Ihnen Ihr sorgfältig geschnittenes Gemüse wieder vor die Füße wirft. Allesamt sind wunderbar, großartig und *lebendig*. Und darum geht es hier: um das Leben und vor allem um die Gene, die unsichtbar dahinterstecken.

Dieses Buch ist ein Ausflug ins Innere des Lebens, auf dem Ihnen ein wirklich wilder Haufen von Genen begegnen wird: Sie springen in der DNA herum, verändern sich durch Fehler und wandern von einem Wirt zum nächsten, wie ein Junggesellenabschied auf St. Pauli. Das klingt nach einer gehörigen Prise Chaos, doch genau das ist notwendig, um alles am Laufen zu halten und evolutionär voranzukommen. Zugleich organisieren sich die Gene in diesem Durcheinander aber auf wundersame Weise und erschaffen komplexe Lebewesen. Dabei halten sie sich eisern an eine einzige Regel, die da lautet: «Was geht, wird auch gemacht!» Also, meistens.

Wenn Sie die wild herumhüpfenden Gene heil überstanden haben, geben Sie das Buch an einen Freund weiter und sagen Sie vielleicht so was wie: «Hier, lies das. Dieses Buch hat mein Leben von Grund auf verändert!»

1. KAPITEL

Schatz, ich glaube, du hast DNA …

Die Geschichte geht los mit dreisten Gentlemen, die komische Krawatten tragen, eine Dame beklauen und dann berühmt werden. Nebenbei wird noch die DNA entdeckt, ihre Struktur aufgeklärt, und Superman und Clark Kent zeigen, wie ein Gen funktioniert.

Wir haben Besuch bekommen. Wie aus dem Nichts ist sie aufgetaucht – Tante Hedwig. Meine Frau und ich sehen uns an. «Wusstest du davon?», zische ich leise. Die leichte Panik in ihren Augen und das fast unmerkliche Zucken ihrer Mundwinkel sind mir Antwort genug.

Hedwig holt indessen zum nächsten Überraschungsschlag aus. Gekonnt schiebt sie sich mit ihrem großen Koffer an mir vorbei und wendet sich unserem Nachwuchs zu. «Mönsch! Bist du aber groß geworden!» Haare werden verwuschelt und zarte Kinderwangen zwischen Daumen und Zeigefinger in den tantentypischen Schwitzkasten genommen. «Du siehst ja ganz aus wie der Papa! Ganz der Papa! Sind die Gene. Na ja, verwächst sich vielleicht noch ... Gib der Tante doch mal ein Küsschen. Wir werden jetzt viel Zeit miteinander haben ...» Und während ich noch versuche, mich aus meiner Schockstarre zu lösen, trifft mich die Erkenntnis so unvermittelt wie ein Sommergewitter im November: Sie ist gekommen, um zu bleiben.

Dass sich Verwandte häufig ähneln (im Guten wie im Schlechten), ist uns allen schon lange klar. Aber was sind eigentlich diese mysteriösen Gene, die an der ganzen Geschichte schuld sein sollen?

Angefangen hat alles um 1854, als sich der Mönch und Aushilfslehrer Gregor Mendel (die Prüfung zum richtigen Lehrer hat er zeitlebens nicht bestanden) Gedanken darüber machte, wie sich Eigenschaften vererben. Na ja, «Gedanken machen» ist etwas untertrieben: Er hat etliche tausend Erbsenpflanzen gezüchtet, gekreuzt und untersucht. Seine Beobachtungen hat er dann statistisch ausgewertet. Heute gilt er als «Vater der Genetik». (Möglicherweise hat er nebenbei auch festgestellt, dass der Konsum großer Mengen Hülsenfrüchte im Kloster auch seine Schattenseiten hat, oder besser: für dicke Luft sorgt – das ist allerdings nicht im Detail überliefert.)

Mendel konnte zeigen, dass die Vererbung von Merkmalen, wie zum Beispiel Blütenfarbe und Wuchshöhe, festen Regeln folgt: Jede Erbsenpflanze schien ein mysteriöses «Etwas» in zwei Kopien zu enthalten, in denen die verschiedenen Merkmale der Pflanze festgeschrieben waren. Je eine Kopie davon licß sich pro Elternpflanze an die einzelnen Nachkommen weitergeben. Außerdem wurde klar, dass das «Etwas», das da vererbt wurde, nicht ein einziger Block war, sondern aus einzelnen Teilen bestand, die bestimmte Merkmale festlegen konnten. Mendel hatte allerdings keinen blassen Schimmer, was diese Vererbungseinheiten sein könnten.

Schließlich veröffentlichte er seine Arbeiten. Es waren bahnbrechende, völlig neue Gedanken, die er da zu Papier gebracht hatte. Und wie das bei bahnbrechenden Ideen gerne so ist, wurden sie erst einmal nicht als solche erkannt. Die Fachwelt interessierte sich nicht für die Entdeckungen des Mönchs. Mendel glaubte allerdings fest daran, dass er etwas Wichtiges entdeckt hatte. Überliefert sind seine Worte: «Meine Zeit wird schon kommen!» Und sie kam auch. 30 Jahre später. Seine Arbeiten wurden um 1900 von drei Botanikern «wiederentdeckt», überprüft und in ihrer wahren Bedeutung erkannt. Mendel hätte das sicher sehr gefreut, nur leider war er zu diesem Zeitpunkt längst tot. Trotzdem: Der Startschuss der Genetik fiel in einem Klostergarten.

Das Wort «Gen» tauchte erst 1909 auf. Der Däne Wilhelm Johannsen leitete es vom griechischen *genos* (Familiengeschlecht) ab. Vielleicht weil er zu dem Schluss gelangte, dass man etwas Kurzes, Prägnantes brauchte, um diese «Vererbungseinheiten» zu benennen, die wohl für die Weitergabe von Merkmalen verantwortlich waren. Für ihn war ein Gen aber weniger ein reales Stück Materie, sondern eher ein Konzept. Damals dachten viele Wissenschaftler so.

Was die Natur der Gene anging, hatte man zwei große Fragen. Zum einen wie körperliche Eigenschaften – etwa «weiße Blütenfarbe» – von einer Generation zur nächsten weitergegeben werden. Und zum anderen wie Eigenschaften überhaupt entstehen. Wie kommt es, dass eine Erbsenblüte weiß ist? Wie erzeugt die Pflanze diese Farbe?

Um den Ursachen von Eigenschaften auf den Grund zu gehen, könnte man wie Mendel mit großen Pflanzen oder mit Tieren arbeiten. Das wird allerdings schnell schwierig, da solche Untersuchungen lange dauern und die Eigenschaften dieser Lebewesen komplex sind. Glücklicherweise gibt es aber auch Lebewesen mit wesentlich einfacheren Eigenschaften. Zum Beispiel die Fähigkeit von Hefen, aus Zucker Alkohol zu erzeugen. Das ist eine schlichte chemische Reaktion: die Umwandlung eines Stoffes in einen anderen (eigentlich zwei, denn es entsteht dabei noch Kohlendioxid). Lebewesen nutzen für solche Stoffumsetzungen sogenannte Enzyme. Wenn in einem Lebewesen bestimmte Enzyme vorhanden sind, kann es einen speziellen Stoff in einen anderen umwandeln, sonst nicht. Wenn man so will, ist ein Enzym also die kleinste mögliche Eigenschaft.

Seit 1926 weiß man auch, was Enzyme eigentlich sind: Proteine. Proteine sind ein wahres Wunderwerk der Natur! Sie bestehen aus 20 sehr verschiedenen Bausteinen, den Aminosäuren, die sich in ihrer Anordnung beliebig kombinieren lassen und zu langen Ketten verknüpft werden können. Diese Ketten falten sich zu dreidimensionalen Gebilden zusammen, die die unterschiedlichsten Funktionen erfüllen können. (Ziemlich beeindruckende Leistung. Wer das bezweifelt, darf gerne mal versuchen, eine Schnur so zu verknödeln, dass daraus eine funktionierende Schere oder ein Modell des Eiffelturms entsteht.) Unsere Zellen nutzen eine Vielzahl von Proteinen für fast alle Dinge, die sie zum Leben brauchen. Proteine sind die Arbeitspferde des Lebens.

Nachdem klar war, dass ein Enzym eine einfache Eigenschaft

vermitteln kann, wurde 1941 die Behauptung aufgestellt, dass ein Gen etwas ist, das bestimmt, wie ein Enzym aussieht. Diese Hypothese bekam den schönen selbsterklärenden Namen «Ein-Gen-ein-Enzym-Hypothese» verpasst und sollte nicht lange Bestand haben. Man entdeckte nämlich ziemlich bald, dass es auch Proteine gab, die keine Enzyme waren, sondern andere Aufgaben erledigten. Zum Beispiel können Proteine problemlos große Strukturen aufbauen (unsere Haare bestehen fast nur aus dem Protein Keratin). Daher taufte man das Konzept in «Ein-Gen-ein-Protein-Hypothese» um – und war vorläufig sehr zufrieden mit sich. Als man allerdings einige Jahre später herausfand, dass Proteine häufig nicht nur aus einer Kette von Aminosäuren (einem sogenannten Polypeptid), sondern aus mehreren bestehen können, gab es wieder einen neuen Namen. Na, wollen Sie raten? Die «Ein-Gen-ein-Polypeptid-Hypothese». Und lassen Sie uns ein bisschen vorgreifen: Auch das war noch nicht das Ende der Geschichte.

Jetzt wissen wir zwar, dass Proteine körperliche Eigenschaften von Lebewesen vermitteln können, aber wir wissen immer noch nicht, wie sie vererbt werden und was die Gene eigentlich sind. Erste Ideen zur Natur der Gene gab es schon kurz nach 1900, als man beobachtete, dass bei der Teilung von Zellen große fädige Strukturen, die Chromosomen, im Mikroskop sichtbar wurden. Die Chromosomen teilten sich dabei gleichmäßig auf die Tochterzellen auf. Das war verdächtig. Konnten sie die Informationsspeicher der Zellen sein? Als man sie näher untersuchte, fand man heraus, dass sie aus Protein und aus DNA bestanden. DNA, im Deutschen DNS, steht für Desoxyribonukleinsäure, ein wunderbares Wort und ideal, wenn Sie beim Scrabble mal ein «X» und ein «Y» gleichzeitig loswerden müssen. Gibt satte 51 Punkte!

Aber was von beidem war jetzt die Erbsubstanz? An die DNA glaubte am Anfang kaum jemand. Man kannte sie schon seit längerem, aber man wusste nur wenig Konkretes über sie. Sie schien in den Zellen nur so herumzuliegen und nicht viel zu machen. Außerdem bestand sie aus sehr wenigen Baustücken: den Basen G, A, T und C (Guanin, Adenin, Thymin, Cytosin) sowie aus Phosphat und Zucker.

Im Vergleich zu Proteinen mit ihren 20 verschiedenen Aminosäurebausteinen war das geradezu trivial. Außerdem, hey, Proteine können Enzyme sein und die vielfältigsten Aufgaben übernehmen, warum dann nicht auch die Informationsspeicherung? Diese Idee setzte sich durch und hielt sich lange. Erst als Mitte der vierziger Jahre gezeigt wurde, dass sich durch das Übertragen von DNA Eigenschaften von Bakterium zu Bakterium weitergeben lassen, änderte sich die Lehrmeinung. Langsam. Es dauerte noch fast zehn Jahre, bis die DNA endlich allgemein als Träger der Erbinformation akzeptiert war. Wie sagte Albert Einstein so schön? «Es ist schwieriger, eine vorgefasste Meinung zu zertrümmern als ein Atom.»

Stellen Sie sich vor, wie das gewesen sein muss, als dieser Schritt endlich getan war: Sie gehen abends nichtsahnend ins Bett, wachen am nächsten Morgen wieder auf, schlurfen zum Frühstückstisch, öffnen die Zeitung - und da steht schwarz auf weiß: Sie haben Desoxyribonukleinsäure! Und dieses unaussprechliche Zeug ist auch noch irgendwie dafür verantwortlich, dass Ihre Kinder Ihnen so verflixt ähnlich sehen.

Eine solche Erkenntnis verändert die Welt über Nacht. Und der Wissenschaftler wittert: Da liegen Nobelpreise in der Luft! Der nächste zentrale Schritt - das war allen klar - bestand darin, die Struktur der DNA aufzuklären. Wie sah so ein Molekül aus? Ein Wettrennen um die Beantwortung dieser Frage entbrannte, an dem die renommiertesten Köpfe teilnahmen. Gewonnen haben es zwei Wissenschaftler, die wohl kein Buchmacher auf dem Zettel hatte: James Watson und Francis Crick.

Obwohl die beiden auch heute noch die wohl größten Popstars der Biologie sind, war ihr Erfolg damals wirklich nicht abzusehen. Francis Crick, ein Brite, hatte Physik studiert und im Zweiten Weltkrieg Seeminen entwickelt. Nach dem Krieg wandte er sich der Biologie zu und werkelte in Cambridge recht erfolglos an seiner Doktorarbeit herum (er versuchte die Struktur des Sauerstofftransportproteins Hämoglobin zu bestimmen). Sein Chef hielt ihn für einen Schwätzer, der nichts Rechtes zustande brachte und ihm «Ohrensausen» verursachte.

Eines schicksalhaften Tages lief Crick jedoch der junge Amerikaner James Watson über den Weg. Dieser Watson war nun ein bisschen ein Wunderkind und hatte mit fünfzehn begonnen, Zoologie zu studieren. Jetzt war er zweiundzwanzig, hatte promoviert und war mit einem Stipendium nach Großbritannien gekommen. Die Chemie zwischen den beiden Männern stimmte sofort, und sie beschlossen, gemeinsam das Rätsel der DNA zu lösen. Das war gewagt, denn sie waren nicht wirklich Experten auf dem Gebiet und sollten eigentlich auch an ganz anderen Projekten arbeiten, die sie aber von nun an weitgehend ignorierten.

Richtig ins Rollen kam die Geschichte 1951. Watson saß ganz hinten in einem Vortrag, um nebenbei ungestört ein wenig in der Zeitung blättern zu können, und lauschte mit halbem Ohr. Vorne präsentierte Rosalind Franklin aus dem benachbarten London ihre neuesten Ergebnisse. Sie war führend auf dem Gebiet der Röntgenstrukturanalyse, und während Watson sich überlegte, wie sie ihr Äußeres vielleicht etwas aufpeppen könnte, verkündete sie ihre aktuellsten Erkenntnisse und Daten zur DNA-Struktur. Ihre Bilder waren besser als alles, was man bis dato gesehen hatte. Das dürfen Sie sich nicht wie ein Modell der DNA vorstellen, wie Sie es vielleicht von Abbildungen her kennen, das waren vielmehr ein paar dunkle, verwaschene Flecken auf einem Röntgenfilm, denen nur wenige Eingeweihte eine Bedeutung zuordnen konnten. Watson war jetzt hellwach: Franklin zeigte zwar ihre Röntgenfilme und mathematischen Analysen, aber sie entwarf kein Modell der molekularen Struktur. Ihm wurde klar, dass die DNA eine regelmäßige Helix-Struktur haben müsste, ähnlich einer Wendeltreppe. Das Rennen der Strukturaufklärung bog in die Zielgerade ein! Er und Crick begannen fieberhaft an dieser Struktur zu arbeiten.

«Arbeiten» hieß in ihrem Fall allerdings nicht, dass sie selbst irgendwelche Experimente gemacht hätten. Nein, sie nutzten die bekannten Fakten und die Informationsfetzen, die sich Watson aus dem Vortrag der Kollegin gemerkt hatte. Damit fischten sie in einem fremden Teich, und Watsons Vorgesetzter John Kendrew bestand darauf, dass sie das Modell, das sie entwickelt hatten, Rosalind Franklin und ihrem Kollegen Maurice Wilkins vorstellten.

Franklin war wenig begeistert von dem, was sie da zu sehen bekam, und es zeigte sich, dass das DNA-Modell der beiden Männer völlig unhaltbar war. Watson und Crick erlebten eine üble Blamage. Ihr Institutsleiter war peinlich berührt und zitierte sie am nächsten Tag zu sich: Schluss mit der Arbeit an der DNA! Das sollten die Kollegen Franklin und Wilkins in London machen, und auf Watson und Crick würden schließlich noch andere Aufgaben warten, zum Beispiel Cricks angefangene Doktorarbeit!

Das hätte das Ende sein sollen. War es aber nicht. Crick und Watson gaben nicht auf. Im nächsten Jahr, 1952, kam der große österreichisch-amerikanische Chemiker Erwin Chargaff nach Cambridge, der sich ebenfalls der Analyse der DNA widmete. Insbesondere beschäftigte er sich mit ihren chemischen Bestandteilen, den vier Basen A, G, C und T. Wie diese Bausteine allerdings in der DNA zusammenhingen, war noch unklar. Aber Chargaff hatte immerhin beobachtet, dass die Häufigkeit der Basen gekoppelt war: G und C waren immer gleich häufig, ebenso wie A und T. Crick und Watson suchten das Gespräch und blamierten sich erneut bis auf die Knochen. Sie machten unqualifizierte Bemerkungen, und es wurde klar, dass sie im Grunde keine Ahnung von Chemie hatten. Chargaff bezeichnete sie später als wissenschaftliche Clowns mit Ehrgeiz und Angriffslust bei völliger Verachtung für die Chemie.

Aber auch das hielt die zwei jungen Männer nicht auf. Wenig später besuchte Watson erneut das Labor von Franklin und Wilkins. Nachdem Franklin ihn hochkant hinausgeworfen hatte (er hatte versucht, ihr eine unveröffentlichte und daher vertrauliche Arbeit eines Konkurrenten zu zeigen), lief er Wilkins in die Arme. Das Verhältnis zu Wilkins war besser, denn Watson und Crick genossen das Schöne im Leben und schmissen Partys, zu denen sie Wilkins regelmäßig einluden. Wilkins zeigte ihm begeistert Franklins letzte Forschungsergebnisse und Daten, die deutlicher als je zuvor die DNA-Struktur zeigten.

Mit den neuen Informationen fuhr Watson zurück nach Cambridge und begann zusammen mit Crick ohne Unterbrechung an einem DNA-Modell zu arbeiten. Schließlich war es so weit: Am Morgen des 28. Februar 1953 knackten sie das Rätsel! Es war eine Doppelhelix. Mit die Ersten, die das erfuhren, waren übrigens die Gäste des Eagles Pub, der Stammkneipe von Watson und Crick, denn Crick rief noch am selben Tag gewohnt bescheiden durchs Lokal, dass sie das «Geheimnis des Lebens» entdeckt hätten!

Wenig später veröffentlichte das dynamische Duo sein Modell auf gerade mal einer Seite Text mit einer kleinen Skizze der Doppelhelix (die von Cricks Frau Odile gezeichnet worden war) – und es wurde über Nacht zum schillernden Star der wissenschaftlichen Welt. Die beiden würdigten übrigens auch den Beitrag von Franklin und Wilkins. In einem Satz. Ihre Arbeit sei von deren «Ergebnissen und Ideen stimuliert worden». Dies ist ein Paradebeispiel dafür, dass es bei der Verteilung von Ruhm und Ehre in der wissenschaftlichen Welt oft alles andere als fair zugehen kann. Immerhin wurde Franklin und Wilkins eingeräumt, in derselben Zeitschrift, in der Watson und Crick ihr DNA-Doppelhelix-Modell beschrieben hatten, auch die Daten zu veröffentlichen, die zu der großen Entdeckung geführt hatten.

Einen zusätzlich bitteren Nachgeschmack bekommt die Geschichte, wenn man bedenkt, dass Rosalind Franklin, ohne deren Röntgenanalysen die Entdeckung nie geschehen wäre, im Alter von nur 37 Jahren an Krebs starb. Es ist wahrscheinlich, dass ihre Arbeit mit den krebserregenden Röntgenstrahlen Franklin das Leben kostete, während sie Watson und Crick berühmt machte. Die Nutznießer erhielten 1962 gemeinsam mit Wilkins den Nobelpreis. Rosalind Franklin ging leer aus, da die Auszeichnung nur an Lebende vergeben wird.

Was für ein Licht wirft das alles auf Watson und Crick? Einerseits haben sie kein einziges Experiment zur Aufstellung ihres Modells selbst gemacht und mit nicht veröffentlichten Daten anderer Wissenschaftler jongliert. Das ist wirklich nicht die feine englische Art und läuft dem wissenschaftlichen Ehrenkodex zuwider. Die ganze Geschichte gilt daher heute auch als klassisches Beispiel dafür, wie man sich in der Wissenschaft eben *nicht* verhalten sollte. Andererseits haben sie Zähigkeit bewiesen und sich nicht von ihrem Ziel abbringen lassen. Sie haben die Informationen, die ihnen zur Verfügung standen, kombiniert und diese schließlich zu einem passenden Modell der DNA zusammengefügt. Das war zweifellos eine große intellektuelle Leistung, auf der Generationen von Wissenschaftlern unser heutiges Verständnis des Lebens aufgebaut haben. Sind die zwei jetzt Helden oder eher das Gegenteil? Fällen Sie Ihr Urteil selbst.

Aber zurück zur berühmten Doppelhelix. Watsons und Cricks Modell sieht aus wie eine verdrehte Strickleiter. Die beiden «Seilstränge» der Leiter sind Ketten von fest verbundenen DNA-Bausteinen oder Nukleotiden. Das «Seil» wird dabei durch Verknüpfungen von Zucker und Phosphaten aus den einzelnen Bausteinen zusammengehalten. Das ist ziemlich stabil. Das eigentlich Spannende sind aber die «Sprossen». Hier begegnen sich die Basen aus den beiden «Seilen». Und wenn ein A und ein T oder ein G und ein C aufeinandertreffen, dann ziehen sie sich an (das Ganze nennt sich auch «Watson-und-Crick-Basenpaarung»). Kommen andere Paare zusammen, funkt es nicht. Die Kräfte, die zwischen den Basen wirken, sind deutlich schwächer als die, die die Seile zusammenhalten. Das funktioniert in etwa so wie ein Klettverschluss, denn man kann die zwei Teile relativ leicht voneinander trennen.

Das ist ja alles ganz schick, aber warum ist die Aufklärung der DNA-Struktur nun *der* Mondlandungsmoment der Genetik gewesen? Man wusste mit einem Mal, wie die DNA Informationen speichert: In langen Ketten aus DNA-Bausteinen. Es gibt also eine fixe Anordnung, eine Reihenfolge. Sagen wir so: Wenn Sie wissen, in welcher Reihenfolge die Buchstaben in einem Buch stehen, können Sie es lesen. Wenn Sie das nicht wissen, haben Sie eine Tüte Buchstabennudeln: Das ist vielleicht appetitlich, aber der Informationsgehalt geht gegen null.

Die Struktur verriet aber noch mehr als das. Denn um eine Reihenfolge festzulegen, würde ja eine Kette völlig reichen. Warum dann aber zwei Stränge? Nun, die beiden Stränge sind nicht unabhängig voneinander: Wenn der eine an einer bestimmten Stelle ein «A» enthält, muss der andere dort ein «T» enthalten. Der zweite Strang ist daher nur eine spiegelbildliche Kopie des

ersten. Watson und Crick haben sofort erkannt, wozu dieses Doppelgemoppel gut ist: Ein Strang kann als Vorlage zur Herstellung eines zweiten dienen. Hat man also einen DNA-Doppelstrang und teilt ihn in zwei einzelne Stränge (was ja wegen der «Klettverschluss»-Verbindung zwischen beiden recht gut geht), kann man daraus zwei neue Doppelstränge herstellen und so weiter. Die Struktur hat uns somit auch gezeigt, wie die Vervielfältigung der Erbinformation funktionieren muss.

Das war schon ein großartiger Moment. Wunderbar! Das Geheimnis des Lebens war gelöst! Die Wissenschaft feierte eine rauschende Party mit allem Pipapo.

Im grellen Licht des nächsten Morgens folgte jedoch die Ernüchterung: Man wusste jetzt zwar, wie die DNA im Prinzip aussieht, aber AGTTCGATCCAAGTCT? Das sagt einem jetzt noch nicht direkt, wieso Tante Hedwig sich so einer außerordentlich robusten Gesundheit erfreut oder warum dem Nachbarn die Haare ausgehen. Kurz: Man wusste jetzt zwar, wie die DNA gebaut war, man hatte aber keinen Schimmer, wie die Information von der Zelle genutzt wurde. Was die Wissenschaftler besonders interessierte, war, mit welchem Code die Protein-Bauanleitungen in der DNA gespeichert waren. Immerhin hatte man bereits entdeckt, dass Proteine viele wichtige Funktionen in den Zellen erfüllen. Da zupfte sich mancher den Laborkittel wieder gerade, schüttelte den letzten Rest Konfetti aus dem Haar und ging sich den verkaterten Kopf kratzend zurück ins Labor.

Die Frage nach dem Code verursachte den Biologen über lange Zeit ziemliches Kopfzerbrechen. Man möchte sich da James Watson vorstellen, wie er einsam in einer schummrigen Hotelbar sitzt, den Kopf tief über sein Whiskeyglas gesenkt hält und murmelt: «Dieser mistige Code muss doch zu brechen sein ... aber wie? Wie?» – «Entschuldigung», meldet sich da eine schnarrende Stimme mit russischem Akzent, «aber sagten Sie da gerade Codebrechen?» Diese Stimme gehört George Gamow, einem russisch-amerikanischen Physiker, der gerade nach Belegen für die Urknalltheorie suchte. Allerdings war Gamow fasziniert vom Rätsel des genetischen Codes und beschloss zusammen mit Watson, die Sache mal richtig anzugehen. Richtig und mit *Stil*! Daher gründeten die beiden 1954 den «RNA-Tie-Club» (also den «RNA-Krawatten-Club»). Einen Gentlemen's-Club für die naturwissenschaftlichen Schwergewichte ihrer Zeit.

Die erklärten Ziele des Clubs waren es herauszufinden, wie die DNA Information codiert, wie man also von der DNA zum Protein kommt und was – wenn überhaupt – die RNA damit zu tun hat. Moment, wieso RNA? Die haben wir Ihnen bisher unterschlagen, aber das korrigieren wir sofort. RNA klingt erst einmal ganz ähnlich wie DNA und ist es auch. Die beiden sind von ihrer Struktur her quasi Geschwister und unterscheiden sich chemisch nur in zwei Dingen: Die RNA verwendet einen leicht anderen Zucker («Ribose» in der RNA statt «Desoxyribose» in der DNA, daher *ribonucleic acid*, RNA, statt *desoxyribonucleic acid*, DNA) und ersetzt die Base T (Thymin) durch U (Uracil). Aber wie das bei Geschwistern oft so ist, auch wenn sie sich im Grunde sehr ähnlich sind, verhalten sie sich ganz unterschiedlich. Während die DNA meist in langen Doppelsträngen vorliegt, existiert die RNA in der Regel in einer Unzahl kurzer, einzelsträngiger Stücke, die noch dazu chronisch kurzlebig sind (was heute noch Biologen in die Verzweiflung treiben kann). Damals wusste man über die kleine labile Schwester RNA recht wenig, aber man vermutete, dass sie etwas mit der Herstellung von Proteinen zu tun habe könnte.

Der RNA-Tie-Club war eine vollkommen eigene Welt. Er war eine Institution, die von heutigen Wissenschaftsorganisationen in etwa so weit entfernt ist wie eine Stammtischrunde von der Telekom-Hauptversammlung. Aus heutiger Sicht wirkt er wunderbar kauzig und verschroben. Der Club oder die «RNA-Tie-Bruderschaft», wie Gamow die Gruppe manchmal nannte, bestand aus 20 handverlesenen Mitgliedern, denen je eine der natürlichen Aminosäuren zugeordnet war. Gamow benannte sich nach der ersten Aminosäure im Alphabet: Alanin oder Ala. Watson war «der Pro» (steht für Prolin, aber auch für den Profi ... Sie sehen schon: Er war ein bisschen Coolness gegenüber nicht abgeneigt). Crick war natürlich mit von der Partie, und zwar als «Tyr» (Tyrosin. «Tyr» ist allerdings gleichzeitig der Name eines altnordischen Kriegsgotts, dessen wir immer noch einmal die Woche gedenken, denn nach ihm ist der Tyrs Tag = *tuesday* = Dienstag benannt). Und so ging es weiter. Dann gab es noch vier Ehrenmitglieder, benannt nach den vier DNA-Bausteinen. Jedes Mitglied des Gentlemen's-Clubs wurde mit einer der namensgebenden Krawatten (schwarz mit einer gelb-grünen Helix; vier US-Dollar das Stück) und einer passenden Krawattennadel mit dem persönlichen Aminosäurekürzel ausgestattet. Schön auch die Organisationsstruktur und die «Ämter». Zum Beispiel gab es einen offiziellen Club-Pessimisten (Crick) und den offiziellen Club-Optimisten (Watson). Wie das wohl in der Praxis aussah? Vielleicht so:

Crick: «Mein Glas ist schon wieder halb leer ...»

Watson: «Super – dann passt wieder was rein!»

Die Clubmitglieder schrieben sich untereinander Briefe, um sich auszutauschen, und trafen sich zweimal im Jahr. Dann wurden bei Zigarren, Whiskey und Bier gute und schlechte, aber in der Regel unfertige Ideen hin und her geworfen.

Nachdem für Watson und Crick das Spekulieren ohne eigene Daten bereits sehr erfolgreich gewesen war, machten sie gleich mit Begeisterung weiter. Francis Crick formulierte in den Jahren des RNA-Tie-Clubs so einige Ideen. Die wohl berühmteste davon war die, dass die Information aus Nukleinsäuren (also RNA oder DNA) auf andere Nukleinsäuren übertragen oder zur Produktion von Proteinen genutzt werden kann, während Proteine nicht als Informationsquelle dienen können. Er bezeichnete diese Überlegung als das «zentrale Dogma» der Molekularbiologie, und in den kommenden Jahren zeigte sich, dass er damit (*fast* immer) richtiglag: Die Information des Erbguts wird in kurzen Happen auf kurzlebige RNA-Moleküle, sogenannte Boten- oder Messenger-RNAs, übertragen, die wiederum als Informationsquelle für die Bildung von Proteinen dienen. Also DNA zu RNA zu Protein. (Es gibt ein paar Ausnahmen, aber dazu später mehr.)

Aber wie war die Information in der DNA gespeichert? Was war der Code? Das, was man 1954 wusste, passte bequem auf einen Bierdeckel: 20 Aminosäuren werden durch vier verschiedene DNA-Bausteine beschrieben. Das war sicher. Sonst gab es nicht viel, mit dem man arbeiten konnte. Aber wenn man so im schummrigen Licht zusammensaß, diskutierte, lachte und trank, war man sich doch ziemlich sicher, dass der eigene genetische Code großartig, perfekt und logisch sein musste. Schließlich war das Leben, das auf ihm fußte, bis in unwirtlichste Ecken der Welt vorgedrungen, von den lichtlosen Tiefen der Ozeane bis hin zum ewigen Eis der höchsten Gipfel. Wenn man sich nun überlegt, wie der beste und logischste Code aussieht, der mit der DNA machbar ist, dann sollte das doch genau der Code sein, den auch das Leben verwendet. Was für eine elektrisierende Herausforderung! Die Mitglieder des Clubs stürzten sich mit Feuereifer darauf. Entsprechend auch ihr Motto: *«Do or die, don't try!»*, das vom Clubmitglied Max Delbrück geprägt wurde.

Also los! Gamow überlegte, dass man, um 20 Aminosäuren zu codieren, mindestens drei Positionen in der DNA brauchte. Eine Position konnte schließlich von vier verschiedenen Bausteinen belegt sein und somit vier Möglichkeiten unterscheiden. Zwei verbundene Positionen ergaben schon (4 × 4 =) 16 und drei Positionen (4 × 4 × 4 =) 64 Kombinationen. Sydney Brenner (ebenfalls Clubmitglied) konnte später zeigen, dass immer drei zusammenhängende DNA-Positionen ein Codewort für eine Aminosäure bilden, das auch als «Codon» bezeichnet wird. Aber wieso gab es dann genau 20 Aminosäuren, wo es doch 64 mögliche Codierungen gab? Gamow und seine Codeknacker vermuteten, dass es dafür einen Grund gab, ja sogar geben musste. Eine ihrer Theorien war, dass nur die Kombination der DNA-Bausteine im Codon von Bedeutung ist, aber nicht ihre Reihenfolge, und dass alle Codons, die zum Beispiel ein A, ein G und ein C enthalten (AGC, ACG, CGA, CAG, GAC und CGA), dieselbe Aminosäure codieren mussten. Wenn das so ist, ist die Kodierungskapazität nicht 64, sondern 20. Voilà! Quasi zwingende Logik. Gamow und sein Club dachten sich noch viele weitere Theorien aus. Die meisten Ideen waren beeindruckend, komplex, aber leider auch falsch.

Die Lösung des Rätsels kam wieder von jemandem, mit dem keiner gerechnet hatte: Marshall Nirenberg und Heinrich Matthaei vom NIH (National Institutes of Health; USA) – beide waren selbstverständlich keine Mitglieder im Club. Sie konzentrierten sich auch nicht auf hochkomplexe Codemodelle, sondern zeigten mit einem eleganten Experiment, das das RNA-Codon «UUU» die Aminosäure Phenylalanin codiert (übrigens am 15. Mai 1961 um drei Uhr morgens ... auch das scheint mal wieder eine Entdeckung zu sein, die ohne Kaffee so nicht möglich gewesen wäre).

Im August desselben Jahres stellte Nirenberg seine Arbeiten auf einem großen Kongress in Moskau vor. Er war erst Mitte dreißig und hatte in seinem Feld noch nicht viel vorzuweisen. Er kannte keinen, und ihn kannte auch niemand. Daher erschien zu seinem Vortrag auch nur eine kleine Gruppe von rund 30 Wissenschaftlern, und selbst die folgten dem Vortrag nicht wirklich mit brennendem Interesse (Nirenberg sagte später, das Publikum hätte keinerlei Regung gezeigt und sei «*absolutely dead*» gewesen). Es schien fast so, als ob diese große Entdeckung komplett in der Bedeutungslosigkeit verschwinden sollte. Aber wie das manchmal ist, Nirenberg hatte am Vorabend Watson getroffen und ihm von seinen Ergebnissen berichtet. Der war skeptisch, aber als «Optimist von Amts wegen» quasi verpflichtet, der Sache nachzugehen. Er bat also einen Bekannten, sich den Vortrag mal anzusehen. Als der ihm berichtete, dass die Daten solide aussahen, gab Watson die Information an Crick weiter, und der brachte den Veranstalter der Konferenz dazu, dass Nirenberg seinen Vortrag am folgenden Tag noch einmal halten durfte. Diesmal jedoch vor rund tausend Zuhörern. Und dann war auf einmal alles ganz anders: Es gab stehende Ovationen, und Nirenberg wurde gefeiert.

Die Beachtung hatte allerdings ihren Preis, denn sie war der Startschuss zu einem neuen wissenschaftlichen Wettrennen mit dem Ziel, die restlichen Codons zu entschlüsseln. Und Nirenberg hätte dieses Rennen wohl gegen etablierte, große Labore verloren, wenn nicht zahlreiche Kollegen aus seinem Institut ihre eigene Arbeit beiseitegelegt hätten, um ihm zu helfen. Manchmal gibt es solche großen Akte der Kollegialität, auch unter Wissenschaftlern.

Nur fünf Jahre später, 1966, kannte man die Bedeutung aller 64 Codons. Wissen Sie, was 1966 noch geschah? *Star Trek* lief zum ersten Mal im Fernsehen. Und was hätte wohl Spock, dieses spitzohrige Klischee eines Wissenschaftlers, zu dem genetischen Code gesagt, den man jetzt so taufrisch entschlüsselt auf dem Tisch hatte? «Faszinierend» oder «Das ist nicht logisch»? Wahrscheinlich beides, denn der Code wirkte im Vergleich zu den eleganten Modellen des RNA-Tie-Clubs geradezu stümperhaft und unlogisch. Es gab keinen Grund, warum ausgerechnet 20 Aminosäuren codiert werden, und auch keine zwingende logische Verknüpfung zwischen Codons und einzelnen Aminosäuren. Das wirkte alles recht beliebig, und Gamow und seine Kollegen waren von der scheinbaren Banalität ihres eigenen Erbguts sicher enttäuscht. Crick bezeichnete den Code als Zufall, der sich zu Beginn des Lebens ergeben hatte und der seitdem gewissermaßen in der DNA eingefroren war.

Aber zu den Details: Von den 64 Codons werden 61 genutzt, um Aminosäuren zu codieren. Manche von bis zu sechs verschiedenen Codons, andere nur von einem einzigen. (Wenn es in einem Code mehrere Codewörter für ein Klarwort gibt, spricht man übrigens von einem «degenerierten Code» – klingt gar nicht sehr nett.) Die restlichen drei Codons stehen nicht für Aminosäuren, sondern sind «Stopp-Codons», die signalisieren: «Hier ist der Bauplan für das Protein zu Ende, bitte keine weiteren Aminosäuren anhängen!» Den Anfang eines Protein-Bauplans signalisiert das Codon, das auch die Aminosäure Methionin codiert.

Damit wissen wir jetzt, wie der Bauplan aussieht, wir kennen den Anfang, wissen, wie die Aminosäuren codiert werden, und wir kennen das Ende.

Das ist schon mal nicht schlecht, aber der Bauplan allein reicht noch nicht. Stellen Sie sich zum Beispiel Folgendes vor: Sie haben einen Bauplan für eine Tigerfalle: Grabe ein Loch, lege dünne Äste darüber und bringe einen appetitlichen Köder an. Sie packen also den Spaten und legen los. Als Sie Stunden später zufrieden vor Ihrem fertigen Werk stehen und sich Schweiß und Dreck von der Stirn wischen, kommt die Mutter Ihres besten Freundes auf Sie zugestöckelt: «Wo bleibst du denn? Die Hochzeitszeremonie geht gleich los! Und wieso steht die Torte hier draußen ruu

u

u

u

u

ummm(s)!»

Sie sehen das Problem? Der Plan funktioniert hervorragend (wie die zornige Stimme von jenseits der Grasnarbe bestätigt), aber Zeit und Ort waren schlecht gewählt. Bei den Genen ist das genauso. Auch hier ist es enorm wichtig, in welchen Zellen sie wann und wie stark aktiv sind. Wie diese Gen-Regulation funktioniert, wurde in den sechziger Jahren anhand des sogenannten Lac-Operons aufgeklärt.

Bietet man Bakterien (hier wurden *Escherichia coli*, Darmbakterien, genutzt - das Lieblingsmodellsystem der Molekularbiologie) eine Nährlösung mit Traubenzucker (Glukose) und Milchzucker (Lactose) an, verbrauchen sie zuerst den Traubenzucker, das ist für sie leichter und nahrhafter. Erst wenn der Traubenzucker verbraucht ist, vertilgen sie den Milchzucker.

Auf Gen-Ebene sieht das so aus: Das Lac-Operon enthält Baupläne für Proteine, die dafür sorgen, dass der Milchzucker in die Bakterien aufgenommen und dort verbraucht wird. Die Kontrolle darüber, ob und wie stark diese Pläne zur Herstellung von Proteinen benutzt werden, hat der sogenannte Promotor. Das ist ein DNA-Bereich in unmittelbarer Nähe der Baupläne, der die Funktion einer Schaltzentrale einnimmt. Ist kein Milchzucker in der Zelle vorhanden, ist diese Schaltzentrale blockiert. Verantwortlich dafür ist der Lac-Repressor - ein Protein, das sich auf die DNA setzt und ein Ablesen der Baupläne behindert. Man kann sich den Mechanismus ein bisschen vorstellen wie einen Tag, an dem man versucht, seine E-Mails zu beantworten - und permanent klingelt das Telefon. Das behindert. Die eine oder andere E-Mail wird man dabei schon auf den Weg bringen, aber effizientes Arbeiten ist etwas anderes.

Genauso ist das beim Lac-Operon. Trotz des Repressors wird immer eine kleine Menge der Proteine hergestellt. Solange aber auch Traubenzucker zur Verfügung steht, werden diese Proteine inaktiviert. Erst wenn der Traubenzucker verbraucht ist, kann Milchzucker in die Zelle transportiert werden. Dort angekommen, heftet sich der Milchzucker an den Repressor, der sich daraufhin von der DNA löst. Jetzt ist das Lac-Operon aktiv und produziert mit Vollgas die hier codierten Proteine, und zwar so lange, bis der Milchzucker aufgebraucht ist. Danach setzt sich der Repressor wieder auf den Promotor und schaltet ihn ab.

Wenn Ihnen der Milchzuckerabbau zu trocken ist, haben wir noch ein anderes Beispiel für Genregulation: *Superman*, ein Gen, das eine wichtige Rolle bei der Ausbildung der männlichen Merkmale in der Blüte der Acker-Schmalwand (*Arabidopsis thaliana*) spielt (noch so ein Lieblingsmodell der Biologen – Nicht-Biologen bezeichnen dieses zarte Pflänzchen meist vereinfachend als «Unkraut»). Gehemmt wird die Aktivität von *Superman* durch das Protein, das im Gen *Kryptonite* codiert ist. Ach ja, und es existiert auch noch ein weiteres Gen, das *Superman* sehr ähnlich ist – wenn auch weniger potent. Es hört auf den Namen *clark kent*.

So funktionieren also unsere Gene. Ein Stück DNA stellt eine kurze RNA her (eine Boten- oder Messenger-RNA, kurz mRNA genannt), die wiederum ein Protein codiert. Und das Protein tut etwas, das eine (vielleicht winzig kleine) Eigenschaft darstellt. Präzise, geradlinig und exakt ... Aber so einfach lässt sich das Leben nicht auf den Punkt bringen. Unsere Biologie ist kreativ und erfinderisch. Wenn etwas funktioniert, wird es gemacht. Eine Funktion, die direkt von einer RNA und nicht von einem Protein übernommen wird? Klar, warum nicht. mRNAs nach ihrer Produktion noch einmal zurechtschneiden, um ein verändertes Protein herzustellen? Super Sache! Diese Liste lässt sich beliebig fortsetzen.

Aber wie lautet nun die offizielle Definition des Begriffs «Gen»? Wenn Ihnen da jetzt nicht sofort eine perfekte Formulierung über die Lippen kommt, machen Sie sich nichts daraus. Das ist wirklich schwierig, denn immer wenn man meint, eine gute Definition gefunden zu haben, scheint irgendein Lebewesen einen neuen Spezialfall aus dem Hut zu zaubern. 2006 haben sich daher 25 Wissenschaftler für zwei Tage zusammengesetzt und über einer aktuellen Definition gebrütet. Herausgekommen ist Folgendes: «Ein Gen ist eine lokalisierbare Region genetischen Materials, die einer Vererbungseinheit entspricht, die mit regulatorischen Bereichen, transkribierten und/oder anderen funktionalen Sequenzbereichen verbunden ist.»

Das klingt etwas sperrig und wird bestimmt auch nicht die letzte Definition bleiben. Für unsere Zwecke könnte man vereinfacht sagen: Ein Gen ist ein Stück Erbinformation, die notwendig ist, um eine spezielle Funktion zu erfüllen. Aber halten Sie die Augen auf, wer weiß, wie die Natur diesen Definitionsversuch kontert …

Fest steht, dass die DNA als Informationsträger und die Proteine als operative Einheit die Grundlage für das Leben auf unserer Erde liefern. Unterstützt werden sie von der RNA, die gewissermaßen als Mädchen für alles zwischen DNA und Protein vermittelt, gleichzeitig aber auch Information speichern oder selbst als Enzym wirken kann.

Aber wo kommen RNA, DNA und Proteine eigentlich her? Und wie fügen sie sich zum großen Bild des Lebens zusammen?

2. KAPITEL

Kometen, RNA & die Suppenküche des Lebens

Hier stellen wir die Frage: Was war zuerst da? Das Huhn, das Ei oder doch etwas ganz anderes? Außerdem geht es darum, wie Quizmaster entstehen und ob irgendwelche Aliens vielleicht ihren Müll hier vergessen haben.

Nimm mir doch mal das Gepäck ab.» Tante Hedwig drückt mir lässig ihren bleischweren Koffer, einen tropfnassen geblümten Mantel und einen Hut in die Arme, der eigentlich nur aus einem überromantisierten englischen Film stammen kann. Dann marschiert sie in die Wohnung und sieht sich prüfend um. «Sooo, was machen wir denn heute Schönes?» Alle Beteiligten wissen, dass es sich hierbei um eine rein rhetorische Frage handelt, und so sitzen wir wenig später um den Couchtisch, und Hedwig schlägt das alte Fotoalbum auf. Die Seiten rascheln trocken. Ich werfe verstohlen einen Blick auf die Uhr und dann auf die zwei Alben, die noch ungeöffnet im Koffer liegen. Das kann dauern. Mustere die Kekse, die Hedwig mitgebracht hat. Sehen so aus wie die vom letzten Jahr. Die waren nicht so besonders, schmeckten irgendwie nach komprimiertem Staub vergangener Jahrzehnte. Starre die Dinger eindringlich an und nehme mir vor, sie bei nächster Gelegenheit unauffällig zu entsorgen. Ob die wohl bioabbaubar sind?

«Greif ruhig zu!», sagt Hedwig, die mich beobachtet hat.

Alle Augen ruhen auf mir. Meine Hände werden schweißnass. Mist. Ich nehme also einen Keks und stecke ihn in den Mund. «Lecker, danke!», will ich lügen, aber über ein Geräusch, das irgendwo zwischen einem «Hmmh» und einem Huster liegt, komme ich nicht hinaus. Es sind die Kekse vom letzten Jahr …

«Ach schau, und hier bist du, wie du als kleiner Steppke mal ohne Hose aus der Umkleide ausgebüxt bist … Und hier hat dich der Verkäufer unter dem Arm zurückgebracht, nachdem du den Teppich in der Kinderabteilung eingewässert hast.»

Wehrlos höre ich zu und versuche verzweifelt, genug Spucke zusammenzubekommen, um den Keks zu schlucken. Als ich meine Zunge schließlich wieder einigermaßen frei bewegen kann, hat sich Hedwig schon bis in die Schwarz-Weiß-Ära vorgearbeitet und erzählt peinliche Geschichten von Leuten, deren Verwandtschaft zu lebenden Personen nur unter Zuhilfenahme diverser «Ur»- und «Groß»-Vorsilben zu beschreiben ist.

Die Stunden vergehen, und während draußen langsam die Sonne untergeht, bin ich dankbar dafür, dass Steinzeitmenschen sich noch nicht fotografiert haben, sonst ginge das hier noch weiter bis in die Unendlichkeit, bis: «Und das ist Gorrk mit seiner lieben Tante Urugu. Der ist übrigens eines Nachts schreiend aus seiner Höhle gerannt. Keine Ahnung, wieso. Auf jeden Fall hat ihn da ein Säbelzahntiger erwischt. Tja ...»

Wenn man einen Blick zurück in die Vergangenheit wirft, landet man irgendwann bei der Frage nach dem Ursprung des Lebens (und damit auch dem Ursprung der Gene und vielleicht dem allerersten Gen). Wissenschaftlich kann man sich dem mit einem Gedankenexperiment nähern: «Wenn ich eine Schaufel Kohlenstaub in eine Regentonne werfe, ein Fläschchen Ammoniak dazugieße, das Ganze mit heißem Wasser überbrühe und mit ein paar exotischen Salzen abschmecke – wie groß ist dann die Wahrscheinlichkeit, dass es plötzlich ‹Plopp› macht und sich ein tropfnasser Günther Jauch aus der Brühe erhebt?»

Was die chemischen Grundbestandteile angeht, ist so ein Mensch wirklich nicht sonderlich kompliziert: In der Hauptsache besteht er aus Wasserstoff und Sauerstoff – beides zusammen zu einem guten Teil in Form von Wasser – sowie Kohlenstoff und Stickstoff. Dazu kommen noch etwas Calcium, Chlor, Phosphor, Kalium, Schwefel, Natrium und Magnesium.

Ist natürlich sehr unwahrscheinlich, denn ein Mensch ist eine hoch organisierte Angelegenheit, die eben nicht einfach so spontan aus Einzelteilen entsteht. (Wenn nicht, gäbe es wahrscheinlich überall Quizmaster, die einen beim Einkaufen mit 500-Euro-Fragen überraschen. Und auch bei dem einen «echten» Günther Jauch, den es gibt, ist davon auszugehen, dass er auf eher konventionellem Wege entstanden ist.) Der Zuwachs an Komplexität ist gewaltig, quasi ein Sprung von der Straße auf das Dach eines Hochhauses. Sofern man kein Cape und eine kräftige Kryptonit-Allergie hat, ist so etwas eigentlich unmöglich – es sei denn, man nimmt die Treppe. Die Treppe ist der Trick! Denn wenn man den unmöglichen Komplexitätssprung in kleine Einzelschritte zerlegt, wird er durchaus machbar.

Lassen Sie uns den Gedanken weiterspinnen. Wenden wir jetzt also den Blick von der herrlichen Aussicht ab, die wir von unserem evolutionären Hochhaus aus genießen und gehen die Treppe hinunter. Jede Stufe führt uns dabei in der Entwicklung zurück. Wir werden kleiner (und haariger …) und haben das dringende Bedürfnis, auf einen Baum zu klettern. Das legt sich aber ein paar Stockwerke später wieder. Schließlich hopsen, kriechen, krabbeln wir zurück in die Brandung eines namenlosen Meeres. Irgendwo, irgendwann verlieren wir das Licht in diesem Ozean, und alles wird dunkel: Wir haben den Punkt erreicht, bevor es Augen gab. Ein guter Moment, um einmal kurz zu verschnaufen und einen Blick zurück auf unsere Augen zu werfen.

Die Entwicklung der Augen war lange Zeit ein Rätsel: Um eine Evolutionsstufe hinaufzusteigen, muss eine zufällige Veränderung auftreten, die zum einen vererbbar ist und die gleichzeitig einen Vorteil bietet. Auf den ersten Blick ist es schwer vorstellbar, wie das beim Auge passiert sein soll. Einerseits ist dieses Organ so komplex, das es kaum in einem Schritt entstanden sein könnte, andererseits: Wie sollte ein halbfertiges Auge funktionieren und einen evolutionären Vorteil bieten? Schon dem britischen

Naturforscher Charles Darwin bereitete dieses Problem Kopfzerbrechen, und es war lange Zeit ein Lieblingsargument der Evolutionskritiker.

Heute kennt man die Zusammenhänge besser und hat eine Vorstellung davon, in welchen Stufen die Entwicklung abgelaufen ist. Die erste Stufe waren wohl vereinzelte Zellen an der Körperoberfläche eines Organismus, die Licht wahrnehmen konnten. Damit konnte man feststellen, ob es hell oder dunkel ist (so etwas findet sich heute noch bei Seesternen). Das klingt nicht nach viel, aber in einer Welt, in der alle anderen Lebewesen stockblind sind, ist das «Hell-Sehen» eine mächtige Fähigkeit: Wenn plötzlich der suchende Schatten eines Räubers auftaucht, kann man mit der Flucht oder dem Verstecken beginnen, bevor der Räuber da ist.

In der nächsten Stufe bündelten sich die Lichtsinneszellen in Flecken auf der Haut, und es entstanden Flachaugen, wie sie zum Beispiel Quallen besitzen. Mit solchen Augen kann man – zumindest seeehr grob – die Richtung einschätzen, aus der Licht oder bedrohliche Schatten kommen. Wenn der Augenfleck nicht flach ist, sondern eine kleine Grube bildet, geht es wieder eine Stufe weiter. Jetzt trifft das Licht, abhängig von der Richtung, nicht mehr gleich stark auf alle Zellen des Grubenauges, und die Richtungseinschätzung verbessert sich.

Der nächste Schritt war eine kleine Änderung mit gewaltiger Wirkung: Die Grube wurde tiefer und die Öffnung an der Oberfläche kleiner. Es entstand ein Lochauge, und das konnte zum allerersten Mal ein grobes Bild der Umgebung wahrnehmen (das Prinzip ist dasselbe wie das einer Lochkamera). Solche Augen ohne Linse besitzt heute noch der Nautilus, ein altertümlicher Verwandter der Tintenfische. Die Konstruktion hat allerdings ein paar Probleme: Je kleiner das Loch, desto schärfer wird zwar das Bild der Umgebung, aber desto weniger Licht fällt auch auf die Sinneszellen – und die Sicht verdunkelt sich. Um das zu beheben, brauchte das Auge eine Linse, die Licht sammelt und das Bild von der Welt weiter schärft. Man vermutet, dass diese aus einer transparenten Schutzhaut entstanden sein könnte, die das Auge vor Verschmutzungen schützte.

Lange Zeit war nicht klar, ob die vielen verschiedenen komplexen Augentypen – vom Facettenauge der Fliege bis zum 27-cm-Glotzer des Riesen-Kalmars – komplett unabhängig voneinander entstanden sind oder ob sie auf einen gemeinsamen Vorfahren zurückgehen. Auf einen gemeinsamen Ursprung deutet allerdings hin, dass die Entwicklung der Augen bei verschiedensten Lebewesen von sehr ähnlichen Gruppen von Genen gesteuert wird.

Wenn wir uns jetzt (wie gesagt, ohne Augen) die letzten Stufen bis ins Erdgeschoss herabgetastet haben und als mythischer erster Ureinzeller in der Lobby im Erdgeschoss angekommen sind, bleiben wir in der Eingangstür stehen, durch die wir die Vortreppe hinunter bis zur Straße kommen. Dies ist die Trennlinie zwischen Leben und toter Materie (sozusagen dem Tod vor dem Leben). Auf der Straße sind die chemischen Elemente, aus denen alles aufgebaut ist. Aber der Sprung zwischen dem Ureinzeller und seinen Elementen ist immer noch riesig. Was sind die Stufen dazwischen?

Über die Frage nach der Entstehung des Lebens hat schon Charles Darwin nachgegrübelt. Am 1. Februar 1871 schrieb er einem Freund seine Gedanken: Es könne ja vielleicht am Anfang irgendwo auf der noch toten Erde einen «kleinen warmen Teich» gegeben haben, in dem verschiedene einfache chemische Verbindungen unter Einwirkung von Licht, Hitze, Elektrizität und so weiter herumdümpelten und in dem sich die ersten Formen des Lebens gebildet hätten. Allerdings verwarf er die Idee auch gleich wieder und schrieb, dass dies alles Quatsch sei und es sinnlos wäre, beim derzeitigen Wissensstand ernsthaft über die Ursprünge des Lebens nachzudenken.

Sogar fast hundert Jahre später, als man bereits ein viel besseres Verständnis der Biologie hatte, blieb dieser Punkt weiterhin ein Rätsel: Was könnte die Stufe vor dem Leben gewesen sein? Noch nicht so komplex wie das Leben selbst, das auf DNA, RNA und Protein aufbaute, aber trotzdem in der Lage, sich zu vermehren und zu entwickeln. Die Grundorganisation einer Zelle ist schließlich ein wahrhaft gordischer Knoten: Um DNA zu vermehren, braucht es RNA und Proteine. Um Proteine herzustellen, braucht es DNA und RNA. Und RNA entsteht durch Ablesen einer DNA-Vorlage mittels einer Proteinmaschinerie. Das scheint alles untrennbar miteinander verbunden zu sein. Wo soll man da etwas weglassen? Und wo ist in diesem Kreislauf der Anfang?

Einen entscheidenden Hinweis, um diesen Knoten schließlich zu lösen, lieferte das Studium einer Gruppe kurzer RNA-Moleküle, der Transfer-RNAs oder tRNAs. Diese tRNAs spielen bei der Herstellung von Proteinen eine entscheidende Rolle. Sie sind mit einzelnen Aminosäuren beladen und können spezifisch je ein Codon auf der mRNA erkennen. Das macht sie zu den zentralen Übersetzungsbausteinen zwischen dem genetischen Code und den Proteinen. Dass sie das können, liegt an ihrer speziellen Struktur. Sie sind aus einem einzelnen Strang aufgebaut, bei dem sich durch Zusammenfalten Bereiche bilden, in denen die RNA so an sich selbst gebunden wird, dass kurze Doppelstränge entstehen. Diese Bereiche fixieren die tRNA in einer komplexen dreidimensionalen Form mit Armen aus doppelt genommenen Abschnitten und einzelsträngigen Blasen. Die tRNAs sehen dadurch völlig anders aus als die monotone, biedere DNA-Doppelhelix. Francis Crick, der ja ein Vater ebenjener Doppelhelix war, sah auch in dieser Struktur eine mit weitrechender Bedeutung: «Die tRNA sieht aus wie der Versuch der Natur, eine RNA den Job eines Proteins machen zu lassen!» Die tRNA war der Beweis dafür, dass RNA sich nicht damit zufriedengeben musste, ein reiner Informationsträger zu sein. Sie konnte durch ihre Faltung wie ein

Protein besondere Strukturen ausbilden und aktive Funktionen übernehmen.

Diese Beobachtungen inspirierten drei Wissenschaftler. Unabhängig voneinander fassten sie in den Jahren 1967/68 das vorhandene Wissen zusammen und entwickelten eine Idee, um den Knoten aufzudröseln: Francis Crick, der US-Amerikaner Carl Woese (den werden wir in Kapitel 4 noch näher kennenlernen) und der Brite Leslie Eleazer Orgel. (Orgel – übrigens auch ein Mitglied des RNA-Tie-Clubs – war ein Vollblut-Wissenschaftler, der seine Liebe zur Chemie schon als Teenager entwickelt hatte, als er mit Begeisterung Sprengstoff herstellte und detonieren ließ ... Denken Sie also daran, wenn Halbstarke mal Ihren Geräteschuppen sprengen sollten: Das, was da gerade leicht versengt über die Mauer türmt, ist womöglich die wissenschaftliche Elite von morgen!)

Alle drei spekulierten, dass die tRNAs ein Hinweis dafür sein könnten, dass Proteine früher durch einen Mechanismus hergestellt worden waren, der ohne Proteine auskam: mRNA als Vorlage, tRNAs als Übersetzer des Codes und eine RNA-Maschine, die die Proteine zusammenbaute. In heutigen Lebewesen (das wusste man damals schon) ist diese Maschine das Ribosom, ein großer Komplex aus Protein, der aber auch fest eingebaute RNA-Stränge, die sogenannten ribosomalen RNAs oder rRNAs, enthält. Vielleicht waren die ein Überbleibsel von damals?

Und da man sich mit dem Spekulieren schon mal so weit vorgewagt hatte, kann man das Ganze auch zu Ende denken: Brauchte man zur Produktion der ersten Proteine nur RNA, dann musste die RNA *vor* den Proteinen existiert haben. Und wenn RNA gleichzeitig Informationsträger und aktive Maschinerie sein kann, dann sticht sie damit auch die DNA aus. Kurzum, man vermutete, dass die RNA die Erste des scheinbar untrennbaren Trios war!

Diese Idee war faszinierend, aber auch etwas dünn. Sie baute schließlich auf der Vermutung auf, dass RNA in der Lage war, als

Enzym zu wirken. Dummerweise waren aber alle Enzyme, deren Funktionsweise man bis dahin kannte, Proteine. Und auch wenn Herr Crick höchstpersönlich der Meinung war, tRNA sehe aus wie ein Protein, so war das doch noch kein schlagender Beweis – Doppelhelix hin, Nobelpreis her.

In den nächsten Jahren hing das alles ziemlich in der Luft. Bis in den Achtzigern das Unerhörte geschah: Man beobachtete RNAs, die wirklich wie Enzyme arbeiteten. Zum einen gab es einen Komplex aus RNA und Protein, die RNAse P, in dem die RNA und nicht der Proteinteil die tatsächliche Arbeit machte und tRNAs zurechtstutzte. Zum anderen wurde beobachtet, dass rRNAs, die in den Ribosomen eines Einzellers eingebaut werden, sich selbst zerschneiden und wieder neu zusammenknüpfen können (später lernte man, dass das auch bei verschiedenen tRNAs und mRNAs passiert). Man nannte solche RNA-Enzyme kurz und pragmatisch Ribozyme.

Ein weiteres schlagendes Argument kam um die Jahrtausendwende hinzu, als man feststellte, dass das Herz des Ribosoms (also der Teil, in dem die Aminosäuren tatsächlich zum Protein verknüpft werden), nur durch RNA gebildet wird. All diese Entdeckungen untermauerten die bis dahin letztlich freischwebende Idee so massiv, dass sie zur vorherrschenden (wenn auch nicht einzigen) Vorstellung von der Zeit vor dem Leben wurde und den klangvollen Namen «RNA-Welt-Hypothese» erhielt.

Um das hier noch mal zu betonen: Es handelt sich um eine *Hypothese*, und auch wenn mittlerweile vieles dafür spricht, ganz sicher ist man sich bislang immer noch nicht, und es gibt zudem viele verschiedene Meinungen darüber, wie genau die RNA-Welt wirklich ausgesehen hat. Wollen wir trotzdem einen Blick wagen? Ja? Gut, treten wir also durch die Tür hinaus auf die Vortreppe und hinein in die RNA-Welt.

Wir befinden uns jetzt ungefähr 3,8 Milliarden Jahre vor unserer Zeit. Es regnet Meteoriten auf die Erde herab. Vulkane brodeln und spucken Rauch und Lava in eine giftige Atmosphäre. Unter dichten Wolken branden Urmeere an schroffe Felsen. Irgendwo in diesen düsteren Fluten treiben winzig kleine, meist runde oder fädige Strukturen herum. Sie bestehen aus einer dünnen Hülle, einer Membran, die sich aus Fettsäuren gebildet hat, und sie enthalten kurze RNA-Moleküle, die in der Lage sind, etwas ganz Besonderes zu tun: Sie arbeiten als Ribozyme und können RNA-Stränge kopieren und sich so vermehren.

Damit die RNA-Welt-Hypothese wirklich funktioniert, muss es irgendwann einmal RNAs gegeben haben, die sich selbst vermehren konnten. Daher wäre es ein wunderbarer Hinweis darauf, dass man richtigliegt, wenn man noch ein angegrautes Exemplar so einer RNA auftreiben könnte. Weil das allerdings bis heute nicht gelungen ist, versuchen Wissenschaftler seit den achtziger Jahren solch eine RNA durch künstliche Evolution im Reagenzglas heranzuzüchten. 2013 war es dann so weit: Man hatte ein Ribozym erzeugt, das bei einer Eigenlänge von 202 Bausteinen eine RNA mit 206 Bausteinen herstellen konnte. Das klappte zwar nicht mit allen RNA-Sequenzen, und das Ribozym konnte sich auch nicht selbst vermehren, aber diese Entdeckung stützte die RNA-Welt-Hypothese doch schon mal ganz ordentlich. Und man sucht weiter nach einer Variante, die sich tatsächlich selbst repliziert.

Baumaterial nehmen diese Protozellen durch die Membran aus der Umgebung auf. Und vielleicht gab es unter ihnen einige, die sich besser vermehren konnten als andere, sie wurden zahlreicher, und die Evolution nahm ihren Lauf. Aber ganz ehrlich: Da war noch ordentlich Luft nach oben! Das mit der Vermehrerei klappte eher so lala. Man kam über die Runden, aber so richtig toll war das alles nicht. Sicher, die RNA kann chemische Reaktionen durchführen, aber das Portfolio war doch eher übersichtlich. Daher traten irgendwann die Proteine auf den Plan, denn die bieten durch ihre 20 verschiedenen Aminosäure-Bausteine weit mehr Möglichkeiten und können viele Aufgaben besser und effizienter wahrnehmen als die RNA.

Machen Sie sich an dieser Stelle kurz die Tragweite klar: Der vielbesungene genetische Code entstand also womöglich erst Jahrmillionen *nach* der genetischen Information. Denn die RNA kann zwei verschiedene Arten von Information beherbergen: 1. den genetischen Code, der Proteine codiert und 2. die direkte Sequenzinformation, die unter anderem die 3-D-Faltung festlegt und so Ribozyme beschreibt.

Auch was die Langzeitspeicherung der Erbinformation anging, war die RNA noch nicht die Ideallösung, denn sie ist recht anfällig und zersetzt sich gerne mal spontan. Die Lösung dieses Problems war die DNA. Der wichtigste Unterschied zur RNA ist, dass die DNA-Bausteine einen etwas anderen Zucker enthalten, der weniger Möglichkeiten hat, chemisch zu reagieren, und die DNA so stabiler macht. Dafür, dass DNA wirklich eine Weiterentwicklung der RNA ist, spricht auch, dass die DNA-Bausteine durch Umwandlung des Zuckers aus RNA-Vorläufern hergestellt werden.

Tatsächlich ist es eine der größten offenen Fragen der RNA-Welt-Hypothese: Wie mussten die Bedingungen aussehen, damit die ersten RNAs lange genug stabil waren, um sich zu vermehren? Und wie konnten sie überhaupt entstehen? Hier sind die Ideen vage. Aber immerhin weiß man mittlerweile, dass sich zufällige RNA-Sequenzen in zwei (einigermaßen künstlichen) Szenarien spontan aus geeigneten Bausteinen bilden können: Zum einen an der Oberfläche des Tonminerals Montmorillonit (benannt nach der französischen Gemeinde Montmorillon, in der es 1847 erstmals beschrieben wurde) und zum anderen in gefrierendem Wasser.

Einige Wissenschaftler (inklusive des RNA-Welt-Mitbegründers Leslie Orgel) bezweifeln allerdings mittlerweile, dass die instabile und chemisch schon recht komplexe RNA wirklich der allererste Informationsträger war. Vielleicht gab es davor noch ein anderes, einfacheres und stabileres Molekül, das erst später von der RNA abgelöst wurde und heute völlig verschwunden ist. Solch ein Molekül könnte den Weg bereitet haben und wäre erst von der RNA ersetzt worden, als die Evolution Bedingungen für eine schnellere und effizientere Vermehrung der RNA geschaffen hatte. Aber egal ob die RNA der Anfang war oder es davor noch einen chemischen Vorläufer gab, die Funktion des allerersten Gens (wenn wir Gen als sinntragende Einheit eines Informationsträgermoleküls auffassen wollen) war wohl rein egoistisch: Repliziere dich selbst!

Aber hier enden die Fragen nach dem Ursprung nicht, denn selbst ein kurzes Stück RNA (oder etwas Vergleichbares) ist eine komplizierte Angelegenheit. Um sie zu bilden, braucht es geeignete Bausteine, und auch die Membranen der RNA-Welt werden aus Fettsäuren gebildet, die ja irgendwo herkommen müssen. Heute werden Fettsäuren, Aminosäuren und RNA- und DNA-Bausteine durch komplexe zelluläre Mechanismen erzeugt – aber wie entsteht so etwas ohne Leben? Die Antwort auf diese Frage ist die letzte Stufe hinunter zur Straße. Gehen wir auch diesen Schritt.

Es ist eine abenteuerliche Geschichte. Sie beginnt in den zwanziger Jahren mit dem russischen Biochemiker Alexander Iwanowitsch Oparin und dem Engländer John B. S. Haldane, einem Biologen. Beide vermuteten, dass die Atmosphäre der frühen Erde aus stark reaktiven Gasen wie Methan, Ammoniak und Wasserstoff bestand und dass sich aus ihnen durch die Energie von Blitzen oder ultravioletter Strahlung eine Vielzahl organischer Verbindungen gebildet hatte. Diese Stoffe sammelten sich in den Urozeanen an und reagierten weiter miteinander, bis sich eine heiße Suppe komplexer chemischer Substanzen gebildet hatte, aus der schließlich die ersten Lebewesen entstanden (Haldane prägte später den appetitlichen Ausdruck «Ursuppe»).

Ähnlich wie die Ursuppe köchelte die Oparin-Haldane-Hypothese erst ein Weilchen vor sich hin. Bis – mal wieder – ein bis dato völlig unbedeutender junger Wissenschaftler namens Stanley L. Miller die Bühne betrat. Eigentlich ist das Wort «Wissenschaftler» zu diesem Zeitpunkt fast ein wenig zu hoch gegriffen, aber das sollte noch kommen. Stanley, der 1930 in Kalifornien geboren wurde, hatte ein Händchen für Naturwissenschaften und wurde nicht umsonst auf der Highschool von seinen Klassenkameraden «*chem whiz*» («Chemie-Genie») gerufen. Nachdem er 1951 in Berkeley seinen Abschluss in Chemie gemacht hatte, ging er für seine Doktorarbeit an die Universität von Chicago. In einem der Seminare, die Miller dort besuchte, hielt der Nobelpreisträger Harold Urey einen Vortrag über seine Ansichten zur Entstehung des Lebens, in dem er von der Ursuppe und den chemischen Vorgängen auf der frühen Erde erzählte. Er erläuterte auch die These, dass im Gegensatz zu heute die Atmosphäre damals wahrscheinlich hauptsächlich aus Wasserstoff, Ammoniak und Methan bestanden hatte. Zudem wies er darauf hin, dass es bisher kaum Versuche gegeben hätte, diese Bedingungen im Licht der Lebensentstehung nachzubilden. Miller war fasziniert, begann allerdings zunächst unter Anleitung von Edward Teller, einem in Budapest geborenen Physiker, eine theoretisch orientierte Doktorarbeit über die Bildung der Atomkerne in Sternen, die sich allerdings relativ schnell als wenig erfolgversprechend erwies.

Edward Teller, der «Vater der Wasserstoffbombe» und übrigens auch ein Mitglied des RNA-Tie-Clubs, war über viele Jahre ein führender Kopf des US-Atomprogramms und entscheidend an der Entwicklung der Atom- und Wasserstoffbombe beteiligt. In späteren Jahren machte Teller insbesondere durch sein vehementes Eintreten für nicht oder kaum realisierbare Projekte von sich reden und befürwortete die «zivile Nutzung von Kernwaffen» (ja, das haben Sie jetzt richtig gelesen). So warb er zum Beispiel für die Idee, durch gezielte Explosion mehrerer Wasserstoffbomben einen riesigen Tiefwasserhafen in Alaska anzulegen. Das Projekt wurde tatsächlich lang und breit diskutiert, letztlich aber wegen drohender Unwirtschaftlichkeit – der Hafen wäre neun Monate im Jahr zugefroren – sowie «gesundheitlicher Bedenken» fallengelassen.

Einer seiner Vorgesetzten schrieb einmal über Teller: «Edward ist voller Enthusiasmus für diese Idee, das ist womöglich ein Hinweis darauf, dass sie nicht funktionieren wird.» In Wissenschaftlerkreisen wurde es daher irgendwann zum Running Gag, Tellers Namen als Maß für völlig unbegründeten Optimismus zu verwenden. Wobei ein «Teller» allerdings so groß ist, dass normaler Optimismus in der Regel im Bereich von wenigen Milliardstel Teller oder «Nanoteller» liegt.

Im September 1952 brach Miller deshalb die Arbeit ab und nahm Kontakt mit Urey auf: Er wollte das «Ursüppchen nachkochen» beziehungsweise ein Projekt zur Untersuchung der präbiotischen Erzeugung organischer Substanzen mit der im Vortrag beschriebenen Gasmischung durchführen. Urey hielt das für keine gute Idee und riet Miller, sich etwas zu suchen, dessen Erfolgschance nicht ganz so unabsehbar war. Er schlug ihm sogar ein alternatives Projekt vor. Aber Miller blieb stur. Er band sich demonstrativ die metaphorische Ursuppen-Kochschürze um, und Urey lenkte ein.

Schließlich setzt Miller seine frühe Erde an. In ein System aus Glasrohren leitet er Methan, Wasserstoff und Ammoniak ein. Unten brodelt Wasser in einem Rundkolben – das ist der Ur-Ozean. Der Wasserdampf und die Gase werden durch eine Kammer geleitet, in der ein elektrischer Lichtbogen leuchtet, wie ein Blitz im Kleinen. Danach wird der Dampf wieder abgekühlt, sodass sich Kondenswasser bildet, das in den «Ozean» zurückfließt. Das Experiment läuft, erst zwei Tage, danach eine ganze Woche. Das Wasser in der Anlage trübt und verfärbt sich. Als Miller den Versuch abbricht und untersucht, was sich da gebildet hat, findet er verschiedene Aminosäuren – die Grundbausteine der Proteine. Eine Sensation! Das hatte bisher noch niemand gezeigt.

Urey ist schwer beeindruckt und rät Miller, das Ganze in der renommierten US-amerikanischen Fachzeitschrift *Science* zu veröffentlichen. Urey selbst setzte sich mit dem Herausgeber in Verbindung. Miller schrieb das Manuskript – weniger als zwei volle Seiten, aber dafür waren sie Dynamit! Miller wollte Urey als seinen Doktorvater als Co-Autor aufnehmen, wie das so üblich ist. Aber Urey lehnte ab (was weit weniger üblich ist): Wenn er mit als Autor aufträte, würde er, der Nobelpreisträger, zwangsläufig als treibende Kraft gesehen werden und Miller um seine verdiente Anerkennung bringen. So wurde Miller (wahrscheinlich etwas perplex) zum alleinigen Autor. Das mit der Veröffentlichung ließ allerdings noch auf sich warten. Den Experten, denen *Science* das Manuskript zur Prüfung vor der Veröffentlichung vorlegte, erschien das Ganze fast zu phantastisch, um wahr zu sein. Wochenlang geschah nichts. Urey wurde langsam ungemütlich und schrieb einen Brief an das Journal, um sich zu beklagen. Nichts passierte. Schließlich setzte Urey, inzwischen wütend, ein zweites Schreiben auf: Man solle das Manuskript zurückschicken, er würde es in einem anderen Journal veröffentlichen! Der Herausgeber von *Science* teilte kurz darauf Miller (wohlgemerkt, *nicht* Urey) mit, dass das Manuskript publiziert würde. So erschien der Artikel am 15. Mai 1953. (1953 war generell ein Jahr für große Ereignisse: Weniger als einen Monat nach Millers Veröffentlichung erschien der Beitrag von Watson und Crick mit ihrer Lösung der DNA-Struktur. Queen Elisabeth II. wurde gekrönt, der Mount Everest das erste Mal bezwungen, und in Kassel wurde die erste deutsche Fußgängerzone eingeweiht.)

Wie zu erwarten, blieben Millers Ergebnisse nicht ohne Widerspruch. Und er wurde gefragt, woher man denn wissen könne, ob das, was in seinen Kolben passiert sei, tatsächlich auch auf der Urerde stattgefunden habe. Miller wusste erst keine Antwort, aber hier kam ihm Urey mit einer vielleicht nicht ganz wissenschaftlichen, dafür aber schlagfertigen Antwort zu Hilfe: «Wenn Gott es nicht so gemacht hat, dann hat er sich eine gute Gelegenheit entgehen lassen!»

Heute wissen wir etwas mehr über die Zustände, die damals vor fast vier Milliarden Jahren auf der Erde herrschten. Und es wird vermutet, dass die Bedingungen in der Tat nicht ganz in der Art und Weise waren, wie Urey und Miller angenommen hatten. Doch auch wenn es nicht exakt das Gasgemisch war, das Miller in seinem Ursuppen-Experiment verwendet hatte, so zeigt eine Vielzahl von Nachfolgeexperimenten verschiedener Wissenschaftler, dass durchaus unterschiedliche Gasgemische zu ähnlichen Ergebnissen führen, jedenfalls dann, wenn die Bausteine Stickstoff, Wasserstoff und Kohlenstoff enthalten sind. Heute geht man davon aus, dass es wohl zahlreiche Orte gab, an denen komplexe organische Verbindungen in den Meeren (zum Beispiel in der Umgebung von hydrothermalen Quellen) und in der Atmosphäre der Urerde entstanden sein könnten. Es existiert aber noch eine weitere Quelle für die Grundbausteine des Lebens – und die trat im Jahr 1969 mit einem Knall in Erscheinung.

Murchison, ein friedliches kleines Städtchen in Australien, kurz vor 11:00 Uhr. Man denkt gerade das erste Mal darüber nach, was man zu Mittag essen könnte, als plötzlich ein helles Licht am Himmel erscheint. Ein schrilles Geräusch schwillt an, und ein großer Meteorit zieht eine feurige Bahn über den Himmel. Er zerbricht schließlich in einer ohrenbetäubenden Explosion. Danach regnet es zahllose Trümmer. Man sah sich an, ließ Mittagessen Mittagessen sein und zog los, um nachzusehen, was das war. Was man da von der Straße aufsammeln konnte, waren Stücke einer schwarz-grauen Masse (insgesamt mehr als 100 Kilogramm). Dieser Meteorit, der später als «Murchison Meteorit» bekannt wurde, war ein wahrer Glücksfall für die Wissenschaft. Er hat ein geschätztes Alter von 4,5 Milliarden Jahren und stammt aus der Anfangszeit unseres Sonnensystems. Als er gebildet wurde, waren die Sonne und die Planeten noch in der Entstehung begriffen, und er gibt uns daher einen wertvollen Eindruck davon, wie das Sonnensystem in seiner Jugend aussah.

Für die Jäger nach den Ursprüngen des Lebens war die wahre Sensation jedoch die Tatsache, dass man im Inneren der Bruchstücke mehr als 15 verschiedene Aminosäuren (in späteren Analysen sogar noch mehr) nachweisen konnte, die man auch in Laborversuchen zur Urerde gefunden hatte. Außerdem fand man weitere wichtige Bausteine des Lebens: Fettsäuren und Uracil, eine Verbindung, die Teil der RNA ist. Aber wie waren diese Verbindungen entstanden?

Heute weiß man, dass kosmische Strahlung in der Lage ist, die Bildung komplexer organischer Verbindungen aus einfacheren Molekülen im Weltraum auszulösen. Und das könnte ein durchaus universeller Prozess sein. So wurden bereits Hinweise auf organische Verbindungen in interstellaren Staubwolken entdeckt, und 2012 konnten Astronomen sogar eine Zuckerart in einem sich gerade bildenden Sonnensystem nachweisen, das 400 Lichtjahre von uns entfernt ist. Man vermutet daher, dass in jungen Sternensystemen bereits vor der Entstehung von Planeten komplexe organische Verbindungen gebildet werden. Es ist also denkbar, dass auch in der Jugend unseres Sonnensystems solches Material aus dem Weltraum in Form von Kometen und Asteroiden zur Erde kam und vielleicht eine wichtige Rolle bei der Entstehung des Lebens gespielt hat.

Zeitlich würde das gut passen, denn vor ungefähr 4,1 bis 3,8 Milliarden Jahren gab es eine Phase, in der die inneren Planeten (Merkur, Venus, Erde und Mars) regelmäßig von unzähligen großen und kleinen Brocken getroffen wurden. Es muss ein infernalisches Schauspiel gewesen sein. Diese Zeit wird auch «das große Bombardement» genannt, und obwohl die Narben, die die Erde damals davontrug, durch Erosion und Bewegung der Erdplatten fast völlig verschwunden sind, kann man sich noch ein Bild von den Gewalten machen, die dabei am Werk waren. Dazu müssen Sie nur in einer sternklaren Nacht den Blick nach oben wenden und sich das pockennarbige Gesicht des Mondes ansehen: Die meisten der riesigen Krater, die Sie dort erkennen können, stammen aus dieser Zeit.

Der idyllische «kleine warme Teich», den Darwin sich so vorgestellt hatte, war demnach viel eher eine giftige Hölle. Allerdings hat sie einen Baukasten organischer Substanzen wie Zucker, Basen, Fettsäuren und Aminosäuren hervorgebracht, die heute Bestandteile aller Lebewesen sind. Vollständig ist das Bild bisher allerdings nicht, und viele wichtige Fragen sind weiterhin ungeklärt.

Und ungeklärte Fragen bieten Möglichkeiten zu spekulieren! Und die kleine Frage «Was wäre, wenn ...?» hat immerhin schon Imperien aufgerichtet, Ehen zerstört und den Cronut (ein Hybrid aus Croissant und Donut) hervorgebracht. In diesem Fall ist die Frage: «Was wäre, wenn auf der frühen Erde überhaupt gar kein

Leben entstanden ist, weil die Bedingungen eben doch nicht zu hundert Prozent gepasst haben?»

Das hört sich im ersten Moment ein wenig absurd an, schließlich sind wir da, und letztlich – von irgendwoher müssen wir ja gekommen sein. Aber wer weiß, vielleicht sind wir alle zusammen Aliens. Womöglich ist das Leben nicht auf der Erde entstanden, sondern anderswo im Universum und dann nur hierher importiert worden. Mit diesem Gedanken beschäftigt sich die sogenannte Panspermie-Hypothese (Panspermie setzt sich aus den griechischen Wörtern *pan* und *sperma* zusammen und meint so viel wie «All-Saat»), die durchaus ernsthaft wissenschaftlich untersucht wird.

Da viele organische Verbindungen weit draußen im Universum beobachtet wurden, ist es nicht ganz abwegig, sich vorzustellen, dass es womöglich andere Planeten oder Monde geben könnte, die sich für die Entstehung von Leben ebenso gut (oder vielleicht sogar besser) eignen als unsere Erde. Immerhin wurden in den letzten Jahren einige erdähnliche Planeten in fernen Sonnensystemen gefunden, auf denen es vielleicht flüssiges Wasser geben könnte.

Aber wie sollte dieses potenzielle Leben denn bitte durch den Weltraum reisen? Bei der Hypothese, die von einer «ungerichteten» Panspermie ausgeht, stellt man sich vor, dass Mikroorganismen durch Einschläge von Asteroiden oder Kometen auf eine lebentragende Welt ins All geschleudert werden können. Ungeschützte einzelne Mikroorganismen würden eine Reise durch den Weltraum aller Wahrscheinlichkeit nach nicht lange überleben: Die harte Strahlung würde ihr Erbgut massiv schädigen. Aber wenn die Organismen tief in einem Felsen verborgen sind (auch da finden wir auf unserem Planeten Leben), stehen ihre Chancen schon viel besser. Dass solche Felsen zumindest innerhalb unseres Sonnensystems tatsächlich von einem Himmelskörper zum nächsten reisen, ist bekannt, und man hat auf der

Erde schon mehr als hundert Meteorite gefunden, die vom Mond und vom Mars stammen. Umgekehrt wurde berechnet, dass innerhalb der letzten 3,5 Milliarden Jahre, also seitdem Leben auf der Erde nachweisbar ist, rund 26 Millionen Felsen mit mehr als drei Meter Durchmesser von der Erde zur Venus, 360 000 zum Mars und 83 000 zum Jupiter gereist sind. Weitere Brocken haben sich im restlichen Sonnensystem verteilt und könnten zum Beispiel auf den Jupitermonden Io und Europa oder dem Saturnmond Titan gelandet sein, die auch immer wieder als Orte gehandelt werden, an denen primitives Leben vielleicht möglich sein könnte.

Eine andere Möglichkeit, über die spekuliert wird, ist die «gerichtete» Panspermie, bei der Leben aktiv auf andere Welten gebracht wird. Ja, das haben Sie richtig gelesen. Das heißt Aliens, Raumschiffe, das ganze Programm.

Diese Idee ist jetzt nicht gerade Mainstream, und sich ernsthaft damit auseinanderzusetzen ist wahrscheinlich einer der schnellsten Wege, von seinem Umfeld zum Spinner erklärt zu werden. Um das gesellschaftlich zu überstehen, braucht man schon Rückgrat, und auch ein Nobelpreis im Schrank kann dabei nicht schaden. Francis Crick hatte beides und schrieb gemeinsam mit Leslie Orgel 1973 eine Arbeit über gerichtete Panspermie. Die beiden kamen darin zu dem Schluss, dass ein bewusstes «Aussäen» von Leben auf unserer Welt durch Aliens durchaus denkbar sei. Sie warnten jedoch auch, dass man mit den zur Verfügung stehenden Daten keine Aussage darüber treffen könne, wie wahrscheinlich ein solches Szenario wirklich ist.

Eine besonders skurril anmutende Seiten-Hypothese ist übrigens die 1960 formulierte «Cosmic Garbage»-These des US-amerikanischen Astrophysikers Thomas Gold. Grob könnte man sie so erklären: Aliens haben die frühe Erde besucht und dabei ihren von Mikroorganismen verseuchten Müll zurückgelassen, aus dem sich dann alles Leben auf diesem Planten entwickelt hat. Irgendwie ein unangenehmer Gedanke. Aber tatsächlich ist im Jahr 2012 auf dem Mars fast genau das passiert: Und in diesem Fall waren wir die Aliens. Denn der Mars-Rover «Curiosity» brachte auf seiner Oberfläche unplanmäßig Bakterien zum Mars.

Aber ob nun das Leben in der Höllenküche der Urerde selbst zusammengekocht wurde oder ob man es hat liefern lassen, es ist davon ausgehen, dass alles mit einem Stückchen funktionalem Erbgut losging, das sich vermehren konnte, einem ersten Gen.

3. KAPITEL

Fehlerhafte Evolution

10 000 Wege, die nicht funktionieren, ein Mädchen, das vom Pony fällt, ein paar hundert Meerschweinchen und Fehler in der DNA, die uns erst voranbringen.

Ein Schweißtropfen löst sich von meiner Stirn, rinnt zwischen den Augenbrauen hindurch über die Nase, hält sich für einen Wimpernschlag auf der Nasenspitze und fällt dann mit einem leisen «Pling» auf die Spitze des Säbels, den mir der Bärtige an den Hals drückt. «Das war ein Fehler, du Kanaille!», brüllt er und schiebt mich ein Stückchen weiter raus auf die Planke. Während ich über dem brackigen Wasser des Hafenbeckens schaukele, muss ich ihm auch irgendwie recht geben: Ja, ich hatte heute wirklich das ein oder andere verbockt.

Als der Wecker mich an diesem Morgen aus dem Schlaf gerissen hatte, war gleich klar, dass es ein anstrengender Tag werden würde: Hedwig hatte Geburtstag. Und wie immer, wenn sie über den Hafengeburtstag bei uns in Hamburg war, hieß das Bootstörn mit Kaffee und Kuchen. Schwarzwälder Kirschtorte. Kein Wenn, kein Aber. Ich stöhnte. Immer dasselbe.

Ich hatte mich noch nicht mal ganz aus dem Bett gequält, als meine Frau mich besorgt fragte: «Du hast die Bootskarten doch gebucht, oder?»

Nein, hatte ich nicht. Verdammt. «Klar, Schatz. Mach dir keine Sorgen.» Dazu ein Lächeln, das fast echt wirkte. Jetzt konnte nur noch mein Freund Kalle aus der Hafenkommandantur helfen. Während der Frühstückstisch gedeckt wurde, schloss ich mich auf dem Klo ein. «Karten für ein Schiff? Heute? Am Hafengeburtstag? Bei dir ist wohl der Schiffszwieback feucht geworden!», schnarrte es aus dem Handy. Fünf Minuten verzweifelten Flehens und einige ins Absurde gehende Versprechungen später hatte ich Kalle so weit, dass er «mit ein paar Leuten» sprechen wollte.

Während des obligatorischen «Hoch soll sie leben!», das Hedwig wie immer stoisch über sich ergehen ließ, erhielt ich piepsend eine SMS: «11:30 Uhr, Blutrote Liese.» Hedwig sah mich an. Sie durfte unter keinen Umständen merken, dass ich ihren Geburtstag vergessen hatte. «So, liebe Hedwig, heute zu deinem Ehrentage laden wir dich auch dieses Jahr wieder zu einer Schiffsfahrt ein. Aber diesmal fahren wir nicht mit der Frisia, wie sonst, sondern mit der Blu…, also mit der Liese – auch ein zauberhaftes Schiff!»

Nachdem wir uns Ewigkeiten durch die Massen von Touristen am Hafen gezwängt hatten, erreichten wir endlich das Schiff. Die Blutrote Liese war ein kleiner, etwas heruntergekommener Einmaster, der ganz und gar nicht nach gepflegter Kaffeefahrt aussah. Die Familie warf mir besorgte Blicke zu.

«Ich habe gehört, der Kapitän soll eine ausgezeichnete Schwarzwälder Kirschtorte machen!», improvisierte ich und dirigierte alle mit einer einladenden Geste die Landungsplanke hinauf. Hedwig musterte das Schiff schweigend, drehte ihren roten Sonnenschirm in den Händen und stieg hinterher. Als wir auf der Blutroten Liese waren, rief jemand: «Alles an Bord!»

«Gut», grunzte ein bulliger Mann, der breitbeinig und mit dem Rücken zu uns auf Deck stand. «Leinen los, ihr stinkenden Makrelen!», bellte er, und unter lautem «Aye, aye, Käpt'n!» lösten barfüßige Matrosen mit Dreispitz und Kopftüchern die Leinen und zogen die Landungsplanke ein. Schließlich drehte der Mann sich zu uns um. Die Linke auf den Knauf des Säbels gestützt, knurrte er: «Seid ihr die Landratten, von denen Vier-Finger-Kalle mir erzählt hat?» Er ließ einen Goldzahn durch einen struppigen schwarzen Bart blitzen.

O Mist. Anscheinend hatten die Spinner aus Kalles Rollenspielgruppe sich dieses Jahr ein Schiff organisiert, um beim Hafengeburtstag mitzufahren, und wir mittendrin. Ein schneller Blick zu Hedwig. Sie stand mit verschränkten Händen da, zog eine Augenbraue hoch und musterte den Kapitän. Ich machte einen letzten Versuch, das aufziehende Desaster abzuwenden: «Können wir den Piraten-Unfug nicht einfach lassen und uns wie erwachsene Leute benehmen? Das wäre vielleicht zur Abwechslung auch ganz nett …»

Noch während ich das sagte, lief Kapitän Sven (genannt: «Die

Bluthand») purpurrot an, und ein Kreis grobschlächtiger und überraschend gut bewaffneter Büroangestellter schloss sich um uns. Wie bereits gesagt: Das war ein Fehler ...

«Grüß die Fische!», rief Bluthand (im wahren Leben Verkäufer in einem Möbelhaus) und trat ebenfalls auf die Planke, um mich bis ans Ende zu schieben. Der Goldzahn blitzte voller Vorfreude, als von der Seite Hedwig tönte: «Wer sich mit meiner Familie anlegt, legt sich auch mit mir an, Jungchen!» Sven blickte sich irritiert um. Die Tante versetzte ihm einen ordentlichen Stoß und zog ihm gleichzeitig mit dem Haken ihres Schirms das Bein weg. Bluthand taumelte rückwärts und fiel platschend ins Wasser.

Als ihn Beutelschneider-Kai (Finanzbuchhaltung) wieder an Deck gehievt hatte, musste er feststellen, dass sich das Schiff bereits fest in der Hand von «Haken-Hedwig» befand, die, Befehle belfernd, am Steuerruder stand und auf die Frisia *zuhielt, auf deren Deck die Gäste genüsslich Kaffee schlürften und in die Sonne blinzelten. Die Familie sammelte sich um Hedwig und blickte mich strafend an.*

«Habe-vergessen-die-Bootstour-rechtzeitig-zu-buchen-tut-mir-leid ...», nuschelte ich.

Hedwig sah mich einen langen Moment an und sagte: «Fehler passieren, mein Junge – wichtig ist, was man daraus macht. So, und nun will ich meine Torte, du gammeliger Kabeljau!» Sie hob die Stimme: «Klar zum Entern!»

Die schwarze Flagge wurde gehisst. Enterhaken flogen zur Frisia, *und der noch immer tropfende Sven schwang zusammen mit drei johlenden Softwareentwicklern hinüber. Ein Grinsen breitete sich auf meinem Gesicht aus, und ich hatte das Gefühl, dass das eine neue, bessere Geburtstagstradition werden könnte. Also klemmte ich mir einen Tortenheber zwischen die Zähne und zog los, um Schwarzwälder Kirsch zu erbeuten.*

Sehen wir der Tatsache ins Auge: Fehler passieren. Ihnen, uns, der Queen und Chuck Norris. Das ist völlig normal und menschlich. Vielleicht ein tröstlicher Gedanke, wenn es gerade mal nicht rundläuft. Und man darf nicht vergessen, dass Fehler durchaus ihren Nutzen haben können. Seien Sie ehrlich: Wenn Sie abends mit Freunden zusammensitzen und alte Geschichten zum Besten geben, fangen die interessantesten doch meist damit an, dass irgendwer irgendwo Mist gebaut hat. Wir versuchen ständig, alles perfekt zu machen, aber Perfektion ist nicht unbedingt Teil unserer Natur. Wenn wir von uns selbst und anderen Fehlerlosigkeit einfordern, werden wir entweder enttäuscht oder machen uns etwas vor.

Nicht anders geht es in der Wissenschaft zu, auch dort passieren Fehler. Um ehrlich zu sein: Gerade hier brauchen wir sie besonders! Denn durch Fehler, Irrwege und das Unerwartete lernen wir am meisten. Und deshalb kann uns ein versautes Forschungsexperiment ebenso wichtig sein wie der perfekte Plan.

Im Labor heißt das konkret: Man hat ein wissenschaftliches Problem, legt sich eine passenden Theorie zurecht und macht sich daran, sie schnell und überzeugend zu belegen – und steht wenig später mit einer zertrümmerten Theorie und einem Haufen neuer Fragen da. Aber oft sind es dann die besseren Fragen, jene, die einen weiterbringen. Der russische Science-Fiction-Autor und Biochemiker Isaac Asimov formulierte es einst so: «Der aufregendste Satz in der Wissenschaft – derjenige, der neue Entdeckungen ankündigt – ist nicht ‹Heureka!› (Ich hab's!), sondern ‹Das ist ja komisch ...›.»

Ein gutes Beispiel für ein wichtiges *Das ist ja komisch ...* lieferte 1928 der schottische Bakteriologe Alexander Flemming. Er studierte krankmachende Bakterien, Staphylokokken, die er eines schönen Tages auf Anzuchtplatten ausbrachte. Vielleicht war er dabei ein wenig schludrig und nicht so ganz bei der Sache, denn er wollte ein paar Tage wegfahren. Da passieren einem schon mal Fehler. Als er fertig war, stellte er den Stapel mit Platten auf seine Laborbank, um sich wenig später einen Kurzurlaub zu gönnen.

Als er nach seiner Rückkehr die Anzuchtplatten durchsah, stellte er fest, das dort nicht nur die gesuchten Bakterien wuchsen, sondern auch ein Schimmelpilz. Als Erstes dürfte er wahrscheinlich erst einmal «Mist!» gedacht haben oder was man als Schotte in einer derartigen Situation eben so denkt. Beim Vorbereiten der Anzuchtplatten hatte er anscheinend nicht ganz sauber und steril gearbeitet, und der Pilz hatte sich durchgemogelt.

Das ist ein Fehler, der jedes Experiment zum Scheitern bringen kann. Jetzt hätte Flemming die Platte zerknirscht wegwerfen und die Sache vergessen können, tat er aber nicht. Stattdessen sah er sich das Ganze nochmals genau an, runzelte die Stirn und erlebte seinen persönlichen *Das ist ja komisch*-Moment. Die Bakterien hatten sich ziemlich gleichmäßig auf der Platte verteilt, nur um den Pilz herum wuchsen sie nicht. Verhinderte der Schimmel etwa das Wachstum der Bakterien?

Flemming ging der Frage nach und entdeckte, dass der Pilz der Gattung *Penicillium* (Pinselschimmel) etwas absondert, das bestimmte Bakterien abtötet, aber für menschliche Zellen ungiftig ist. Er gab der Substanz einen Namen: Penizillin. Der Weg von den gammeligen Bakterienplatten bis hin zum vielleicht berühmtesten Medikament der Geschichte war allerdings noch weit. Flemming selbst ging ihn nicht. Ins Rollen kam die Sache erst, als einige US-amerikanische Wissenschaftler auf der Suche nach antibakteriellen Mitteln auf Flemmings Arbeiten stießen. 1941 war es dann so weit, der erste Test mit menschlichen Patienten wurde gemacht.

Die Ergebnisse waren spektakulär! Der Gesundheitszustand der Erkrankten verbesserte sich fast unmittelbar nach Verabreichung des Penizillins. Allerdings war die Substanz schwierig herzustellen und derart knapp, dass man aus Verzweiflung sogar versuchte, sie aus dem Urin der behandelten Patienten zurückzugewinnen. Wollte man Penizillin wirklich groß angelegt zur Heilung von Patienten nutzen, mussten Wege gefunden werden, um die Ausbeute zu verbessern. Man versuchte effizientere Produktionsverfahren zu entwickeln und machte sich außerdem auf die Suche nach einem anderen *Penicillium*-Stamm, der das «Wundermittel» in größeren Mengen produzierte.

Mit Hilfe der U. S. Air Force wurden rund um den Globus Bodenproben gesammelt und im Northern Regional Research Laboratory (NRRL) in Illinois untersucht. Fündig wurde man allerdings direkt vor der Haustür: Mary Hunt, eine Mitarbeiterin des Forschungslabors, klapperte 1943 auf der Jagd nach vielversprechendem Schimmel regelmäßig die örtlichen Läden ab. Eines Tages kehrte «Mouldy Mary» (charmant zu übersetzen mit «Moder-Mary») von ihren Beutezügen mit stolzgeschwellter Brust und einer leicht angegammelten Melone zurück: Die Probe wurde im Labor getestet, und es zeigte sich, dass dieser Schimmel der Schlüssel zur Großproduktion von Penizillin war: *Penicillium chrysogenum*. Der Rest der legendären Penizillin-Melone wurde übrigens von den Labormitarbeitern vertilgt. 1944 adelte man Alexander Flemming für sein schlampiges Arbeiten und seinen Fehler. Ein Jahr später erhielt er den Nobelpreis.

Aber nicht nur Biologen machen Fehler, auch unser Erbgut hat ständig mit ihnen zu kämpfen. Heute schätzt man, dass in jeder menschlichen Zelle täglich 10 000 DNA-schädigende Ereignisse auftreten – manche Wissenschaftler sprechen sogar von 50 000. Das ist dramatisch viel und würde uns in Windeseile ins Grab bringen, wären unsere Zellen nicht unermüdlich dabei, ihr eigenes Erbgut zu flicken. Das ist eine wahre Sisyphusarbeit, ein ständiger Kampf, eine Materialschlacht – und unser Genom führt mehr als 160 verschiedene Gene ins Feld, um gegen die Wirkung energiereicher Strahlung (wie zum Beispiel UV- oder Röntgenstrahlung) sowie verschiedenster Chemikalien zu bestehen. Doch die womöglich größte Gefahr ist eine biologische Erbsünde aus der Frühphase des Lebens. Der Schuldige und der definitiv größte Killer in der Geschichte des Planeten ist ... die Blaualge.

Gut, das klingt jetzt nicht direkt spektakulär, aber diese Biester haben sich einiges geleistet. Der «Sündenfall» ist vermutlich folgendermaßen abgelaufen: Vor circa zweieinhalb Milliarden Jahren war unser Planet schon recht lebendig, auch wenn es nur einzelliges Leben gab. Eines Tages entwickelte eine Bakterienart (die Vorfahren unserer heutigen Blaualgen), die in den Ozeanen herumdümpelte, eine sehr effiziente Methode, um aus Sonnenlicht Unmengen an Energie zu gewinnen. Einziger Haken an der Sache: Als Abfallprodukt wurde freier Sauerstoff gebildet, ein Molekül, das es damals in der Atmosphäre in dieser Form so gut wie nicht gab. Das war anfangs aber auch kein Problem, denn der Sauerstoff reagierte schnell mit Eisen-Ionen und organischen Verbindungen aus der Umgebung. Er verschwand daher ebenso rasch, wie er entstanden war.

Für die ersten paar Jahrmillionen lief dann auch alles wunderbar, und die Sauerstoffproduzenten gediehen dank ihrer überlegenen Energiegewinnung prächtig. Aber solche Umweltsauereien rächen sich immer irgendwann, und schließlich kippten die Verhältnisse. Zum Warum gibt es verschiedene Theorien, aber wahrscheinlich waren die Vorräte an verfügbaren Materialien, die bereitwillig mit dem Sauerstoff reagierten, erschöpft. Aber egal, was es war: Der Sauerstoff begann sich im Wasser und schließlich auch in der Atmosphäre anzureichern. Für uns heute klingt das durchaus nach einer positiven Entwicklung, damals aber war es eine Katastrophe. Dringt das Gas nämlich in lebende Zellen ein, dann bilden sich dort aggressive Verbindungen (etwa Wasserstoffperoxid, das zum Blondieren von Haaren verwendet wird), die so ziemlich mit allem reagieren, was ihnen begegnet: Zellmembranen werden geschädigt, Enzyme zerstört, und auch die DNA wird angegriffen.

Verschlimmert wurde die Situation wahrscheinlich noch dadurch, dass der Sauerstoff nicht nur giftig war, sondern zudem die Atmosphäre veränderte, sodass die Welt in eine 300 Millionen Jahre andauernde Eiszeit gestürzt wurde. Es war die «große Sauerstoffkatastrophe», und man vermutet, dass damals ein Großteil des existierenden Lebens ausgestorben ist. Womöglich war es sogar das größte Massenaussterben in der Geschichte des Planeten. Wäre diese Episode in der Entwicklung des Lebens ein Film, würden sich die letzten asthmatisch röchelnden Mikroben schlotternd in einer Felsnische zusammendrängen und verstört in den heulenden Schneesturm blicken. Die Konturen verschwimmen. Alles wird weiß. Abspann.

Die Leinwand blieb aber nicht weiß. Wir leben in der Fortsetzung und wissen: Wow, die Mikroben haben es gepackt. Aber wie? Überlebt haben die, die in Nischen existierten, in die der Sauerstoff nicht vordringen konnte, und solche, die gelernt hatten, mit dem neuen Gift zu leben und es zu nutzen.

Sauerstoff erlaubt es nämlich, aus der Nahrung sehr effizient Energie zu gewinnen. Wenn eine Hefe ohne Sauerstoff wächst, muss sie bei mickriger Energieausbeute Traubenzucker zu Alkohol und CO_2 vergären. Ist das reaktive Gas aber verfügbar, erhält sie das *Fünfzehnfache* an nutzbarer Energie. Übrig bleiben nur CO_2 und Wasser, nicht anders, als hätte man den Zucker vollständig im Feuer verbrannt. Ein Teufelszeug. Heute sind die Zellen aller höheren Lebewesen zwingend auf Sauerstoff angewiesen. Die aggressiven Verbindungen entstehen immer noch in den Zellen, ja, sie werden sogar aktiv als unerwünschtes Nebenprodukt des Stoffwechsels erzeugt. Wahre Großproduzenten sind die Mitochondrien, komplexe Strukturen, die Nährstoffe mit Sauerstoff umsetzen und dabei große Mengen Energie erzeugen. Mitochondrien werden daher gerne als «Kraftwerke der Zelle» bezeichnet – «Atomkraftwerke der Zelle» wäre aber noch passender, da sie mit gefährlichen (Sauer-)Stoffen hantieren und jede Menge Problemmüll erzeugen.

Um trotzdem klarzukommen, haben die Zellen Mittel und Wege gefunden, um sich vor den negativen Auswirkungen zu schützen. Wir besitzen eine Reihe von Enzymen, deren Aufgabe es ist, die aggressiven Verbindungen zu neutralisieren. Wie wichtig das für unser Überleben ist, erkennt man daran, dass eines der effizientesten Enzyme überhaupt zu dieser Gruppe gehört: Die Katalase «entschärft» pro Sekunde fünf Millionen Moleküle Wasserstoffperoxid, indem sie sie zu Wasser und Sauerstoff zersetzt. Aber nichts ist hundertprozentig, und deshalb kommt es trotzdem vor, dass aggressive Verbindungen die DNA in unseren Zellen schädigen.

Aber wie sieht das eigentlich aus, wenn DNA «geschädigt» wird? Wissenschaftler zitieren in diesem Zusammenhang gern eines von Murphys Gesetzen: «Wenn etwas schiefgehen kann, dann wird es auch schiefgehen.» Anders gesagt: So ziemlich alles, was Sie sich an schrecklichen Dingen für Ihr Erbgut vorstellen können, kann tatsächlich auch passieren. Aber sehen wir uns doch das Alltagsgeschäft der DNA-Reparatur mal ganz aus der Nähe an.

Wenn wir uns im Zellkern umschauen, entdecken wir eine Menge Proteine, die wie Nacktschnecken die DNA entlangkriechen und methodisch jede Sprosse der DNA-Strickleiter auf Schäden überprüfen. Wenn sie dabei in einem der beiden Stränge auf chemisch veränderte und daher nicht mehr lesbare DNA-Bausteine stoßen, schneiden sie sie heraus. Diese Schäden passieren immer wieder, zum Beispiel durch Wechselwirkung mit den reaktiven Sauerstoffverbindungen, die wir eben schon kennen- und fürchten gelernt haben. Wenn die ersten Reparaturproteine nach getaner Arbeit weiterziehen, bleibt ein Loch in einem Strang zurück. Eine gefährliche Situation, aber die betroffene Stelle wird kurz darauf von anderen Reparaturproteinen entdeckt und wieder geschlossen.

Normalerweise klappt das sehr gut und effizient. Doch gelegentlich passieren bei solchen Reparaturen oder beim Kopieren des Erbguts in der Zellteilung Fehler – und es wird unbemerkt der falsche Baustein eingesetzt, sodass die beiden Stränge der Doppelhelix sich auf einmal nicht mehr einig sind, welche Information jetzt wirklich die richtige ist. Aber selbst dafür hat die Zelle eine Lösung. Ihre Reparatursysteme können feststellen, welcher der beiden Stränge an der strittigen Stelle das Original und wer die schlechte Kopie ist. Und dann wird entsprechend korrigiert. Also: Erst einmal ist alles gut.

Wir ziehen nun weiter durch den Kern und blicken auf das wuselige Treiben aus Proteinen, RNAs und DNA. Plötzlich wird es hell. Ein Sonnenbad? Jetzt? Der Blick durch die Zelle ist spektakulär, doch das UV-Licht der Sonnenstrahlen trifft die DNA vor uns und «verbackt» zwei benachbarte C-Bausteine des Strangs chemisch so miteinander, dass die DNA nicht mehr abgelesen werden kann. Aber auch auf dieses Ereignis ist die DNA-Reparaturtruppe gut vorbereitet. Der Schaden wird entdeckt, großzügig ausgeschnitten und die Sequenz anhand des zweiten intakten DNA-Strangs der Helix ersetzt. Keine große Sache für die Zelle – wenn nicht zu viele Schäden gleichzeitig repariert werden müssen. Wenn das passiert, sterben die überforderten Zellen ab, und man hat einen Sonnenbrand.

Für UV-Schäden gibt es noch ein wesentlich praktischeres Reparatursystem, die sogenannten Photolyasen. Sie erkennen die betroffenen Stellen und machen die schädigende Reaktion einfach wieder rückgängig, ganz ohne etwas auszuschneiden und ohne Neusynthese. Besonders elegant: Sie beziehen die Energie, die sie dazu benötigen, direkt aus dem Sonnenlicht. Es sind also solarbetriebene Enzyme, die immer genau dann arbeiten, wenn UV-Schäden auftreten können. Dumm ist dabei nur: Uns und den Säugetieren im Allgemeinen fehlt dieser äußerst praktische Mechanismus, obwohl unsere entfernten Vorfahren ihn wohl besessen haben. Warum wir ihn nicht mehr besitzen, ist nicht ganz klar. Aber die *Nocturnal-Bottleneck*-Hypothese (Nachtaktivitäts-Flaschenhals-Hypothese) bietet eine mögliche Erklärung: Die Dinos sind schuld! In ihrer Zeit hatten die frühen Säugetiere wahrscheinlich die Rolle eines pelzigen Dinosaurier-Pausensnacks, und sie haben sich deshalb nur nachts aus ihren Höhlen und Verstecken gewagt. Das Leben im Dunkeln hat seine Spuren hinterlassen, und auch heute noch sind Säugeraugen nicht so gut an gleißendes Licht angepasst wie die von Vögeln oder Reptilien. Dafür sind Hör- (Ohrmuscheln), Geruchs- und Tastsinn (Schnurrhaare) oft stärker entwickelt. Ein schickes solarbetriebenes Reparatursystem für UV-Schäden war für diese nachtaktiven Wesen natürlich völlig nutzlos, und so haben sie es für immer verloren.

Neben dem UV-Licht haben unsere Zellen aber auch mit Strahlen zu kämpfen, die deutlich energiereicher sind. So energiereich sogar, dass sie Elektronen aus Atomen herausschlagen und auf diese Weise geladene und aggressive Teilchen – Ionen – erzeugen können. Diese Strahlung kommt aus den Tiefen des Kosmos zu uns oder entsteht durch den Zerfall radioaktiver Elemente in unserer Nähe (oder sogar in uns).

Wer möchte, kann übrigens Teile dieser alltäglichen Strahlung in einer sogenannten Nebelkammer selbst sichtbar machen (Bauanleitungen findet man im Internet). Diese Kammern sind mit einer feuchten, unterkühlten Atmosphäre gefüllt, in der die energiereichen Strahlen gut zu erkennende Kondensstreifen hinterlassen. Sieht beeindruckend und auch ein wenig gruselig aus. Aber machen Sie sich deswegen keine Gedanken: Auch wenn Sie ständig mit diesen Strahlen bombardiert werden, Ihre Zellen sind darauf vorbereitet.

Wird eine Zelle getroffen, entstehen im Kielwasser der Strahlung plötzlich hochreaktive Verbindungen, die DNA und andere Zellbestandteile angreifen können. Bei einem genauen Treffer der DNA kann die Strahlung sogar direkt beide Stränge spalten. Die Doppelhelix bricht auseinander. Während die Schäden, die wir bisher kennengelernt haben, immer nur einen der beiden Stränge in der genetischen Strickleiter betreffen und eher zu kleinen Veränderungen in einzelnen Genen führen können, ist der Doppelstrangbruch die ultimative Katastrophe: Das getroffene Chromosom zerfällt in zwei Teile – und das abgetrennte Bruchstück kann leicht verloren gehen und dabei womöglich Hunderte Gene mitnehmen. Das wäre wahrscheinlich der Tod der Zelle. Aber so weit sind wir noch nicht, die Reparaturtrupps rücken an, um den Schaden um jeden Preis zu flicken.

Am günstigsten liegt der Fall, wenn das zweite intakte Chromosom (menschliche Zellen enthalten ja zwei Sätze mit je 23 Chromosomen) in der Nähe ist und dessen Version des gebrochenen Bereichs als Vorlage für die Reparatur zur Verfügung steht. Ist jedoch nichts Passendes in Sicht, muss die Zelle improvisieren. Die gebrochenen Enden werden zuerst zurechtgestutzt, da sie oft derart geschädigt sind, dass sie sich nicht mehr nahtlos miteinander verbinden lassen. Dabei geht natürlich Information verloren, und ob die beiden Enden, die da anschließend verknüpft werden, wirklich zusammengehören oder ob sie von unterschiedlichen Brüchen stammen, ist für diese Art der Reparatur auch nicht nachzuvollziehen. Das ist ungenau und brutal, aber für die Zelle womöglich die einzige Rettung.

Die Reparatursysteme der Zellen leisten Tag für Tag Unglaubliches und halten unser Erbgut trotz aller Probleme in Schuss. Dennoch passiert es immer wieder, dass es trotzdem zu kleineren oder größeren Veränderungen kommt (das kann natürlich auch beim Kopieren des Erbguts geschehen). Diese Mutationen können sehr unterschiedlich sein, sie reichen vom Austausch einzelner DNA-Bausteine über den Verlust oder Hinzugewinn von Sequenzen bis hin zu einer Verpflanzung großer DNA-Abschnitte von einem Chromosom auf ein anderes.

Aber nicht alle Fehler sind tödlich – ganz im Gegenteil! Unser Erbgut ist erstaunlich robust. Wird zum Beispiel ein DNA-Baustein gegen einen anderen ausgetauscht, kann das unterschiedliche Folgen haben. Zuerst einmal muss der Fehler ja überhaupt in einem Gen oder einem anderen wichtigen Bereich des Erbguts passieren – und selbst wenn das der Fall ist, puffert der genetische Code noch einiges ab. (Sie erinnern sich: Für viele Aminosäuren gibt es mehr als ein mögliches Codon, wird also C-C-C zu C-C-A, ändert das nichts daran, dass ein Prolin codiert wird.) Aber sogar wenn das Protein verändert ist, kann die Sache noch glimpflich abgehen, denn nicht alle Teile eines Proteins sind gleich wichtig, und oft funktioniert ein verändertes Protein (fast) genauso gut wie das Original. Ein Lamborghini mit einem Trabi-Rückspiegel erfüllt schließlich immer noch seinen Zweck. Und wenn es ganz hart kommt und die Mutation zum Austausch des feurigen Triebwerks gegen eines mit nostalgischem Zweitaktsound führt (was die Leistung doch erheblich einschränkt), ist da immer noch der zweite Chromosomensatz in der Zelle, auf dem eine weitere wahrscheinlich intakte Kopie des Gens liegt. Wird ein Gen beeinträchtigt oder zerstört, ist die Leistung der anderen Kopie oft ausreichend, um größere Probleme zu vermeiden (sofern man nicht ein Mann ist und die Mutation im X-oder Y-Chromosom auftritt, denn davon besitzt «er» jeweils nur eins. Geht hier etwas schief, kann das kaum ausgeglichen werden. Daher treten einige Erbkrankheiten bei Männern deutlich häufiger in Erscheinung als bei Frauen). Die Zahl der wirklich negativen oder tödlichen Mutationen ist dadurch relativ begrenzt.

Man darf aber auch nicht vergessen: Nicht jede Veränderung ist schlecht. Manche verhalten sich neutral oder bringen sogar

Vorteile mit sich – und da wird es interessant. Diese «guten Fehler» sind der Motor, der die Evolution und die Weiterentwicklung unserer Gene vorantreibt. Mit seiner Hilfe hat das Leben bisher alles überstanden, was man ihm in den Weg geworfen hat, einschließlich Killer-Asteroiden und bösartiger Blaualgen.

Aber wie kommen wir von einer einzigen vorteilhaften Mutation zur Entstehung einer völlig neuen Spezies? Anders ausgedrückt: Wie passen Mutationen und Evolution zusammen? Dass wir heute ziemlich gut wissen, wie das funktioniert, haben wir maßgeblich John Burdon Sanderson Haldane zu verdanken, der Darwins Evolutionstheorie mit den Mendel'schen Vererbungsregeln mathematisch verknüpfte. Er war nicht der einzige Wissenschaftler, der daran arbeitete, die Evolutionsvorgänge ein Stück weit berechenbar zu machen, aber er war eine treibende Kraft und Mitbegründer der heutigen Evolutionsgenetik.

Und er hat schon früh damit angefangen, sich über die Evolution Gedanken zu machen. J. B. S. Haldane, genannt «Jack», wurde 1892 in Edinburgh geboren, und er war gerade acht Jahre alt, als er seinem Vater – der ein berühmter Physiologe war – zum ersten Mal bei wissenschaftlichen Experimenten zur Hand ging. 1901 durfte er sogar mit zu einem Vortrag über Mendels Arbeiten, und das beeindruckte Haldane junior. Ob das, was der Erbsenzähler da herausgefunden hatte, wohl immer galt – oder nur für Erbsen? Und was hatte das zu bedeuten?

Noch als Teenager begann er 1908 aktiv diesen Fragen nachzugehen. Der Startschuss für seine Arbeiten war aber kein Knall, sondern eher das dumpfe «Bumpf!», mit dem seine elfjährige Schwester Naomi vom Pony gefallen war. Denn der Sturz und ihre aufkommende Pferdeallergie führten dazu, dass sie haustiermäßig auf Meerschweinchen umgesattelt wurde. Und hier ergaben sich Chancen, denn aus dem anfangs übersichtlichen Meerschweinchen-Starter-Set wurden innerhalb weniger Monate 300 Tiere. Gemeinsam mit Naomi (die ihre zahlreichen Schützlinge am Gefiepse zu unterscheiden lernte) untersuchte Jack, ob Mendels Vererbungsregeln sich auch bei den vermehrungsfreudigen Nagern nachweisen ließen. Und siehe da: Sie waren offensichtlich am Werk! Jack und Naomi wiederholten ihre Studien zur Bestätigung mit Mäusen und veröffentlichten kurz darauf ihre erste eigene wissenschaftliche Arbeit.

Später studierte Jack Mathematik und klassische Philologie in Oxford, 1914 schloss er sein Studium mit Auszeichnung ab. Er promovierte allerdings nie, und alles, was er über Biologie wusste, brachte er sich selbst bei. Dass er keine formale Ausbildung in dieser Wissenschaft hatte, sollte ihn allerdings nicht daran hindern, einer der großen Biologen seiner Zeit zu werden. Aus dem jungen Jack wurde mit den Jahren J. B. S. Haldane: Eine imposante Erscheinung, groß, breit wie ein Schrank und dazu ein Schnurrbart wie Stalin. Er war stur, ungemein streitlustig, Marxist, Humanist und Atheist, und selbst für viel Geld hätte er mit seinen Ansichten nicht hinterm Berg gehalten. Kurz: Er galt als leuchtendes Beispiel dafür, wie man Freunde verliert und sich einflussreiche Leute zu Feinden macht. Eine große Karriere, die gesellschaftliches Feingefühl und einen gewissen Hang zum Konservativen verlangt hätte, war unter diesen Vorzeichen kaum zu erwarten. Glücklicherweise war Haldane ohnehin nur wenig an einer klassischen Karriere interessiert, für ihn war entscheidend, dass man ihn in Ruhe forschen ließ.

Er brachte die Ordnung der Mathematik in viele wilde Ecken der Biologie und beschäftigte sich auch immer wieder mit der Evolution. Er untersuchte unter anderem das Rätsel der Thalassämie oder Mittelmeeranämie, einer besonderen Form der Blutarmut. Ursache für diese Erkrankung sind Mutationen in den Genen des Hämoglobins, des Sauerstoff-Transportproteins in den roten Blutkörperchen. Die Folge ist ein mehr oder weniger starker Mangel an funktionierendem Hämoglobin. Hat ein Kind von beiden Elternteilen defekte Gene geerbt, kann die Erkrankung tödlich sein. Ist nur ein Chromosomensatz betroffen, sind die Effekte deutlich milder und führen oft nicht zu Einschränkungen. Aber warum sind diese ziemlich zerstörerischen Genvarianten derart häufig? Und warum findet man sie konzentriert im Mittelmeerraum? Wo liegt hier der Überlebensvorteil?

Haldane hatte eine Idee und präsentierte 1948 seine Vermutung: Es ging um die Malaria. In den letzten Jahrtausenden war sie im Mittelmeerraum weit verbreitet und forderte unzählige Todesopfer. Der Druck auf die Evolution, eine Strategie zu entwickeln, um dieser Krankheit oder zumindest ihren schlimmsten Folgen zu entgehen, musste enorm gewesen sein. Eine Resistenz gegen die Malaria würde solche Vorteile mit sich bringen, dass sie sogar gewisse Überlebensnachteile aufwiegen würde. Und genau da vermutete Haldane die große Chance der Thalassämie, denn die Krankheit veränderte die roten Blutkörperchen, also die Zellen, in denen sich der Malariaerreger vermehrte. Wenn die Thalassämie die Zellen vor der Malaria schützen würde, wäre klar, warum sich diese Mutation trotz ihrer ansonsten negativen Auswirkungen so weit verbreitet hatte.

Einige Jahre später wusste man: Haldane hatte recht. Tatsächlich treten in den Verbreitungsgebieten der Malaria rund um den Globus gehäuft verschiedenste Mutationen der Hämoglobin-Gene auf, die einen gewissen Schutz vor der Erkrankung bieten. Insofern besitzen Träger eines mutierten Satzes an Hämoglobin-Genen einen Überlebensvorteil. Was also auf den ersten Blick nach einem unglaublichen Fehler im menschlichen Erbgut ausgesehen hatte, war in der Summe tatsächlich ein (teuer erkaufter) Vorteil. Heutzutage ist die Malaria in vielen ehemaligen Verbreitungsgebieten ausgerottet, und selbst dort, wo sie noch zu finden ist, gibt es Prophylaxen, und man kann sie behandeln. Mittlerweile überwiegen daher häufig die Nachteile der Hämoglobin-Mutationen, und womöglich werden diese genetischen Fehler in Zukunft wieder seltener werden oder sogar verschwinden.

Fehler zu machen und gelegentlich neue Mutationen ins Erbgut einzubringen ist also wichtig für den Erfolg einer Spezies. Genauso wichtig ist es aber auch, dabei die richtige Balance zu wahren: Geschehen zu viele Fehler, gehen zu viele Individuen an den Mutationen zugrunde, passieren allerdings zu wenige, kann sich die Spezies nicht mehr schnell genug an veränderte Umweltbedingungen anpassen.

Haldane wurde durch seine Arbeiten zur Evolution und zu anderen Themen schnell international bekannt. Wie kaum ein anderer Forscher seiner Zeit verstand er es, der Öffentlichkeit Wissenschaft in Vorträgen, Zeitungskolumnen und Büchern nahezubringen. Er war eine schillernde Figur und scheute sich nicht, irgendwem auf die Füße zu treten. Da sind Skandale unvermeidlich, und Haldane lieferte einige. 1924 verliebte er sich in die junge, verheiratete Journalistin Charlotte Burghes. Die beiden wollten heiraten, aber davor musste sie sich noch scheiden lassen, und das war in den zwanziger Jahren gar nicht so einfach. Schließlich engagierte das Paar einen Privatdetektiv, der sie beobachten sollte, wie sie eine Nacht im Hotel verbrachten. Der Coup gelang. Die Scheidung wurde durchgeführt, und der darauffolgende landesweite Medienskandal kostete J. B. S. fast seine Anstellung in Cambridge. Immerhin galt sein Verhalten als unmoralisch. J. B. S. und Charlotte heirateten und waren fast 20 Jahre ein Paar. 1945 trennten sie sich, und Haldane ehelichte noch im selben Jahr die 25 Jahre jüngere Helen Spurway, die unter seiner Anleitung promoviert hatte. Mit ihr wanderte Haldane im Zuge der Suezkrise nach Indien aus, er konnte das britische Verhalten nicht ertragen und erklärte, Großbritannien sei ein «krimineller Staat». Er forschte dort weiter und kam nicht wieder zurück.

J.B.S. Haldane war auch berühmt dafür, mit sich selbst und freiwilligen Probanden zu experimentieren. Das alles war nicht ganz ungefährlich, aber er hatte eine gute Begründung: «Es ist schwierig herauszubekommen, wie es einem Versuchskaninchen gerade geht. Tatsächlich geben sich viele Kaninchen nicht die geringste Mühe, mit den Wissenschaftlern zusammenzuarbeiten.»

So atmete er Giftgas ein, als er gemeinsam mit seinem Vater Gasmasken für den Ersten Weltkrieg entwickelte, räumte einen Gemeindesaal durch die Vorführung eines nicht tödlichen Kampfgases auf Basis von Cayennepeffer und führte Druckkammerexperimente durch, bei denen es neben Krämpfen auch gerne mal geplatzte Trommelfelle für alle Beteiligten gab. Das kommentierte er trocken: «Trommelfelle heilen normalerweise wieder, und wenn doch ein Loch bleibt, ist man zwar ein bisschen schwerhörig, kann aber dafür Pfeifenrauch aus dem Ohr pusten, was einem eine gewisse gesellschaftliche Anerkennung verschafft.»

Mutationen, die die Evolution vorantreiben, sind überlebenswichtig, aber sie bringen auch Risiken mit sich. Daher ist die entscheidende Frage: Was ist die «richtige» Menge an Mutationen? Das hängt stark davon ab, welche Spezies wir vor uns haben. Besitzt sie ein großes Genom und hat nur eine geringe Anzahl an Individuen, muss sie mehr Aufwand mit dem Erhalt seines Genoms betreiben: Jedes einzelne Individuum kann da wichtig sein. Daher müssen menschliche Zellen wesentlich genauer arbeiten als zum Beispiel Bakterien, die so zahlreich sind, dass sie den Verlust von Millionen und Milliarden von Individuen schulterzuckend hinnehmen können. Das macht sie genetisch sehr flexibel. Aber nicht nur der Organismus selbst ist wichtig für die Mutationsrate, auch die Umgebung spielt eine große Rolle.

Ist ein Lebewesen sehr gut an seine Umgebung angepasst, ist die Chance, dass eine zufällige Veränderung zu einer weiteren Verbesserung führt, gering, sodass es eher von Vorteil ist, weniger Fehler zu machen und mehr unveränderte Nachkommen zu erzeugen. Kommt der Organismus aber nicht so gut mit den Umweltbedingungen zurecht, ist eine höhere Mutationsrate wichtig, denn durch Veränderung gibt es in diesem Fall viel zu gewinnen.

Entsprechend diesen Überlegungen wurde tatsächlich beobachtet, dass Mikroorganismen, die unter suboptimalen Bedingungen leben, gezielt Notfallprogramme aktivieren, die die Mutationsrate erhöhen und so die Anpassung an den Lebensraum beschleunigen sollen.

Komplexe Lebewesen haben es mit Anpassungen ein wenig schwerer als Bakterien. Aber selbst viele Tiere, etwa Schwäne, versuchen, wenn es hart wird, neue, hoffentlich erfolgreichere Genvarianten an Land zu ziehen. Das passiert allerdings nicht durch eine wild galoppierende Mutationsrate (das würde sie umbringen), sondern etwas romantischer durch die Wahl des Partners. Sind die Lebensbedingungen optimal, halten die Schwäne eher nach jemandem Ausschau, der ihnen relativ ähnlich ist und mit dem sie wahrscheinlich auch über sieben Ecken verwandt sind. So ein Individuum hat wahrscheinlich auch einen ähnlichen Gensatz. (Das ist sicher nicht der einzige Faktor bei der Partnerwahl, aber er spielt eine Rolle.) Gewiss, eine konservative Wahl, aber wenn es einem gutgeht, warum soll man dann Risiken eingehen? Wenn die Dinge aber nicht so rundlaufen und die Tiere gestresst sind, tendieren sie eher zu Partnern, die ihnen nicht so ähnlich sind und die mit höherer Wahrscheinlichkeit andere Genvarianten mit sich herumtragen, die sich im eigenen Erbpool vielleicht als nützlich erweisen könnten.

Und wir Menschen? Bei uns scheint das ganz ähnlich zu funktionieren. Eine deutsche Studie aus dem Jahr 2010 zeigte das sehr elegant: 50 Männern wurden Bilder nackter Frauen vorgelegt und ihre Reaktion beim Anschauen gemessen. Damit keine falschen Vorstellungen aufkommen: Es wurde das unwillentliche Zucken eines Muskels am Auge festgehalten, das bei positiven Bildern schwächer und bei negativen Bildern stärker ist. Einige der gezeigten Bildern waren allerdings bearbeitet und die Gesichtszüge der Frauen derart manipuliert, dass sie dem Probanden ähnlicher sahen (ihm also unbewusst genetisch ähnlicher erscheinen mussten). Die Auswertung der gesammelten Daten ergab, dass die durch Bildbearbeitung veränderten Frauen als attraktiver empfunden wurden als die realen auf den unveränderten Bildern. Stresste man die Probanden jedoch dadurch, dass sie während des Betrachtens der Aufnahmen eine Hand in kaltes Wasser stecken mussten, drehte sich der Effekt um, und sie reagierten auf die genetisch entfernteren Frauen positiver. Als Mensch ist man doch nicht so losgelöst von der Kontrolle seiner Gene, wie man gern glauben möchte.

Fehler sind also im Leben wie in den Genen unvermeidlich, und wenn sie passieren, ist das selten schön, aber wenn wir Glück haben, wachsen wir daran und entwickeln uns weiter. Oder wie Tante Hedwig sagt: «Fehler passieren ... wichtig ist, was man daraus macht!»

4. KAPITEL

Drei Leben ❤❤❤

Was kommt dabei raus, wenn ein eigenbrötlerischer Biologe zehn Jahre lang an etwas arbeitet, was keinen interessiert? Er entdeckt eine neue Domäne des Lebens (zumindest manchmal).

16:27 Uhr. Ich seufze. Nun starre ich schon seit fast einer geschlagenen halben Stunde durch die Fensterscheibe hinaus auf die Fußgängerzone. Ich war, wie gewünscht, um 16:00 Uhr («Aber pünktlich!») im verabredeten Café, um Tante Hedwig von ihrem Einkaufsbummel abzuholen. Wer fehlt, ist Hedwig. Mit der Zuverlässigkeit eines Schweizer Uhrwerks lässt sie einen jedes Mal warten. Was man nicht so alles macht für die Familie. Dabei ist sie nicht einmal meine richtige Tante, sondern nur so eine Art Großtante. Meine Stimmung ist gerade dabei, noch ein Untergeschoss tiefer im Keller zu verschwinden, als sich ein dampfender Becher in mein Sichtfeld schiebt.

«Ihre heiße Schokolade ...», leiert der Kellner vor sich hin und dreht augenblicklich wieder ab. Immerhin etwas.

Als ich den Becher an die Lippen setze, taucht am Ende der Straße Tante Hedwig auf. Sie trägt nur eine kleine Tüte aus einer Drogerie in den Händen. Das ist alles? Nur wegen dieses Tütchens muss ich sie abholen, weil sie nicht so schwer tragen kann? In aller Gemütsruhe schlendert sie auf das Café zu. Plötzlich bleibt sie stehen: Ein Punk, der mit einem Dackelverschnitt auf einer Decke sitzt, hat sie angequatscht. Das könnte unterhaltsam werden. Ich nehme noch einen Schluck und beobachte die beiden. Der Schnorrer möchte offensichtlich 'nen Euro und sein Hund gerne wissen, was Hedwig in ihrer Tüte hat. Hedwig sieht dem Tier in die Augen. Der Hund macht Platz, und Hedwig krault ihm die Ohren. Dann beginnt sie auf den Punk einzureden. Ich sehe auf die Uhr und stoppe mit. Ich gebe dem Typen maximal fünf Minuten ... Nach zwei Minuten steht er auf. Eine weitere Minute später senkt er den blauen Haarschopf und nickt schuldbewusst, als hätte man ihn beim Äpfelklauen erwischt. Und nach noch einer weiteren Minute gibt er ganz auf. Wusste ich's doch. Er rollt seine Decke zusammen, legt den Hund ordnungsgemäß an die Leine und stellt sein halbvolles Nachmittagsbier an den Mülleimer.

Dann trottet er neben Hedwig auf das Café zu. Jetzt trägt er ihre Tüte. Vor der Tür bleiben die drei stehen. Hedwig schaut ihm tief in die Augen und sagt noch etwas. Er sieht dabei aus wie der schüchterne kleine Junge, der er wahrscheinlich nie gewesen ist. Sie tätschelt ihm die Wange, dass die Nasenpiercings nur so klingeln, nimmt ihre Tüte wieder an sich und betritt das Café.

Als sie mich entdeckt, lässt sie sich auf den Stuhl gegenüber nieder.

«Da bist du ja», sagt sie.

«Wer war denn das?», frage ich und zeige auf den Punk, der mit entschlossenen Schritten abzieht. Er sieht aus, als hätte er sich gerade entschlossen, eine Banklehre anzutreten.

«Das war Strubbel, dein Cousin dritten Grades.»

«Bitte?»

«Ja, und sein Hund Waldemar. Musste dem Jungen mal den Kopf waschen. So geht das ja nich.»

Während ich zu rekonstruieren versuche, wie und über wen ich mit Strubbel verwandt sein könnte, ordert Hedwig einen kleinen Milchkaffee. Ich gebe auf. «Und woher kennst du den?»

«Och», sagt Hedwig, «bis eben kannte ich ihn gar nicht, aber ich habe seine Oma Walburga neulich auf der Beerdigung von Franz Schierenkopp kennengelernt.»

«Wer ist das nun schon wieder?»

Hedwigs Kaffee kommt.

«Kannte ich auch nicht. Aber die haben zur Trauerfeier in das kleine Friedhofs-Café eingeladen. Das mit dem leckeren Bienenstich, du weißt schon.» Hedwig guckt ein wenig verträumt und rührt in ihrem Kaffee.

«Moment! Du bist uneingeladen und nur wegen des Bienenstichs auf diese Beerdigung gegangen, ohne mit diesem Franz Dingsbums überhaupt verwandt zu sein?»

«Quatsch! Natürlich waren wir verwandt. Alle sind doch irgendwie miteinander verwandt. Ich wusste damals nur noch nicht, in welcher Linie – das hab ich dann zusammen mit Walburga heraus-

gefunden. Wir mussten allerdings ein paar Annahmen treffen, aber freie Liebe gab es ja auch schon vor achtundsechzig …» Fassungslos starre ich Hedwig an. Sie leert ihren Kaffee, lächelt und fragt: «Wollen wir?»

Während ich das Tütchen mit dem Deo zum Auto trage, grüble ich darüber nach, wie genau Hedwig und ich miteinander verwandt sind. Auf Familienfeiern schien sie schon immer da gewesen zu sein. Meistens dicht am Kuchenbuffet.

Es gibt immer mal wieder Momente im Leben, in denen man sich fragt: «Bin ich wirklich mit dieser Person verwandt? Kann das sein? Oder steht da irgendwo eine versteckte Kamera?» Manchmal wäre das die angenehmere Erklärung.

Während man die Verwandtschaft zur Tante noch gut in angegilbten Dokumenten nachschlagen kann, wird es bei entfernteren Verwandten schwieriger. Wer sitzt auf dem Stammbaum dichter an meinem Ast? Der Gorilla, der gerade genüsslich seine Banane samt Schale vertilgt, oder der Orang-Utan, der zufrieden herumbaumelt und in der Nase bohrt? Und wo steht der Schabrackentapir im Vergleich zum Nacktmull? Lange Zeit hat man versucht, solche Fragen zu beantworten, indem man sich allein auf Äußerlichkeiten verlassen hat. Zum Beispiel hat man Verwandtschaften an der Anzahl der Zähne festgemacht. Aber das kann gefährlich täuschen. Und wenn Sie in eine Packung mit der Aufschrift «Nur echt mit 52 Zähnen» greifen, um einen leckeren Butterkeks herauszuziehen, kann es passieren, dass Ihnen unverwandt ein übellauniger Numbat, auch Ameisenbeutler genannt, mit eben seinen 52 Zähnen in den Daumen beißt. Das ist nicht schön.

Jemand, der das nicht nur für unschön, sondern für völlig inakzeptabel hielt, lief Mitte der sechziger Jahre über den Campus der Uni in Illinois, USA. Carl R. Woese. Stellen Sie sich den Mikrobiologen ruhig in einem rot-schwarz karierten Flanellhemd vor.

(Wir sind ihm auch schon begegnet: Er war einer von denen, die die RNA-Welt-Hypothese vorschlugen.) Woese war an der University of Illinois gerade zum Professor ernannt worden und hatte dort auch sein Labor. Was ihn umtrieb, war allerdings weniger seine familiäre Beziehung zu bissigen Beuteltieren, er wollte viel lieber wissen, wie Bakterien miteinander und mit uns verwandt sind. Unsere Zellen genauso wie die von Tieren, Pflanzen und zum Beispiel Hefen gehören zu den Eukaryoten. Sie sind relativ groß und haben ein ziemlich kompliziertes Inneres mit einem Zellkern (altgriechisch *eu* = gut, echt und *karyon* = Kern). Die Bakterien sind im Vergleich dazu deutlich kleiner und auch viel einfacher aufgebaut. Ihr Erbgut liegt unverpackt herum, denn sie haben keinen Zellkern, sie werden deshalb Prokaryoten (altgriechisch *pro* = vor und *karyon* = Kern) genannt.

Über die Verwandtschaften zwischen den Bakterien dachten die meisten zu dieser Zeit noch nicht nach: In diesem Kontext irgendetwas Sinnvolles zu machen erschien hoffnungslos. Denn mit den Äußerlichkeiten, die man zur Einteilung von Tieren verwendete, war bei Bakterien kein Staat zu machen. Sie waren kugelig, länglich oder spiralförmig. Hatte man Glück, kannte man grob ihre Lebensweise, und das war es auch schon. Aber Woese war das nicht genug, er wollte mehr Übersicht bekommen und stieg die Stufen zu seinem Büro im dritten Stock der Morrill Hall hoch.

In seinem Arbeitszimmer setzte er sich hinter seinen überfüllten Schreibtisch, legte die Füße in den altgedienten Sneakers auf die Tischkante und grübelte weiter nach. Das Problem war, dass sich die Evolutionsbiologen um ihn herum hauptsächlich für Pflanzen und Tiere interessierten, aber nicht für Zeugs, das man nur unter dem Mikroskop erkennen konnte. Und für die Mikrobiologen, die dieses «Zeugs» erforschten, war die Evolution … irgendwie unangenehm. Denn der Versuch, die Evolution der Bakterien nachzuvollziehen, war, wie schon angedeutet, ein Albtraum aus Vermutungen und Theorien, die fast zusammenpassten, aber irgendwie auch wieder nicht. Daher gelangten viele zu dem Schluss, dass man auch prima ohne einen Stammbaum der Bakterien auskommt. Aber Woese war davon überzeugt, dass man die Entwicklungsgeschichte kennen musste, um die Welt der Mikroben wirklich verstehen zu können. Und dazu musste man die Spuren der Evolution dort verfolgen, wo sie sich abspielt: in den Genen.

Woese wollte nichts weniger als im Alleingang einen Stammbaum der Bakterien erschaffen. Das klingt monumental, aber wie funktioniert das? Lassen Sie uns dazu ein kleines Gedankenexperiment machen.

Wir brauchen für dieses lediglich eine Trillerpfeife, eine Stoppuhr, Omas Vanillekipferl-Rezept, eine Kiste Post-its und 20 Reisebusse voller Touristen mit begrenzten Deutschkenntnissen, aber mit je einem Kugelschreiber. Alles da? Na, dann kann es ja losgehen:

Lassen Sie Ihre Versuchsteilnehmer aus den Bussen aussteigen und organisieren Sie sie in einer schönen dreieckigen Formation. Vor Ihnen steht der erste Tourist. Hinter dem befinden sich zwei weitere und hinter diesen beiden jeweils wieder zwei (also insgesamt vier) und so weiter. Wenn alle so weit sind, holen Sie Omas Rezept hervor, und der Herr oder die Dame vor Ihnen soll es eins zu eins auf ein Post-it übertragen. Nach zwei Minuten pusten Sie schön laut in die Trillerpfeife. Dann heißt es Zettel an die Stirn kleben und umdrehen. Die zwei Touristen in der zweiten Reihe schreiben nun das Rezept abermals ab, jetzt aber von der Stirn in Reihe eins. Nach zwei Minuten pfeifen Sie wieder, und die nächste Runde beginnt. Nach 22 Minuten sollten auch in der letzten Reihe die Zettel beschrieben sein. (Sie sehen: Das geht ganz schnell und kann durchaus in der Mittagspause durchgeführt werden.) Zum Schluss sammeln Sie die Zettel der letzten Reihe ein und bedanken sich bei den hilfsbereiten Teilnehmern.

Danach ziehen Sie sich zurück, um sich die Zettel in Ruhe anzusehen.

Die abgeschriebenen Rezepte sind sicher voller Fehler. (Aber ganz ehrlich: Darauf haben wir es angelegt.) Auf einigen steht zum Beispiel «Mutter» statt «Butter». Vergleicht man die Post-its miteinander, kann man durch die Fehler herausfinden, wer von wem abgeschrieben hat. Schließlich gehen alle «Mutter»-Rezepte auf einen einzigen gemeinsamen «Vorfahren» zurück. Auch wenn derjenige selbst nicht mehr greifbar ist (weil er mittlerweile schon bei einer Brauereibesichtigung deutsches Brauchtum konsumiert), weiß man durch seinen Verschreiber, dass er da war. Schauen wir uns die «Mutter»-Rezepte näher an, fällt auf, dass auf einigen Zetteln auch «Hasenfüsse» statt «Haselnüsse» zu lesen ist. Also scheint einer der Nachkommen mit dem «Mutter»-Fehler ein «Hasenfuß» geworden zu sein, und auch er hat die Veränderung entsprechend weitergegeben. Und so machen wir weiter, bis wir uns aus den verschiedenen Fauxpas einen umfassenden Rezepte-Stammbaum zusammengepuzzelt haben und wissen, wer von wem, wann, wo, wie, was falsch abgeschrieben hat.

Genau das hatte auch Carl Woese vor – nur ohne Touristen und Post-its. Alles, was er benötigte, um in die Vergangenheit zu sehen, war ein Stück genetische Information (das Vanillekipferl-Rezept), das in allen Lebewesen zu finden ist und sich nur sehr langsam durch Kopierfehler verändert. Aber wie findet man ein solches Stück Erbinformation? Das war eine echte Herausforderung, denn zu dieser Zeit waren die Biologen noch damit beschäftigt, überhaupt erst einmal den genetischen Code vollständig aufzuklären. Das Wissen über Gene und ihre Sequenzen war noch sehr begrenzt.

Aber nicht nur die Evolution besaß eine Vergangenheit, sondern glücklicherweise auch Carl Woese, der jahrelang mit Ribosomen experimentiert hatte, also jenen «Maschinen», die in den

Zellen neue Proteine herstellen. Diese Maschinen setzen sich aus Proteinen und RNA-Stücken, den rRNAs, zusammen, die für ihre Funktion wichtig sind. Alle Lebewesen auf diesem Planeten brauchen sie, und weil sie so universell und so wichtig für das Überleben sind, war Woese sich sicher, dass die rRNAs sich nicht so schnell durch zufällige Mutationen verändern würden. Das heißt nicht, dass bei ihnen gar nichts passiert, es ist nur sehr unwahrscheinlich, dass erfolgreiche (oder zumindest unschädliche) Veränderungen auftreten und sich durchsetzen. Vergleichbar ist das mit einem Sechser im Lotto. Da hat man eine Chance von circa 1 zu 15 Millionen. Dass man da einen Treffer landet, ist ebenfalls sehr unwahrscheinlich, aber wenn man einige Millionen Jahre spielt, wird man schon hin und wieder mal mit einer Schubkarre voll Geld von der Bank heimfahren können. Und genau so stellte Woese sich das mit der rRNA vor: Sie würde sich hoffentlich sehr langsam, aber stetig verändern und ihm so einen Blick weit zurück in die Vergangenheit erlauben.

Damit stand sein Plan fest: Er wollte die rRNA möglichst vieler Lebewesen entschlüsseln, die Sequenzen vergleichen und anhand der Fehler herausknobeln, wer von wem abstammt.

Seufzte er, als er diesen Entschluss fasste? Es ist anzunehmen, denn was er sich da vorgenommen hatte, war nicht nur ziemlich kompliziert, sondern auch aberwitzig langwierig. Und es gab kaum jemanden, der die entsprechenden Methoden beherrschte, um ein solch gigantisches Projekt durchzuführen. Er war auf sich allein gestellt.

Also begab er sich in sein Labor, legte eine Jazzplatte auf und begann mit dem Mammutwerk. Es dauerte ein Jahr, bis er eine erste Sequenz entschlüsselt hatte. Ein großer Schritt für ihn – ein Schulterzucken für die Menschheit. Kaum jemand auf der Welt interessierte sich dafür, was er da tat, und weder seinen Kollegen noch dem Institutsleiter war klar, was ihn dazu trieb, sich in dieses absurde Projekt zu versenken. Spektakuläres war da kaum zu erwarten, ein Nutzwert nicht einmal ansatzweise zu erkennen. Aber Woese ließ sich dadurch nicht entmutigen.

Bald begannen sich sowohl im Labor als auch in seinem Büro Kartons mit Röntgenfilmen zu stapeln. Auf ihnen waren seine Analysen festgehalten, Muster aus schwarzen Punkten, die außer ihm keiner deuten konnte. Für Woese waren es Puzzleteile, bei denen es galt, sie zu einem Ganzen zusammenzufügen. Mühsam kämpfte er sich von einer Sequenz zur nächsten. Monate ging das so, Jahre. Nach insgesamt zehn Jahren hatte er die rRNAs von ein paar Dutzend Lebewesen ausgewertet. Im Verhältnis zur unüberschaubaren Anzahl von Arten war das ein Witz. Und kein guter. Er war darüber siebenundvierzig geworden und hatte so gut wie nichts von seinen Ergebnissen veröffentlicht, auch mied er Meetings und Konferenzen. Die meisten Wissenschaftler ignorierten sein Tun, und viele, die ihn kannten, hielten ihn für einen Sonderling, einen Spinner.

Aber Anfang 1967 bekam Woese Besuch von seiner persönlichen Glücksfee: Ralph Wolfe, einem Kollegen, der ein paar Räume weiter mit methanogenen Bakterien arbeitete. Diese Gesellen sind ein wenig schräg, produzieren Methangas, vertragen keinen Sauerstoff und wurden an touristisch eher unerschlossenen Orten gesammelt: aus dem Schlamm der städtischen Kläranlage und den Gedärmen von Kühen. Anscheinend mögen sie es, wenn es ein wenig müffelt. Wolfe schlug vor, dass man sich doch mal die rRNA dieser kleinen Stinker ansehen könnte, und Woese willigte ein. Die Ergebnisse, die er dabei bekam, verwirrten ihn allerdings. Das passte alles nicht wirklich zu den Bakterien, die er kannte. Da musste irgendetwas schiefgelaufen sein. Er wiederholte seine Arbeit mit dem gleichen Resultat. Was konnte das bedeuten? Plötzlich ging ihm ein Licht auf. Gefühlt war das sicher keine Glühbirne, sondern ein 5000-Watt-Scheinwerfer.

Woese, der nicht zu emotionalen Ausbrüchen neigte, lief zu Wolfe und rief: «Diese Methanogenen sind keine Bakterien!»

Der Kollege antwortete stoisch: «Natürlich sind das Bakterien. Jetzt beruhig dich mal.»

Aber Woese beruhigte sich nicht, sondern erklärte dem ständig blasser werdenden Ralph Wolfe, was er da gefunden hatte.

Wenn Sie Biologe sind und sich monatelang durch einen malariaverseuchten Dschungel schlagen, nur um einen bisher unbekannten Gecko am Schwanz aus einem Gebüsch zu ziehen, dann haben Sie etwas geleistet. Sie können dem Tierchen einen Namen geben und dem Stammbaum des Lebens ein kleines, unglücklich zappelndes Reptil hinzufügen, ein Zweiglein, irgendwo oben in der Krone. Was Woese aus seinen Röntgenfilmen las, war etwas völlig anderes. Das war kein Ästchen, das war ein neuer Stamm! Der Baum des Lebens hatte in seinen Augen ab diesem Moment nicht mehr zwei Hauptstämme, sondern drei. Neben den Eukaryoten und den Bakterien tauchte Carl Woese nun mit Lebewesen auf, die wie die Bakterien keinen Zellkern besaßen, aber mit den Bakterien weniger eng verwandt waren als Menschen mit einem Steinpilz.

Woese und seine Kollegen nannten den dritten Stamm des Lebens «Archaebakterien» oder – heute gebräuchlicher – «Archaeen». Sie veröffentlichten die Entdeckung in einer Fachzeitschrift. Gleichzeitig organisierten sie eine Pressekonferenz und brachten es mit ihrer Entdeckung auf die erste Seite der *New York Times*! Die wissenschaftlichen Kollegen waren aber weniger begeistert. Das Ganze erschien ihnen doch sehr abenteuerlich, und dann zerrte dieser Mann seine Theorie auch noch ans breite Licht der Öffentlichkeit, bevor sie als Experten überhaupt die Gelegenheit gehabt hatten, die wissenschaftliche Arbeit zu lesen. Diejenigen, die sich dennoch damit beschäftigten, sahen sich mit einem weitgehend unbekannten Wissenschaftler konfrontiert, dessen neues Modell auf einer Methode beruhte, die kaum einer kannte, geschweige denn beherrschte. Diese Daten waren also fürs Erste nahezu unüberprüfbar. Woese hätte sich das alles auch ausgedacht haben können. Entsprechend hart fiel das Urteil in der wissenschaftlichen Welt aus. Woese und Wolfe wurden angefeindet. Ralph Wolfe erhielt sogar einen Anruf von dem US-amerikanischen Mikrobiologen Salvador Luria, der gerade den Nobelpreis bekommen hatte: «Ralph, du ruinierst deine Karriere. Du musst dich von diesem Unfug distanzieren!» Wolfe schwitzte, aber er blieb bei seiner Ansicht.

Es gärte und brodelte weiterhin, man lästerte, aber keiner konnte die Beobachtung von Woese und Wolfe widerlegen oder wegdiskutieren. Woese war sich sicher, dass er richtiglag. Er ging zurück in sein Labor, schloss die Tür für die nächsten Jahre und machte sich wieder an die Arbeit. Während die Kritik nicht nachließ, versuchte er unter den Proben, die er kriegen konnte, weitere Archaeen zu finden, die seine Theorie bestätigten. Und er fand sie auch.

Entscheidend für die Anerkennung von Woeses Archaeen war eine Fahrt des Tiefsee-U-Boots *Alvin*. 1982 sank das Tauchboot im Pazifik in einem langen Abstieg in lichtlose Tiefen hinab, um 2600 Meter unter der Meeresoberfläche einen hohen Schlot zu suchen, aus dem beständig heißes mineralhaltiges Wasser aus dem Erdinneren heraussprudelt, einen «weißen Raucher». Die Wissenschaftler an Bord entnahmen Proben und brachten sie zurück in unsere Welt. Ralph Wolfe fand in ihnen Archaeen, die unter diesen albtraumhaften Bedingungen bei teilweise über 90 Grad Celsius lebten – im Darm einer Kuh ist es dagegen noch regelrecht gemütlich. Als man das Erbgut dieser Lebewesen gut zehn Jahre später eingehend untersuchte, stellte man fest, dass die Hälfte der Gene völlig unbekannt waren – das war der Beweis, das Archaeen tatsächlich etwas ganz anderes sind als Bakterien oder Eukaryoten. Die Woese-Kritiker begannen zu verstummen. Bis aber die letzten beleidigten Gecko-Sammler die Archaeen akzeptierten, verging noch ein weiteres Jahrzehnt. Heute ist die Einteilung der Verwandtschaften anhand des Erbguts und auch nach rRNA für alle Arten von Lebewesen Routine geworden, und der Stammbaum hat im Laufe der Jahre etliche neue Zweige und Zweigchen bekommen.

Aber was ist eigentlich so toll an den Archaeen? Dass sie Kühe zum Furzen bringen? Warum ist ihre Entdeckung eine so große Sache? Der Punkt ist: Sie sind fremdartig, und viele von ihnen besitzen einzigartige Gene, die ihnen helfen, an sonst lebensfeindlichen Orten zu überleben, sei es in heißen Tiefseequellen, in salzigen Seen unter dem ewigen Eis der Antarktis oder hundert Meter tief unter der Erde.

Klassischerweise findet man Archaeen an Orten, an denen extreme Lebensbedingungen herrschen, und viele von ihnen sind Extremophile – was so viel heißt wie «Freunde des Extremen». Aber sie tauchen auch an anderen, eher mondänen Orten auf und sind uns oft näher, als wir erwartet hätten: In der US-amerikanischen Belly-Button-Biodiversity-Studie («Bauchnabel-Biodiversitäts»-Studie), die 2011 startete, wurde die Allgemeinheit dazu aufgerufen, mit Wattestäbchen Abstriche des eigenen Bauchnabels zu machen und zur Untersuchung zur Verfügung zu stellen. Das Projekt war ein voller Erfolg, und die Wissenschaftler wurden regelrecht mit Proben überschwemmt. Sie konnten sich auf diese Weise ein recht gutes Bild davon machen, wer in unserem Bauchnabel so wohnt. Neben vielen verschiedenen Bakterien fanden sie dabei auch einige Archaeen. Die haben sich aber, wie es scheint, selbst an diesem Ort ihre Vorliebe fürs Extreme bewahrt, denn besonders viele von ihnen lebten bei einem Probanden, der, wie er selbst sagte, «mehrere Jahre nicht geduscht oder gebadet» hatte. Zumindest dieser Nabel gilt dann wohl schon wieder als extremer Lebensraum.

Unter den Archaeen sind gerade die Methan-Produzenten oft besonders spannend: Einige vertragen fast kochendes Wasser und leben einzig von Wasserstoff, CO_2 und ein paar Salzen. Allerdings gibt es für diese zähen Asketen heute nicht mehr viele geeignete Lebensräume, man findet sie hauptsächlich an den hydrothermalen Quellen der Tiefsee. Aber früher, auf der vulkanisch aktiven jungen Erde, könnten sie viel häufiger auf geeignete Bedingungen gestoßen sein. Wahrscheinlich war unser Planet zu dieser Zeit ein giftiges Höllenloch, in dem sich die Archaeen wie im Paradies gefühlt haben müssen. Gerade deshalb vermutet man, dass sie Überbleibsel aus dieser längst vergangenen Zeit sind und womöglich zu den ersten archaischen (= uralten) Lebewesen gehören – daher nannte Carl Woese sie auch Archaeen.

Das Bild von Archaeen, die genügsam und hartnäckig in einer Umgebung überleben, in der wir Leben nie für möglich gehalten hätten, führte die Wissenschaftler auch zu einer anderen Frage: Ist es denkbar, dass irgendwo anders in unserem Sonnensystem Orte existieren, an denen diese zähen Kerlchen überleben könnten? Oder könnten sich dort sogar vergleichbare Lebewesen entwickeln? Ob das so ist, weiß natürlich keiner, aber es gibt immerhin ein paar Ecken, an denen man sich so etwas zumindest theoretisch vorstellen könnte: Top-Favoriten wären da der Mars und der Jupitermond Europa.

In seiner frühen Entwicklung wies der Mars wohl einiges an flüssigem Wasser auf, und auch seine Atmosphäre war dichter und wärmer. Wäre dort Leben ähnlich der Archaeen entstanden, könnte es «in den Untergrund gegangen sein», als es auf der Marsoberfläche ungemütlich wurde. Schließlich findet man ebenso auf der Erde tief unter der Oberfläche Archaeen, die gut abgeschirmt von dem, was sich im Sonnenlicht so tut, existieren.

Der Jupitermond Europa ist sogar noch spannender: Er ist mit einer dicken Schicht aus Wassereis bedeckt, unter der ein vielleicht 100 Kilometer tiefer Ozean aus flüssigem Salzwasser vermutet wird, der den gesamten Mond umspannt. Außerdem glaubt man, dass es am Boden dieses Meers vulkanische Aktivitäten geben könnte. Unter dem dicken Eispanzer von Europa könnte es also ebenfalls heiße Tiefseequellen geben, die sich womöglich als Lebensraum für Archaeen eignen würden. Ob es wirklich so ist, werden wir vielleicht eines Tages erfahren, aber bis dahin müssen wir uns mit den drei Sorten Leben begnügen, die wir auf der Erde haben – und auch da gibt es noch genug Spannendes zu entdecken ...

5. KAPITEL

Jetzt wird's wild!

Star Wars, eine Idee, die reihenweise Wissenschaftler ruiniert, und wilde Gene auf Wanderschaft.

Kommst du wirklich nich mit, Digga?» Drei Jungs verabschieden sich mit Umarmung und einem komplizierten Handschlag-Ritual von ihrem Freund. Sieht so aus, als ob sie nicht damit rechnen, sich jemals wiederzusehen. Eine ergreifende Szene. Meine Rührung hält sich allerdings in Grenzen, da sie sich in der offenen Bustür abspielt, durch die wir nur zu gerne aussteigen würden. «Nee, sorry, Leute, heute is Family un so ...»

Tante Hedwig trommelt mir derweil anhaltend mit dem Griff ihres Regenschirms auf den Rücken. «Jetzt geh doch mal. Wir wollen zur Buchmesse», drängelt sie mich. Wir haben einen Ausflug nach Frankfurt gemacht. Ich setze an, mich an der Teenager-Thrombose vorbeizuzwängen, als sich die Verabschiedung doch noch auflöst.

Einen Moment später rettet sich meine Frau gerade noch so durch die laut piepsende Bustür nach draußen. Der verabschiedete Junge zieht derweil bereits mit hochgeschlagener Kapuze Richtung U-Bahnhof ab, ab und zu dreht er sich um und sieht seinen Freunden nach. Als der Bus hinter einer Kreuzung verschwunden ist, bleibt er stehen und macht sich auf in Richtung Messe. In der langen Schlange vor der Kasse steht er in seinen tiefhängenden Hosen vor uns. Er sieht nicht wie ein klassischer Buchmesse-Besucher aus. Das findet der Typ hinterm Schalter wohl auch. «Mann, du bist hier so was von falsch! Hier gibt's nur Bücher. Die Games Convention war letzte Woche. Nächster!»

Der Kapuzenträger protestiert, aber der Mann an der Kasse ignoriert ihn und grinst mich mit gekünstelter Freundlichkeit an. Da drückt mich ein Regenschirm unsanft zur Seite, und Tante Hedwig schiebt sich vor. «Was ist jetzt? Warum geht's denn nicht weiter?»

Der Kartenverkäufer seufzt, verdreht sichtbar die Augen und sagt überdeutlich und sehr laut: «Die Senioren-Lifestyle-Messe ‹Bastelei & Blasenschwäche› befindet sich im Obergeschoss. Nehmen Sie bitte den Treppenlift dort hinten.»

Hedwig blickt den Mann finster an, ihre Lippen werden schmal wie die Klinge eines Messers. Dann zieht sie ein Buch aus der Tasche, einen Krimi meines Lieblingsautors, in dem ich gelesen hatte, bis das Buch kurz vor der Auflösung des Falls plötzlich verschwand. Hedwig setzt ein bezauberndes Lächeln auf und wendet sich dem Jungen zu: «Mein Gott! Sie sind es! Fast hätte ich Sie nicht erkannt! Würden Sie vielleicht so nett sein und dieses Buch signieren?» Der Junge sieht sie fragend an. Hedwig klimpert mit den Wimpern. Da zieht er einen schwarzen Filzstift hervor und schreibt etwas auf die erste Seite. Hedwig drückt das Buch an ihre Brust wie ein Teenie und starrt dann den Ticketverkäufer an. «Haben Sie denn keine Ahnung, wer das ist?»

«Sollte ich?»

«Sagen Ihnen Titel wie Der tumbe Torwächter, Ignoranz im Alltag *und* Nullchecker *denn gar nichts? Haben Sie die letzten Jahre unter einem Stein verbracht?»*

«Nein, doch, öhhh … natürlich, ja … aber der Knirps da soll der Autor sein?»

«Schhh!» Hedwig beugt sich mit verschwörerischer Miene vor. «Das hat keiner gesagt! Denn wenn er es wäre und man würde ihn hier erkennen – können Sie sich vorstellen, was das für ein Chaos gäbe?»

Die Augen des Mannes zucken durch das gutgefüllte Foyer. «Aber der ist doch höchstens 15.»

Der Junge stellt sich gerade hin und streckt die Brust raus. Hedwig flüstert: «Ich sag nur: undercover. Wahrscheinlich sucht er Figuren für sein nächstes Werk …»

Der Junge zieht ein Notizbuch hervor, schreibt etwas hinein und lässt es wieder zuschnappen. «Inspirierend», sagt er, dann sieht er den Ticketverkäufer an, wobei er einen kurzen Blick auf Hedwig wirft, und fährt fort: «Aber haben Sie sich nicht gefragt, wer diese elegante Dame mit den profunden Literaturkenntnissen sein könnte?» Der Mann lockert seine Krawatte und mustert Hedwig. «Na?», hakt der Junge nach.

«Literaturkritikerin?», japst der Angesprochene.

«Was? Eine schlichte Kritikerin? Hören Sie mal, diese Frau hat schon Bücher gelesen, als Sie und ich noch in den Windeln lagen! Sie ist eine Löwin der Literatur, eine Tigerin der Texte, ein ...»

«... Wombat der Worte», rufe ich hilfreich von hinten und nicke eifrig. Alle drei sehen mich einen Augenblick lang strafend an und drehen sich wortlos wieder zueinander.

«Ich will hier keine unnötige Aufmerksamkeit erregen», murmelt Hedwig und zuckt mit dem Kopf kurz in meine Richtung.

«Verstehe», sagt der Mann. «Dann einmal Senioren und einmal Schüler? Und noch das VIP-Paket aufs Haus für Sie beide!» Er zwinkert und winkt Hedwig und den Kapuzenträger mit einladender Geste durch.

Während ich für den Rest der Familie Vollpreis-Tickets erstehe, sehe ich, wie Hedwig und der Checker einen komplexen Handschlag austauschen. Hedwig, ein Teamplayer? Wer hätte das gedacht?

Fast alles im Leben kostet Geld: Messekarten, Bustickets und Beinkleider, die in den Kniekehlen hängen. Aber stellen Sie sich vor, irgendein Las-Vegas-Zauberer hat einen richtig guten Tag und lässt aus Versehen nicht nur den Fünfdollarschein seines Showgasts verschwinden, sondern den ganzen Rest gleich mit: jeden Schein, jede Münze, jeden digitalen Geldbetrag auf irgendeinem Bank-Server auf den Cayman Islands. Alles. Die Zeit, bis ein weltweites Chaos ausbricht, würde mit Sicherheit bei irgendwo unter drei Sekunden liegen.

In unseren Zellen ist es nicht anders. Auch da hat alles seinen Preis: Wachstum, Bewegung und überhaupt das Leben. Bezahlt wird mit Energie, die wir aus der Nahrung gewinnen, in der Regel Zucker, Fette und Proteine. Diese Stoffe sind Ressourcen, die uns antreiben. Aber die meisten Aktivitäten in unseren Zellen können sie nicht direkt nutzen. Stattdessen werden sie aufgeschlossen und in eine einheitliche «Energiewährung» umgewandelt, die verschiedenste Proteine der Zelle als Energiequelle nutzen. Darf ich vorstellen: ATP oder «Adenosintriphosphat».

ATP-Moleküle spielen gleich zwei Rollen, einerseits sind sie wie gesagt Energieträger, andererseits sind sie auch die Bausteine, die genutzt werden, um «A»s in der RNA-Sequenz einzubauen. Diese Doppelfunktion gilt übrigens auch als ein weiterer Hinweis für die RNA-Welt.

Viele der Proteine der Zelle nutzen für ihre Arbeit die Energie, die im ATP steckt. Sie nutzen das Molekül wie wir einen Akku in einer Taschenlampe, einer Mouse oder in der Fernbedienung. Allerdings wird die im ATP gespeicherte Energie auf einen Satz freigesetzt, indem das Molekül chemisch zu ADP oder AMP und Phosphaten umgesetzt wird. Die Proteine müssen also nach jeder Aktion leere gegen volle Akkus austauschen. (Wenn Sie als Protein abends auf der Couch schnell durch die Sender zappen wollen, kommen Sie also um eine große Schüssel voller Akkus nicht drum rum.) Da kommt in den Zellen ein ziemlich hoher Verbrauch an ATP zusammen. Man schätzt, dass ein Mensch pro Tag fast das eigene Körpergewicht an ATP verbraucht. Das klingt im ersten Moment ziemlich falsch. Wie soll das funktionieren?

Der Trick ist, dass das verbrauchte ATP ständig recycelt wird. Jedes einzelne Molekül wird etwa tausendmal pro Tag «aufgeladen»! Wenn das nicht so wäre, würde uns das fast sofort töten – Zyankali wirkt so.

Aber wer lädt die Akkus eigentlich? Hauptverantwortlich sind die Eukaryoten, geheimnisvolle Strukturen in den Zellen, in denen die Nahrungsmoleküle unter Nutzung von Sauerstoff endgültig zu Wasser und CO_2 umgesetzt werden. Fast so, als würde man die Moleküle in einem Ofen verbrennen. Wissenschaftler beschäftigen sich schon seit über hundert Jahren mit diesen seltsamen Strukturen und wir uns zumindest bis zum Ende dieses Kapitels: mit den «Kraftwerken der Zelle», den Mitochondrien.

Mitochondrien sind kleine, mehr oder weniger stäbchenförmige Gebilde, die in sämtlichen eukaryotischen Zellen zu finden sind. Je nach Zellart und Organismus können sie einzeln auftauchen oder in Tausendschaften. Von der Größe und Form her ähneln sie Bakterien. Erstmals beschrieben wurden sie 1890 von dem Pathologen Richard Altmann in Leipzig. Er äußerte auch die Vermutung, dass die Mitochondrien beim Energiehaushalt der Zelle eine Rolle spielen könnten. Der Verdacht erhärtete sich über viele Jahre hinweg immer weiter, aber wie genau der Part aussah, den sie dabei übernahmen, blieb lange Zeit ein Rätsel – und zwar eins, für dessen Lösung fröhlich ein Nobelpreis winkte. Die meisten Wissenschaftler gingen davon aus, dass die Enzyme, die den Abbau von Nahrungsmolekülen betrieben, direkt ATP erzeugen würden, und man lieferte sich ein wildes Rennen, um diese Enzyme zu finden und zu zeigen, wie das passierte. Aber es gab auch jemand, der eine andere Idee hatte: Peter Mitchell. Der britische Chemiker sah sich seine wetteifernden Kollegen an, legte die Stirn in Falten und drehte dann in eine völlig andere Richtung ab.

Mitchells wissenschaftliche Karriere begann wenig glamourös. Bei der Aufnahmeprüfung in Cambridge schnitt er derart miserabel ab, dass sein früherer Schulrektor ein gutes Wort für ihn einlegen musste, damit er überhaupt an der Universität aufgenommen wurde. Er war ein Einzelgänger und verbrachte seine Freizeit mit langen Spaziergängen, er musizierte viel und beschäftigte sich mit philosophischen Fragestellungen. Enge Freunde hatte er nur wenige. Das erste Examen schaffte er mit Ach und Krach, und beim zweiten war er nur wenig besser. Er begann viele Projekte, brachte aber nur wenige zu Ende. Und wenn es so war, dann war das häufig einzig und allein seiner Assistentin Jennifer Moyle zu verdanken. Mitchells erste Doktorarbeit wurde abgelehnt, und er brauchte drei Jahre, um eine Neue anzufertigen. 1951 hatte er endlich promoviert, und einige Jahre später begann er sich mit dem ATP-Problem auseinanderzusetzen. Mittlerweile war er zusammen mit Jennifer Moyle an die Universität von Edinburgh gegangen. In diesem Thema biss er sich fest, quasi «Bis(s) zum bitteren Ende».

Mitchell war der Ansicht, dass die Energie aus der Nahrung dazu genutzt werden könnte, in den Mitochondrien geladene Teilchen (in diesem Fall positiv geladene Protonen) von einer Seite der Membran auf die andere zu pumpen. Dabei würde ein Ungleichgewicht entstehen – eigentlich ein stoffliches und ein elektrisches Potenzial –, das danach strebt, sich wieder auszugleichen. Das wiederum könnte die Zelle verwenden, um Energie zu erzeugen (sprich: ATP-Akkus zu laden). Er nannte sein Konzept die «chemiosmotische Hypothese».

Als Mitchell seine Idee 1960 auf einem Kongress vorstellte, muss das ein besonderes Erlebnis gewesen sein, denn damals hielt man es für absolut unmöglich, dass man an einer biologischen Membran verschieden geladene Teilchen voneinander trennen kann. Und dann kam dieser Typ und behauptete eben das. Die Reaktion wird in etwa so gewesen sein, als hätte er behauptet, er könne einen Stabmagneten in der Mitte durchbrechen und den Pluspol in die eine Tasche stecken und den Minuspol in die andere. Sir Hans Krebs, einer der bedeutendsten Wissenschaftler, die sich damals mit dem Zellstoffwechsel beschäftigten, nannte Mitchells Idee einen Rückschritt in eine Zeit altertümlicher Vorstellungen von einer «Lebenskraft». Und überhaupt war Krebs der Meinung, Mitchell müsste seine wilden Behauptungen zuallererst einmal vernünftig belegen. Da lag er sicher auch nicht ganz falsch, denn Mitchell hatte viele dieser Nachweise als unwichtig und langweilig abgetan und sich nicht mit ihnen befasst, da ihm die Zusammenhänge ganz offensichtlich erschienen. Kurzum, Mitchell würde einen harten Weg durch den Shitstorm gehen müssen, wenn er die Welt überzeugen wollte. Einige seiner Gegner lästerten, das die PMF – die «*Protone motive force*» oder «Protonenbewegungskraft» –, die in seiner Hypothese die ATP-Bildung antrieb, nur in seiner Einbildung existierte und das PMF daher wohl eher für «*Peter Mitchell force*» stehen würde.

Mitchell fühlte sich an der Uni zunehmend unwohl und sagte, die Hierarchien vertrügen sich nicht mit seinem Naturell. 1963 zog er sich mit akuten Magengeschwüren völlig aus dem akademischen Leben zurück. Er machte sich auf nach Südengland, ins malerische Cornwall, und lebte als Farmer auf einem etwas heruntergekommenen Landsitz, dem «Glynn House» – Rosamunde Pilcher hätte leuchtende Augen bekommen. Morgens und abends molk er seine acht Kühe mit der Hand und nahm sich eine Auszeit.

Aber seine verlachte Hypothese, an die er nach wie vor fest glaubte, ließ ihn nicht lange ruhen. Als er nach etwa einem Jahr wieder gesund war, wollte er weiter daran arbeiten. Nur zurück in die strikte Maschinerie einer großen Universität wollte er nicht. Also fasste er den Entschluss, auf eigene Faust weiterzumachen: Mit Hilfe von Jennifer Moyle (die inzwischen promoviert war) begann er seinen Landsitz zu einem kleinen Forschungsinstitut umzubauen: das Glynn Research Institute. Finanziert hat er das Ganze aus eigener Tasche und mit Unterstützung seines Bruders. 1965 fingen Mitchell und Moyle an, nur assistiert durch einen technischen Angestellten und eine Sekretärin, die Hypothese Schritt für Schritt zu untermauern. Alles war sehr klein, privat und weit weg von universitären Erfordernissen. Mitchell fühlte sich wohl, auch wenn sein kleines Institut ständig am Rande des finanziellen Ruins entlangschrammte – er druckte sogar die Bücher und Veröffentlichungen auf einer eigenen Druckmaschine. Moyle und Mitchell planten zusammen die Experimente, und während Moyle sie durchführte, plante Mitchell weiter, feilte an der Theorie und kommunizierte mit anderen Wissenschaftlern. Das war auch besser so, denn im Gegensatz zu Moyle war Mitchell im Labor angeblich zu nichts zu gebrauchen. So war er seine eigene Ein-Mann-PR-Abteilung. Er sagte einmal: «Wissenschaft ist kein Spiel wie Golf, das man allein spielen kann, sondern eher wie Tennis, bei dem man einen Ball in die gegnerische Hälfte schickt und darauf wartet, dass er zurückkommt.» Regelmäßig lud er andere Forscher zu sich ein – sogar seine schärfsten Kritiker –, um mit ihnen gemeinsam für ein paar Tage zu arbeiten, von ihnen zu lernen und – natürlich – um sie von seinen Ideen zu überzeugen.

Irgendwann begannen schließlich auch andere Wissenschaftler die chemiosmotische Hypothese ernst zu nehmen und sie weiter zu untersuchen. Nach und nach wurde klar, dass an Mitchells Idee doch etwas dran war. In den Mitochondrien werden tatsächlich während des Abbauens der Nahrungsmoleküle positiv geladene Protonen in den Raum zwischen den Mitochondrien-Membranen gepumpt, sodass, wie vorhergesagt, ein Ungleichgewicht entsteht. Im Endeffekt ist es fast wie bei einem Wasserkraftwerk, bei dem aus einem hochgelegenen Speichersee Wasser durch ein enges Rohr abfließt und dabei eine Turbine zur Energiegewinnung antreibt. Nur dass hier Protonen wieder zurück ins Innere des Mitochondrions drängen und sich dabei durch ein spezielles Membranprotein, die ATP-Synthase, zwängen. Hier fließen sie durch einen Teil des Enzyms, der tatsächlich wie eine kleine Turbine aussieht und der durch den Teilchenstrom in eine Drehbewegung versetzt wird. Ein anderer Teil des Enzyms nutzt dann die Bewegung, um ATP zu erzeugen. Faszinierend, wie ähnliche Probleme oft zu ähnlichen Lösungen führen, auch wenn der Maßstab ein ganz anderer ist.

Neben der ATP-Gewinnung verwenden wir unsere Mitochondrien übrigens auch zur Erzeugung von Wärme. Dazu wird das Kraftwerk kurzgeschlossen, sodass Protonen ohne Energiegewinn auf die andere Seite der Membran strömen. Die Herstellung von ATP wird dadurch ineffizienter. Um dennoch genug des Moleküls in der Zelle vorrätig zu haben, wird der Stoffwechsel hochgetrieben, und das erzeugt Wärme. Das geht sogar so weit, dass die Hälfte der Energie, die eine ruhende Rattenmuskelzelle verbraucht, zum Heizen verwendet wird.

Welchen Anteil an Energie die Zellen zur Wärmeproduktion nutzen, lässt sich durch chemische Stoffe steuern. Das klingt nach einem Traum für die Diätindustrie: Eine Pille, die dazu führt, das Essen nicht als Energie genutzt wird, sondern rein als Wärme verpufft? $$$! Und tatsächlich werden übers Internet extrem gefährliche Substanzen angeboten, die diesen Mechanismus aufgreifen. Gefährlich sind sie, weil sie bei einer Überdosierung schnell zu einem massiven und sehr tödlichen Anstieg der Körpertemperatur führen.

Der Streit um die chemiosmotische Hypothese spaltete die wissenschaftliche Gemeinschaft für fast 20 Jahre. Von manchen wurde die Auseinandersetzung sogar als «*chemiosmotic War*» («chemiosmotischer Krieg») bezeichnet. Am Schluss konnte Mitchell seine Kollegen überzeugen und einen wichtigen Beitrag zum Verständnis des Lebens leisten. Den fröhlich winkenden Nobelpreis gab's obendrein, was ja auch immer ganz schick ist.

Kleine Seitenbemerkung zur Freude aller Science-Fiction-Fans: «Die Macht, die alles Lebendige durchströmt und den Jedi-Rittern ihre Stärke verleiht», hängt ja im *Star Wars*-Universum eng mit den «Midi-Chlorianern» zusammen – winzigen Lebensformen, die im Innern aller Zellen existieren. Als George Lucas Mitte der siebziger Jahre das Drehbuch zu *Star Wars* schrieb, ließ er sich bei der

Beschreibung dieser Organismen von den geheimnisvollen Mitochondrien inspirieren. Wer hätte gedacht, dass wir Darth Vader auch der Arbeit der Biologen zu verdanken haben? So beeinflusst die Wissenschaft die Gesellschaft. Geht aber auch andersherum: 2004 wurde eine neu entdeckte bakterielle Spezies nach den Midi-Chlorianern benannt: *Midichloria mitochondrii*. Diese Bakterien wurden als Parasiten in den Mitochondrien von Zecken gefunden.

Der Streit um die Rolle bei der Energieversorgung der Zelle war beileibe nicht die einzige Kontroverse, in dessen Zentrum die Mitochondrien standen. Es gab da noch etwas anderes, etwas Düsteres. Eine Frage, die man sich besser nicht stellte, die aber dennoch gestellt werden musste: «Warum sehen Mitochondrien eigentlich aus wie Bakterien?»

Warum diese Frage gefährlich ist? Weil sie einen auf einen verrückten Einfall bringt: Was, wenn Mitochondrien tatsächlich Bakterien sind? Und das ist die wahre Falle. Eine Lorelei unter den Ideen! Sie flüstert dem Wissenschaftler verführerische Gedanken ins Ohr: «Bakterien als elementarer Bestandteil unserer Zellen! Das wird das Verständnis des Lebens verändern!» Der Sirenengesang dieser Möglichkeit hat so manchen in den Untergang gelockt, denn die Idee ist ebenso faszinierend wie schwer zu belegen.

Das erste Opfer war der Entdecker der Mitochondrien selbst, Richard Altmann. Ihm war die Ähnlichkeit mit Bakterien nicht entgangen, und in seiner Veröffentlichung spekulierte er, dass es sich bei den Mitochondrien um eigenständige Lebewesen handeln könnte, die in unseren Zellen existieren. Seine Kollegen lachten ihn aus und überhäuften ihn mit Kritik und Spott. Er konnte dem nicht viel entgegensetzen, denn Ende des 19. Jahrhunderts hatte er keine Chance, seine Theorie mit Experimenten zu untermauern. Es fehlten die nötigen technischen Apparaturen und auch das Verständnis für das, was in der Zelle passiert. (Opa würde wieder sagen: «Früher hatten wir ja nichts!») Für Altmann wurde es so schlimm, dass er sich nur noch heimlich und durch die Hintertür ins Labor traute. Und weil man ihn nicht mehr zu Gesicht bekam, nannte man ihn bald nur «das Gespenst». Zehn Jahre später starb Altmann an einem Nervenleiden.

Aber die Idee war in der Welt, und immer wieder infizierte sie jemanden. In den zwanziger Jahren war es Ivan Wallin, der an der University of Colorado Medical School als Anatomieprofessor arbeitete. Wallin war ein Unikat. Von Vorlesungen hielt er nicht viel, er mochte es lieber praktischer: Er versammelte seine Studenten gern um Kadaver und zerlegte sie dann – die Kadaver mit scharfen Metallgerätschaften und die Studenten mit ebenso scharfen Fragen. Wer die nicht beantworten konnte, musste damit rechnen, einen Knuff abzukriegen. Das war auch für damalige Verhältnisse eher unorthodox. War Wallin nicht gerade mit der Lehre oder Forschung beschäftigt, feierte er in seiner Holzhütte mit seinen Studenten. Es gab Hochprozentiges, und er zog ihnen beim Pokern das Geld aus den Taschen …

Wallin forschte nicht in einem großen Labor, sondern in einem kleinen Verschlag hinter seinem Hörsaal. Und hier ging er der verlockenden Idee nach und versuchte zu zeigen, dass Mitochondrien wirklich Bakterien sind, die mit den Zellen höherer Lebewesen friedlich und zum beiderseitigen Nutzen in Symbiose zusammenleben: Er war sich sicher, das sie Symbionten sind. Aber auch er bekam Gegenwind. Eines Tages glaubte er jedoch, den ultimativen Beweis für seine Theorie in den Händen zu halten: Er konnte Mitochondrien wie Bakterien außerhalb von Zellen züchten!

Er veröffentlichte seine Entdeckung, aber das Ergebnis brachte seine Gegner nicht wie erhofft zum Schweigen. Im Gegenteil. Die Kritik blieb vehement, und man bezweifelte, dass das, was er züchtete, wirklich Mitochondrien waren. Wahrscheinlich seien das nur irgendwelche Bakterien, die durch unsauberes Arbeiten in die Kultur gefallen waren. Heute wissen wir, dass seine Kritiker in diesem Punkt recht hatten: Mitochondrien können nicht außerhalb von Zellen wachsen. Im Alter von vierzig Jahren gab Wallin die Forschung resigniert auf und konzentrierte sich stattdessen darauf, seine Studenten zu drillen.

Noch einige andere Wissenschaftler verfielen der Idee. Keinem von ihnen brachte die Arbeit daran jedoch Ruhm und Erfolg. Viele wurden geschmäht, und ihre Ergebnisse wurden schnell wieder vergessen. 1966 war es mal wieder so weit, ein neuer, junger Geist wurde von jener wissenschaftlichen Lorelei in den Bann gezogen, dieses Mal eine Frau: Lynn Sagan. Sie war 28 und hatte schon einiges erlebt. Mit 14 begann sie zu studieren, mit 18 machte sie ihren Bachelorabschuss, und ein Jahr später heiratete sie Carl Sagan. Sie hatten zusammen zwei Kinder, 1966 war sie aber schon wieder geschieden. Später heiratete sie erneut, sie hieß dann so, wie man sie in der Wissenschaft heute kennt: Lynn Margulis. (Lassen Sie sie uns hier der Übersichtlichkeit halber jetzt gleich schon so nennen ...)

Carl Sagan war nicht nur Lynn Margulis' Exmann, sondern auch eine wissenschaftliche Pop-Ikone. Der Astrophysiker und Exo-Biologe arbeitete intensiv an vielen NASA-Missionen mit und beriet die Apollo-Astronauten vor ihrem Mondflug. Außerdem behielt er immer ein Auge offen, um nach außerirdischem Leben zu suchen: Er war ein großer Befürworter des SETI-Projekts (*Search for Extraterrestrial Intelligence*), das den Weltraum nach fremden Signalen abhorcht. Auf seinen Vorschlag hin wurden außerdem Botschaften für Außerirdische mit den Raumsonden *Voyager* und *Pioneer* ins All geschickt. Sagan brannte für die Wunder des Universums und gab diese Begeisterung weiter: Er schrieb zahlreiche Sachbücher und führte durch die preisgekrönte Fernsehserie *Unser Kosmos*, die weltweit mehr als eine halbe Milliarde Menschen sahen.

Die Idee, dass die Vorläufer von Zellen, die später zu Menschen, Erdhörnchen, Champignons und dem T-Rex werden sollten, dadurch entstanden waren, dass sie Bakterien in sich aufnahmen und mit ihnen in Symbiose lebten, ließ auch Margulis nicht los. Sie las die alten Arbeiten von Wallin und den anderen und erweiterte deren Konzepte um neue Beobachtungen und eigene Gedanken. Schließlich fasste sie alles in ihrer «Endosymbionten-Hypothese» zusammen. Das fast 60 Seiten lange Manuskript reichte sie zur Veröffentlichung ein. Sie bekam eine Absage. Auch beim nächsten Versuch fiel die Reaktion nicht besser aus. Egal, wo sie es versuchte, keine Fachzeitschrift schien ihren Text drucken zu wollen. Es war wie bei den anderen, die sich zuvor mit der Idee herumgeschlagen hatten. Aber wenn Lynn Margulis eins war, dann hartnäckig.

Sie machte weiter, und nach gut und gerne fünfzehn vergeblichen Versuchen wurde das Manuskript 1967 endlich publiziert. Und es stieß auf großes Interesse! Ja, Margulis gewann sogar einen Preis für die beste Publikation des Jahres an ihrer Fakultät, und man schmiss ihr zu Ehren eine Party. Ernst genommen wurde sie deshalb aber noch lange nicht. Bald regnete es wieder Kritik, und Widerstand regte sich. Trotz aller neuen Hinweise und Argumente: Kaum jemand glaubte ihr. Zum einen lag es daran, dass in der Vergangenheit reichlich komische Typen Ähnliches behauptet hatten, ohne dass es je zu irgendetwas geführt hätte. Und zum anderen lief die ganze Geschichte dem Grundprinzip der Evolution entgegen: *Survival of the fittest*. Blutiger Überlebenskampf! Zufällige Mutationen entstehen, und der Stärkste setzt sich durch! So war das. Und dann kommt diese junge Frau daher und behauptet, Kooperation und Zusammenarbeit seien die treibenden Kräfte des Lebens. Das klang so nach ... Flower Power und ungewaschenen Hippies ...

Aber wo Wallin die Forschung an den Nagel hängte, Altmann sich versteckte und Mitchell Kühe molk, ging Margulis auf Konfrontationskurs und pflügte durch die etablierte Wissenschaftslandschaft wie ein Maulwurf auf Steroiden. Sie schrieb Bücher und Artikel und veröffentlichte ihre umstrittene These vor einem breiten Publikum. Ihrer Meinung nach war Darwins natürliche Selektion in der Lage, Arten auszulöschen, vielleicht auch welche zu erhalten, aber Neues hervorbringen konnte sie sicherlich nicht. Sie glaubte, das passiere allein durch Symbiose, durch den Zusammenschluss von verschiedenen Organismen.

Die Welt davon zu überzeugen war schwer, und man konnte fast das Gefühl haben, dass die Mitochondrien darauf aus waren zu verhindern, dass ihr Geheimnis ans Licht kommt. Es war wie in einer US-amerikanischen Krimiserie mit Margulis als tougher Staatsanwältin und den Mitochondrien auf der Anklagebank: «Geben Sie endlich zu, dass Sie Bakterien sind!» – «Nö.» Die Jury aus etablierten Wissenschaftlern verschränkt die Arme und guckt skeptisch: Die Mitochondrien sind doch so hilfsbereit, und sie grüßen immer freundlich. So jemand hat doch kein dunkles Geheimnis! Aber Frau Staatsanwältin argumentiert mit großer Verve dagegen. Die Verteidigung hält lässig dagegen: «Alles nur Indizien!» Als die Stimmung zu kippen beginnt und die Mitochondrien grinsen, weil man ihnen auch heute wieder nichts nachweisen kann, knallt die Staatsanwältin neue Beweise auf den Tisch, den sprichwörtlichen rauchenden Colt: Man hat in den Mitochondrien DNA gefunden! Sie haben ein eigenes Erbgut ... Ab diesem Zeitpunkt war es eigentlich nicht mehr wirklich zu leugnen (auch wenn es trotzdem noch einige Jahre dauern sollte, bis die Theorie weitgehend akzeptiert war): Mitochondrien stammen von Bakterien ab.

Als man das Erbgut der Mitochondrien genauer untersuchte, stellte man schnell fest, dass es klein ist. Geradezu winzig. Viel kleiner als das aller anderen Bakterien. Es fehlen jede Menge Gene, die ein Feld-, Wald- und Wiesenbakterium zum Leben braucht. Der Grund dafür, dass Mitochondrien ohne diese wichtigen Informationen auskommen, ist derselbe, aus dem ein Student mit frischgebügeltem Hemd und Kuchen im Gepäck zur Uni gehen kann, obwohl er keine Ahnung hat, wo sich das Bügeleisen befindet oder wie man ein Ei aufschlägt, ohne sich zu verletzen: Frau Mutter hat sich nämlich um alles gekümmert. Im Fall unseres Mitochondrions heißt das: Die Zelle versorgt es mit allem, was es nicht selbst herstellen kann. Das ist auch der Grund, weshalb man Mitochondrien nicht außerhalb von Zellen züchten kann.

Aber wo sind die verschollenen Gene hin? Ein Teil ist einfach verloren gegangen, weil er im luxuriösen Hotel Mama nicht benötigt wurde. Aber das kann nicht die ganze Erklärung sein, denn wenn man sich ansieht, welche Gene die Mitochondrien für ihre Funktion als Kraftwerk brauchen, stellt man fest, dass das immer noch deutlich mehr sind als die paar, die sich im Mitochondrien-Genom finden.

Die restlichen Gene sind ausgewandert und machen jetzt Home-Office vom Zellkern aus. Die Proteine, deren Bauplan sie enthalten, werden einfach in die Mitochondrien importiert. Wieder andere ehemalige Mitochondrien-Gene haben heute sogar völlig neue Funktionen außerhalb der Mitochondrien übernommen.

In unseren Mitochondrien finden sich aktuell nur noch circa ein Dutzend Gene, die hauptsächlich dazu dienen, die Funktion als Kraftwerk aufrechtzuerhalten. Mit diesem kümmerlichen Rest hat man versucht, die Mitochondrien im bakteriellen Stammbaum einzuordnen. Angefangen hatte damit Carl Woese, denn unter den Genen, die es noch gibt, ist auch das für die rRNA, mit dem er seine Stammbäume aufbaute. Heute wissen wir, dass Mitochondrien relativ eng mit Rickettsien verwandt sein müssen, Bakterien, die als Parasiten leben können (und fiese Erkrankungen verursachen).

Damit haben wir schon mal eine Idee, wer die Mitochondrien ursprünglich waren. Aber was waren das für Zellen, die sich damals die Bakterien einverleibten, um zu den Eukaryoten zu werden? Diese Frage ist schwerer zu beantworten. Die beste Vermutung, die wir im Moment haben, ist die, dass die mythischen Urahnen der Eukaryoten Archaeen waren, denn viele der ältesten zellulären Schlüsselgene weisen mehr Ähnlichkeit zu den Genversionen der Archaeen auf als zu denen der Bakterien. Diese Idee hat nur einen Haken: Diese ominösen Archaeen müssen in der Lage gewesen sein, Bakterien aktiv einzufangen. Allerdings kennt man bis heute keine Archaeen, die so etwas können – wobei es natürlich unglaublich viele Mikroorganismen gibt, die wir noch nicht kennen. Vielleicht sind die Vorfahren der Eukaryoten noch irgendwo draußen, in einer Kuh, einem Bauchnabel oder tief unter dem ewigen Eis, und lassen sich just in diesem Moment ein saftiges Bakterium schmecken. Die Jagd nach diesen Urahnen ist vergleichbar mit einer Schatzsuche à la Hollywood. Es existiert eine Karte, die in viele einzelne Teile zerrissen ist, die man zusammenbringen muss, um den Piratenschatz zu heben. Im Fall unseres verschollenen Vorfahren heißt das, dass wir eine Vorstellung davon haben, welche Gene nötig sind, um Bakterien zu fangen. Und wenn wir uns verschiedene Archaeen ansehen, finden wir hier und da versprengt einige dieser Gene – ein guter Hinweis darauf, dass wir auf der richtigen Spur sind. Bisher wurde aber noch keine Archaee gefunden, die über den kompletten Satz verfügt und wirklich Bakterien fangen könnte.

Im Jahr 2015 gab es aber zumindest eine erste heiße Spur, und zwar an einem entlegenen und auch etwas unheimlichen Ort: Lokis Schloss. Tief unter dem Meer liegt es, und im Grunde ist es nichts weiter als ein Gruppe von Schwarzen Rauchern, unterseeischen heißen Quellen. In dieser unwirtlichen Umgebung fand man erste Hinweise auf ein Archaeon, das vielleicht genügend Kartenteile zusammenhat, um Bakterienjäger zu sein. Bisher hält man dieses Lebewesen, das *Lokiarchaeota* getauft wurde, allerdings noch nicht in Händen und weiß noch nicht sicher, ob es wirklich fähig ist, Bakterien zu verspachteln. Da blicken wir noch ins finstre Unbekannte. Aber wenn Sie dieses Buch lesen, hat die Wissenschaft vielleicht schon ein wenig mehr herausgefunden, und Sie können in der Finsternis ein paar Umrisse erkennen.

Die Mitochondrien sind übrigens nicht die einzigen Ex-Bakterien, die in den Eukaryoten ein neues Zuhause gefunden haben. Auch die Chloroplasten gehören dazu. Bisher haben wir sie unterschlagen, aber ihre Geschichte ist schnell erzählt: Wenn Sie sich die Blätter Ihrer Zimmerpflanzen ansehen, dann sind die grün. (Wenn sie das nicht sind, kann das auf ein Wasserversorgungsproblem hinweisen, dessen Sie sich annehmen sollten.) Diese grüne Farbe stammt von besonderen Zellorganen, ebenjenen Chloroplasten. Das sind die Strukturen, mit denen Pflanzen Photosynthese betreiben, also aus Licht nutzbare Energie gewinnen. Auch hier wird, wie bei den Mitochondrien, ein Protonen-Ungleichgewicht aufgebaut, das die ATP-Herstellung antreibt. Heute ist man sich ziemlich sicher, dass die Vorfahren der Chloroplasten domestizierte Blaualgen waren. Es sind dieselben Organismen, die die große Sauerstoffkatastrophe zu verantworten haben. Pflanzenzellen enthalten also zwei ehemalige Bakterien: Mitochondrien und Chloroplasten. Chloroplasten alleine reichen ihnen nicht, die Mitochondrien brauchen sie schon deshalb, weil nachts keine Sonne scheint und der Stoffwechsel ja trotzdem weiterlaufen muss.

Man kann das mit dem Einverleiben fremder Organismen auch noch weitertreiben. Ein leuchtendes Beispiel dafür ist die Meeresschnecke *Elysia chlorotica*, die sich eines ungewöhnlichen Tricks bedient. Sie frisst Meeresalgen, verdaut sie aber nicht völlig, sondern lagert die aufgenommenen Chloroplasten in spezialisierte Zellen ein, in denen die geraubten Photosynthese-Fabriken tatsächlich eine ganze Weile weiterleben (das, was die Schnecken da machen, nennt sich «Kleptoplastie»: Plastidenklau). Damit das klappt, brauchen Chloroplasten genau wie Mitochondrien Gene, die nicht in ihnen selbst hinterlegt sind, sondern im Erbgut ihrer Wirtszelle. Und wie jetzt festgestellt wurde, haben sich die Schnecken tatsächlich diese benötigten Gene aus den Algen angeeignet und in ihr eigenes Erbgut eingebaut. Durch die Chloroplasten-Räuberei wird die Schnecke für den Rest ihres Lebens grün, was sie zum einen tarnt und ihr zum anderen erlaubt, Energie aus dem Sonnenlicht zu gewinnen.

Die Kombination verschiedener Organismen zu neuen und komplexeren Lebewesen, die die Endosymbionten-Theorie gezeigt hat, erscheint heute ganz logisch, und es ist schwierig, sich vorzustellen, warum so hart darum gestritten wurde – sogar noch als die Dinge eigentlich klar waren. Wahrscheinlich steckt das «Big Man Syndrome» dahinter: die Vorstellung mancher etablierter Wissenschaftler, dass das, was sie glauben, richtig sein muss. Einfach deshalb, weil sie in der Vergangenheit mit ihren Überzeugungen schon so oft Erfolg gehabt haben. Sie stellen sich nicht mehr in Frage und ignorieren lieber neongrün leuchtende Fakten, als darüber nachzudenken, ob sie nicht vielleicht doch falschliegen könnten. Das sollte so nicht sein, aber Wissenschaftler sind auch nur Menschen. Lynn Margulis' Exmann Carl Sagan formulierte den richtigen Weg, um mit neuen Ideen umzugehen, so: «Wichtig ist die Balance zwischen zwei scheinbar gegensätzlichen Einstellungen: der Offenheit neuen Ideen gegenüber – wie bizarr oder uneingängig sie auch sein mögen – und der rücksichtslosen, kritischen Überprüfung aller Ideen, egal ob alt oder neu. Nur durch beides zusammen kann man völligen Unsinn von tiefer Wahrheit unterscheiden.» Es sieht leider nicht so aus, als ob viele auf ihn gehört haben.

Übrigens war auch Lynn Margulis nicht vor dem «Big Man Syndrome» gefeit. Nach ihrem Durchbruch mit der Endosymbionten-Theorie suchte sie nach neuen Themen und begab sich da teilweise auf sehr wackeliges Terrain. Eine Theorie, die sie verteidigte, war zum Beispiel die, dass Aids nichts weiter als eine Form der Syphilis ist und dass es keinen Zusammenhang zwischen HIV und Aids gibt. Sie zweifelte sogar an, dass das HI-Virus überhaupt existiert. Das alles ist schwer nachzuvollziehen, denn immerhin sind in 35 Jahren Forschung weltweit rund 300 000 Publikationen zu HIV und Aids verfasst worden. Es sollte auffallen, wenn es da keinen Zusammenhang gäbe. HIV als Erreger von Aids zu leugnen – gerade als prominente Wissenschaftlerin – ist gefährlich und kann Menschenleben kosten. Entsprechend kritisch nahm man ihre Äußerungen auch auf. Margulis ließ sich davon aber wie gewohnt nicht beeindrucken.

Besonders anfällig für das «Big Man Syndrome» scheinen übrigens Nobelpreisträger zu sein. Bei ihnen spricht man sogar von der Nobel-Krankheit. Die Opfer sind zahlreich und beharren stur darauf, recht zu haben, egal, was die Fakten sagen. Unter ihnen befinden sich Vertreter wie Brian Josephson (Nobelpreis für Physik 1973), der die klassische Quantenphysik an den Nagel hängte und sich seitdem lieber mit den physikalischen Grundlagen der Telepathie und Transzendentaler Meditation beschäftigt. Zu Letzterem gehört auch das Yogische Fliegen, eine Erweiterung des Bewusstseins, bei der man den eigenen Körper in einen Schwebezustand versetzt. Josephson dürfte allerdings über die Vorstufe, das Yogische Hüpfen, wohl nie hinausgekommen sein. Kary Mullis (Nobelpreis für Chemie 1993) ist sich dagegen genau wie Margulis sicher, dass HIV nicht der Auslöser von Aids ist. Außerdem ist die globale Erwärmung nur ein Hirngespinst, und er selbst wurde von Außerirdischen verschleppt, die sich ihm in Form eines sprechenden Waschbären genähert haben. So sieht es aus! Und hier ist übrigens meine Nobel-Medaille!

In der Wissenschaft und auch in der Evolution geht es eben wild zu. Aber was macht das große Gene-und-Bakterien-Schnappen jetzt mit dem Stammbaum des Lebens? Wer sind wir? Aufgeblähte Archaeen? Bakterien? Oder vielleicht beides? Wie kann man das sagen, wenn Organismen Stücke ihres Erbguts immer wieder mal mit irgendwelchen anderen Lebewesen austauschen? Das ist ähnlich kompliziert, wie einen Familienstammbaum von Frankensteins Monster aufzuzeichnen: Wer ist eigentlich sein nächster Verwandter? Vlad, von dem er den Kopf hat? Oder eher Rudolf, mit dessen Händen er sich die Zähne putzt? Und wie um alles in der Welt ist Silke da einzuordnen, die immerhin den Oberkörper beigesteuert hat? Es ist schon ein wenig gruselig.

Der Stammbaum des Lebens lässt sich mit diesen Erkenntnissen nicht mehr so leicht zeichnen, indem wir uns vertikal von einer Generation zur nächsten vorarbeiten. Denn jetzt müssen wir uns bei den einzelnen Arten auch noch um Querverbindungen kümmern, die durch «horizontalen Gentransfer» entstehen und ansonsten völlig unterschiedliche Lebewesen genetisch miteinander verbinden.

Um nicht auf die falsche Fährte zu geraten, versucht man

mittlerweile Stammbäume nicht mehr wie damals Carl Woese an einem einzigen Gen, sondern anhand einer ausgewählten Gruppe besonders wanderunlustiger Kandidaten festzumachen – oder noch besser anhand des kompletten Erbguts. Das gibt Sicherheit. In Grundzügen gilt aber Woeses alter Baum immer noch. Einige Äste laufen heute anders, und dank der Mitochondrien und Chloroplasten (sowie ein paar anderen schrägen Dingen, zu denen wir später noch kommen werden) hat er einige äußerst ungewöhnliche Querverbindungen hinzubekommen.

Fassen wir zusammen: Gene können von einem Genom zum nächsten wandern. Unser Erbgut hat sich also nicht nur durch zufällige Mutationen weiterentwickelt, sondern auch dadurch, dass Gene von anderen Lebewesen übernommen wurden. Ja, es wurden sogar komplette Organismen einkassiert. Die zwei Theorien, über die sich Margulis und ihre Gegner so lange verbissen gestritten haben – die natürliche Selektion und die Endosymbiose –, arbeiten also Hand in Hand bei der Evolution. Würden sie es nicht tun, gäbe es uns nicht (und es wäre nie zu diesem Streit gekommen, was für sich genommen auch irgendwie … komisch ist). Zusammen kann man eben mehr erreichen! Das weiß sogar Tante Hedwig.

6. KAPITEL

Der Mensch – eine Bastelanleitung

Die Urzelle Archibald, die das Teamwork entdeckt hat, kleine Würmer und die Frage, warum wir *ein* Erbgut haben, aber trotzdem lauter verschiedene Zellen.

Ächzend schleppe ich Hedwigs bleischwere Einkäufe zu unserem Wohnblock. Sie zieht nur einen Koffer auf Rädern hinter sich her. Das Einzige, was sich in ihm befindet, ist die Axt, die sie sehr günstig in einem Baumarkt erstanden hat. Weiß der Himmel, was sie damit vorhat. Wir marschieren an Wenzel Sumper vorbei, unserem Hauswart und gefürchteten Gebieter der Wohnanlage. Er sammelt einzelne Blätter vom Rasen und sieht nicht einmal auf, als ich ihn grüße. Als aber Hedwigs Koffer vom Weg ins Gras driftet, bellt er: «He! Ziehen Sie sofort Ihren Rentner-Mercedes aus meinem Rasen! Das muss hier alles tipptopp sein, wenn Sonntag der Investor kommt!» Ach ja, der große Traum unseres Herrn Hauswarts: neue Leitung der Wohnanlage. Mieten rauf und dann alles gründlich durchgentrifizieren. Wenn das verabschiedet wird, werden wir und die meisten anderen Bewohner uns was Neues suchen müssen. Generell großer Mist, aber was soll man machen. Außerdem habe ich gerade andere Probleme: Meine Lendenwirbel fluchen und denken laut übers Aussteigen nach.

Hedwig bleibt stehen und sieht Sumper schweigend an. Oje, gleich wird sie wieder einen ihrer Monologe über Gentrifizierung loslassen, und dann blockiert sie uns den Weg zur rettenden Tür. Übers Gras ausweichen ist keine Option, sonst riskiere ich, dass Herr Sumper sich in meinen Unterschenkel verbeißt. «Das ist kein Rasen», sagt Hedwig schließlich, «da wachsen Gänseblümchen. Das ist eine Wiese.» Dann geht sie weiter.

Als der Weg breiter wird, ziehe ich an ihr vorbei. Vielleicht gelingt es mir doch noch, ohne Bandscheibenvorfall nach Hause zu kommen. Letztes Hindernis: Der Achtzehnjährige aus dem zweiten Stock, der wie immer einsam auf der Vortreppe sitzt, über Kopfhörer brüllend laute Musik hört und inbrünstig versucht, zu all seinen 150 Facebook-Freunden gleichzeitig Kontakt zu halten. Ich drücke mich an ihm vorbei. Er reagiert nicht einmal, als eine bis zum Platzen gefüllte Tüte haarscharf an seinem Schädel vorbeischwingt.

«Geh schon mal rein, ich muss hier noch was regeln», sagt Hedwig. Dann zieht sie dem Jungen die Stöpsel aus den Ohren. Der herbe Wiedereintritt in die Realität macht ihm sichtlich zu schaffen. Er blinzelt Hedwig an, als wäre sie ein Nashorn in einem rosa Tutu. Dann fällt die Tür hinter mir zu.

Der nächste Tag. Es ist Sonntag. Sonntagmorgen. Grausige Nacht. Irgendwer hat bis zum Morgengrauen gefeiert, und ich konnte nicht schlafen. Außerdem habe ich mich die ganze Zeit gefragt, warum die alte Frau Moll aus dem dritten Stock nicht endlich die Polizei ruft. Macht sie doch sonst auch bei jeder Gelegenheit ... Egal. Ich stolpere in Pyjamahosen Richtung Bad. Plötzlich steht Hedwig vor mir. Mit der Axt. Das ist ... verstörend. Schweigend schiebt sie mich aus der Wohnung.

«Halt mal», sagt sie und drückt mir das Teil in die Hand.

Ich blicke auf das titanische Werkzeug in meinen Händen, das offensichtlich geschmiedet wurde, um den kongolesischen Regenwald im Alleingang abzuholzen. Hedwig zieht wortlos die Tür zu. Ich stehe barfuß im Flur und verstehe nichts mehr. Durch die Eingangstür, die aus Glas ist, sehe ich Herrn Sumper. Er stakst über die «Wiese» und schneidet sämtliche Gänseblümchen ab. In diesem Moment kommt Frau Moll mit ihrer Gehhilfe ins Bild. Auf dem Rücken ihres Hauskleids erkenne ich zwei große neongrüne Flecken. Unmittelbar vor dem Eingang bleibt sie stehen, zieht eine Paintball Gun aus der Tasche und zielt auf unser Haus. Warum? Ich verstehe das alles nicht. Will wieder ins Bett.

Ich höre, wie Sumper aufschreit, sehe, wie er Frau Moll die Waffe entwindet, bevor sie auch nur eine Farbkugel abfeuern kann. Gerade als er sie zur Schnecke machen will, hält ein teurer Sportwagen in der Feuerwehrzufahrt. Der Mann, der aus ihm aussteigt, ist vermutlich der Investor. Herr Sumper winkt übertrieben freundlich. Der mutmaßliche Investor mustert erst ihn, wie er die Paintball Gun durch die Luft wirbelt, dann die alte Dame, die laut jammernd und mit Farbe auf dem Rücken langsam Richtung Hinterhof flüchtet. Sumper lässt die Paintball Gun fallen wie eine Klapperschlange und versucht den Mann wortreich zu beschwichtigen.

In diesem Augenblick geht neben mir im Erdgeschoss die Wohnungstür auf, und Frau Rosenstock kommt im Morgenmantel herausgetrippelt. In der Hand hält sie ein halbes Dutzend schwarzer Plastikbeutelchen, ihr Mops Finn folgt ihr interessiert. Nacheinander öffnet sie die Tütchen und verteilt sie im Hausflur. Der Geruch, der den Beuteln fast mühsam entsteigt, ist schwer und mit «infernalisch» eher ungenügend beschrieben. Mein Atem gerinnt. Mops Finn ist jedoch sichtlich erfreut, dass seine Hinterlassenschaft so prominent gewürdigt wird. Frau Rosenstock lächelt mir noch einmal zu, nickt und verschwindet dann samt Mops wieder in der Wohnung.

Draußen wird dem Investor gerade eine leere Red-Bull-Dose vor die Füße gekickt. Kurz danach stürmt ein Rudel angetrunkener junger Leute aus dem Hinterhof und versucht trotz deutlicher Schlagseite mit dem Ding Fußball zu spielen. Viele von ihnen tragen T-Shirts mit dem Facebook-Daumen und dem Aufdruck «Hedwig sagt: Seid laut!». Irgendwo im Getümmel entdecke ich den jungen Eigenbrötler aus dem zweiten Stock. Er grinst breit und sieht derangiert, aber glücklich aus. Dann folgt die Meute johlend der Dose, die im hohen Bogen Richtung Straße fliegt.

Als alle fort sind, zieht der Investor einen angebissenen Apfel aus der Tasche seines Armani-Anzugs, den ihm ein wohlwollender junger Mann als Frühstück zugesteckt hat. Er lässt ihn mit spitzen Fingern auf den Boden fallen. Sumper sieht völlig verzweifelt aus und lotst ihn mit einer einladenden Geste zur Eingangstür. Langsam kapiere ich, was hier läuft. Als der Investor durch die Tür tritt, treibt ihm der Gestank Tränen in die Augen. Während er sich benommen am Türrahmen festhält, setze ich mein irrstes Jack-Nicholson-Grinsen auf, hämmere mit erhobener Axt gegen die Wohnungstür und rufe mit zuckersüßer Stimme: «Bin zu Hause. Lasst mich rei-einnn!»

Fassen wir zusammen: Erstens, unser Block ist wohl auf Jahre unverkäuflich. Zweitens, bei ausreichender Motivation kann ein Sportwagen auch in verkehrsberuhigten Bereichen Spitzengeschwindigkeiten erzielen. Drittens, Herr Sumper ist jetzt deutlich unmotivierter, aber irgendwie auch relaxter als früher. Und viertens: Es ist immer wieder erstaunlich, was man mit Zusammenarbeit erreichen kann.

Dass Kooperation Fortschritt bedeuten kann, haben wir auch im letzten Kapitel gesehen: Eine Archaee und ein Bakterium haben sich zusammengetan, um etwas völlig Neues zu werden. Das war schon was. Denn so kann ein Individuum den jeweiligen Satz Gene zweier grundverschiedener Organismen nutzen, wodurch sich diverse Möglichkeiten ergeben. Zu vergleichen ist das mit einer Kreuzung von Boxer und Brieftaube: Das Tier, das daraus entsteht, könnte einem morgens die Zeitung vom Händler aus der Nachbarschaft holen, aber eben auch die *London Times* druckfrisch aus der britischen Hauptstadt! Zugegeben, das Beispiel hinkt beim näheren Hinsehen ein wenig, und auch die ersten Eukaryoten dürften ein Weilchen gebraucht haben, um ihre Gene richtig zu sortieren und ihr volles Potenzial zu entfalten.

Beim Durchsehen des neuen Gen-Bestands im Archaeen-Bakterium-Hybrid ist damals sicher aufgefallen, dass das ein oder andere Gen doppelt oder plötzlich unnütz war. Doch wofür brauchten die gefangenen Bakterien schließlich noch all die Gene, wenn sie jetzt in einer Zelle festsaßen, die ihr viele Dinge abnehmen konnte? Was sollte man mit diesem überflüssigen Kram anstellen? Man kennt das ja: Der Keller steht mit Zeugs voll, das kein Mensch mehr benötigt. Das belastet nur. Da ist es am sinnvollsten, alles rauszuwerfen! Am besten sofort. Oder wenigstens morgen. Vielleicht reicht aber auch nächste Woche ... Meistens bleibt der ganze Krempel dann doch liegen. Das ist im Erbgut nicht anders, sofern es keinen messbaren Überlebensvorteil bringt, die überflüssigen Dinge schnell loszuwerden (zum

Beispiel: alten, kaputten Fernseher zum Wertstoffhof bringen – geringe Priorität; leckgeschlagenes Giftmüllfass entsorgen – hohe Priorität).

Aber rauswerfen ist nicht das Einzige, was man mit unnützen Sachen anfangen kann. Stichwort: Upcycling! Aus ausgedienten Reifen kann man eine Schaukel machen, aus altem Besteck stylische Kleiderhaken biegen und aus leeren Flaschen ein Xylophon bauen. Und auch Gene, die nicht (mehr) zum Leben gebraucht werden, haben die kolossale Freiheit, sich ungestraft zu verändern, zu mutieren. Plötzlich bekommen sie eine neue Funktion und bewirken womöglich auf ungeahnte Weise bei dem Lebewesen eine Verbesserung. Das geht aber nur mit Genen, die nicht so wichtig sind, denn sonst könnte jede Veränderung sofort zum Tod der Zelle führen.

Das hat Potenzial, und aus diesen ersten Eukaryotenzellen entstanden all die komplexen Lebewesen, die wir heute kennen. Ein großer Akt im Schauspiel des Lebens!

Erste Szene

Urzelle Archibald dümpelt schon eine Weile durch die vorzeitlichen Meere und spielt mit seinen Genen herum. Plötzlich hat sie eine Erkenntnis.

Archibald: «Moment mal! Genetisch hab ich's doch voll drauf! Daraus lässt sich was machen. Weltherrschaft! Krone der Schöpfung! Oder zumindest Digitaluhren erfinden. Das mach ich!»

Stimme aus dem Off: «Und wie soll das vonstattengehen, Archibald?»

Archibald: «Na ja, ähh. Größer werden und noch größer werden, und dann bin ich hier Chef.»

Stimme aus dem Off: «Nö.»

Archibald: «Wie nö? Warum denn nicht?»

Stimme aus dem Off: «Physik.»

Archibald: «Sag mal, geht das auch ein bisschen spezifischer?»
Stimme aus dem Off: «Nun, du bist eine Kugel ...»
Archibald: «Pass bloß auf, du!»
Stimme aus dem Off: «Äh, ja ... du bist nur annähernd eine Kugel. Aber die Sache ist die, du brauchst Nährstoffe von außen, und wie viel du davon aufnehmen kannst, hängt von der Größe deiner Oberfläche ab, und dein Stoffwechsel und damit der Nährstoffverbrauch wiederum von deinem Volumen.»
Archibald: «Ja, und?»
Kurzum: «Na ja, wenn du doppelt so groß wirst, vervierfacht sich deine Oberfläche, aber dein Volumen verachtfacht sich. Also, je größer du wirst, desto knapper werden die Nährstoffe. Auch wird es immer schwieriger, Dinge nach draußen abzugeben.»
Archibald: «Oh. Das klingt kompliziert. Und irgendwie ungut.»
Stimme aus dem Off: «Und dann ist da noch die Sache mit deinen Genen ...»
Archibald: «Nichts gegen meine Gene! Die sind top!»
Stimme aus dem Off: «Sicher, aber die haben auch ihre Grenzen: Von einem Gen können pro Minute nur eine bestimmte Anzahl mRNAs und Proteine hergestellt werden. Wenn du zu groß wirst, reicht das irgendwann nicht mehr.»
Archibald: «Da könnte was dran sein ... Aber die Weltherrschaft! Da muss sich doch was machen lassen.»
Stimme aus dem Off: «Tja, der Physik entkommt man nicht ...»

Zum Glück ist das Leben ganz generell nicht auf den Kopf gefallen und sehr kreativ, wenn es darum geht, Schlupflöcher zu finden. Also, was machen wir mit dem Problem, dass mit zunehmender Größe immer weniger Austauschfläche zur Verfügung steht? Die Lösung ist eigentlich eine reine Formsache. Nehmen Sie dieses Buch: Es liegt von Ihnen auf dem Tisch, es ist ein angenehm geformter Quader aus Papier. Wenn Sie jetzt denken: Aber ich hätte gern ein besseres Verhältnis von Oberfläche zu

Volumen, schlagen Sie es einfach auf. Die Oberfläche verdoppelt sich fast, während das Volumen gleich bleibt. (Wer ein eBook liest, ist leider gezwungen, sich den sinnlichen Akt des Aufschlagens vorzustellen.) Und wenn Sie partout noch mehr Oberfläche pro Volumen haben wollen, könnten Sie nacheinander alle Seiten herausreißen und irre kichernd in der Gegend verteilen, das brächte einen weiteren satten Zuwachs an Oberfläche, wäre aber gleichzeitig irgendwie gruselig und wirklich schade um das Buch. Die Autoren raten von derlei Verhalten ab.

Auch bei eukaryotischen Zellen ist es so, dass das Äußere nicht alles ist. In ihrem Innern enthalten sie Membranstrukturen (das endoplasmatische Retikulum und den Golgi-Apparat), die am Transport von Proteinen aus der Zelle beteiligt sind. Zum Beispiel werden hier die Antikörper des Immunsystems hergestellt und für den Export vorbereitet. Kleine Blasen schnüren sich dabei ab und wandern zur Zelloberfläche, wo sie mit der Membran verschmelzen. Dabei wird ihr Inhalt nach außen abgegeben. Zellen besitzen also zusätzliche nach innen geklappte Membranen, die die Austauschfläche aktiv vergrößern. Das klappt ziemlich gut, und Immunzellen können so im Kampf gegen Krankheitserreger pro Minute rund 120 000 Antiköper abgeben. (Nur so als Vergleich: Eine Ak-47 hat eine Feuerrate von 600 Schuss pro Minute.)

Und auch bei der äußeren Form hat sich Mutter Natur etwas einfallen lassen, denn nicht alle Zellen sind rund. Sie besitzen vielfältige Formen, die ihnen ebenfalls eine größere Austauschfläche verleihen können. Epithelzellen in der Darmwand etwa, die für den Körper Nährstoffe aufnehmen, tragen zum Beispiel zottelige Strukturen (Mikrovilli), die gezielt ihre Oberfläche vergrößern.

Das zweite Problem mit dem Wachstum einer Zelle ist schon etwas kniffeliger: Es muss genügend Genmaterial vorhanden sein, um ausreichend Proteine herzustellen – denn je größer die

Zelle ist, umso größer ist auch die Menge an Protein, die benötigt wird. Wie löste das Leben das Dilemma? Mit Organisation!

Ein kleines Gedankenexperiment: Dieses Buch ist jetzt ein Gen, und Sie sind ein Protein, das dieses Gen ablesen möchte (eine RNA-Polymerase). Dummerweise haben Sie aber keine Ahnung, wo sich das Buch gerade befindet, Sie müssen es erst einmal in Ihrer Wohnung suchen. In all dem Durcheinander kreuz und quer sich stapelnder Bücher haben Sie es trotzdem bald gefunden. Sie können es sich auf der Couch gemütlich machen und nun entspannt transkribieren, also mRNA herstellen. Nun gestalten wir das Experiment eine Stufe schwieriger. Wenn Ihre gesamte Wohnung von 80 Quadratmetern einem Bakterium entspricht, dann wäre eine eukaryotische Zelle ein Einkaufszentrum, das mehr als fünfmal so groß ist wie die Hamburger Europapassage – und irgendwo auf dieser Fläche ist das Buch versteckt. Da heißt es: Wer transkribieren will, der muss erst transpirieren und sich beim Suchen mächtig anstrengen.

Aber glücklicherweise sind eukaryotische Zellen nicht nur größer, sondern auch besser organisiert als Bakterien, und die Gene liegen nicht irgendwo herum, sondern im Zellkern. Sie können es sich also sparen, auf dem Wühltisch mit Socken nach dem Buch zu suchen oder hinter dem Tresen der Eisdiele. Sie marschieren gleich in den Buchladen. Gut, der ist auch ziemlich groß, aber immerhin organisiert. Und Bücher, die gerade keiner braucht, befinden sich gut verpackt im Lager.

So ein Zellkern schafft Ordnung und ist eine praktische Angelegenheit. Durch die Kernmembran, die das Erbgut vom Rest trennt, arbeitet die Zelle deutlich effizienter.

Und wenn das nicht reicht, gibt es immer noch die Möglichkeit, die Anzahl an Gen-Kopien zu erhöhen. Wir Menschen und die meisten anderen tierischen Lebewesen besitzen zwei Chromosomensätze: einen vom Vater und einen von der Mutter. Das macht schon mal zwei Kopien pro Zelle (wobei nicht von allen

Genen beide Kopien auch wirklich verwendet werden). Einige Gene, die einen heftigen Umsatz haben, wurden im Laufe der Evolution außerdem vervielfältigt, um ihre Anzahl zu erhöhen. Das gilt insbesondere für Gene der ribosomalen rRNAs. Sie sind ein wichtiger Teil der Ribosomen, also der Maschinen, die alle Proteine der Zellen herstellen – ohne sie geht nichts. Wir haben Hunderte Kopien dieser Gene in unserem Erbgut! Am extremsten sind die Verhältnisse in den Eizellen einiger Amphibien: Sie haben nicht nur ein paar hundert rRNA-Gene, sondern vermehren sie auch noch auf ringförmigen DNA-Stücken vorübergehend so, dass ihre Anzahl in die Millionen gehen kann. Schließlich machen die rRNA-Gene 70 Prozent der DNA im Zellkern aus. Beginnt die Entwicklung des Embryos, werden diese Ringe auf die Nachkommenzellen verteilt und die Anzahl pro Zelle so nach und nach wieder auf ein normales Maß reduziert.

Unsere Zellen sind also ein ganzes Stück komplexer und auch größer als Bakterien. Da drängt sich die Frage auf: Wie groß können Zellen denn letztlich werden? Diese Frage ist nicht eindeutig zu beantworten. Aber ein paar Kandidaten für riesige Zellen sollen hier vorgestellt werden:

Sehen wir uns die Länge der Zellen an, sind die Neuronen des Nervensystems die Gewinner. Menschliche Neuronen, die vom Ende des Rückgrats bis in den großen Zeh gehen, können eine Länge von einem Meter erreichen. Für mikrobiologische Verhältnisse ist der große Zeh der Arsch der Welt und irrsinnig weit weg. Nur um ein Gefühl dafür zu bekommen: Um den Energiehaushalt im Neuron aufrechtzuerhalten, müssen Mitochondrien bis in den äußersten Zipfel transportiert werden. Damit sie dort überhaupt eintreffen, werden sie an Proteinfasern entlanggezogen – mit einer Höchstgeschwindigkeit von circa 1,7 Zentimetern pro Stunde. Sie sind also ein paar Tage unterwegs, um von einem Ende der Zelle zum anderen zu gelangen. Und jetzt stellen Sie sich die Verhältnisse in einer Giraffe oder einem Blauwal vor. Damit solche Zellen überhaupt funktionstüchtig bleiben, werden sie von benachbarten Zellen mit Nährstoffen und vielleicht sogar mit mRNAs gefüttert (da ist man sich in der Wissenschaft noch uneins).

Die Zelle mit dem größten Durchmesser im Menschen ist allerdings die weibliche Eizelle. Sie misst etwa 100 bis 130 Mikrometer und ist damit mit bloßem Auge gerade zu erkennen. Unter den Zellen sind Eizellen generell wahre Riesen. Sie bereiten sich auf die Befruchtung vor und darauf, sich nach dem Startschuss so schnell wie möglich zu teilen. Dafür packen sie sich vorher mit allem voll, was sie für die erste Zeit brauchen, denn nach der Befruchtung haben sie erst mal keine Muße, Zellmasse aufzubauen. Daher kommt es bei vielen Arten dazu, dass sich die Zellen teilen und dabei immer kleiner werden, sodass aus einer riesigen Eizelle in kurzer Zeit ein gleich großer Haufen deutlich kleinerer Zellen entsteht.

Die größte Eizelle, die wir heute kennen, ist der Dotter eines Straußeneis. Es ist nur eine einzige Zelle, mit einem Kern, einer Zellmembran und einem gigantischen Rucksack voller Pausenbrote. Geschmiert hat all diese Pausenbrote allerdings nicht die Eizelle allein – dazu wäre sie mit ihrem einzigen kleinen Zellkern nicht in der Lage. Sie erhält bei der Herstellung der riesigen Proteinmengen im Dotter Unterstützung von Leberzellen, die ihr zuarbeiten.

Der Strauß hält einen bizarren Doppelrekord: Er legt nicht nur die größten Eier aller heute lebender Vögel, sondern auch die kleinsten – zumindest wenn man die Größe der Eier mit der Größe der Vögel vergleicht. Tatsächlich wird mit zunehmender Größe der Vogelart die relative Größe der Eier kleiner: Bei einem Huhn (das weiße Leghorn zum Beispiel) ist das Verhältnis des Gewichts von

Ei zu Huhn circa 3,3 Prozent (50 Gramm/1,5 Kilogramm), beim Strauß nur 1,4 Prozent (1,4 Kilogramm/100 Kilogramm). Noch dramatischer waren die Verhältnisse zwischen Muttertier und Ei bei den Dinosauriern: Diplodocus legte mit seinen 33 Meter Länge und geschätzten 10 bis 16 Tonnen Gewicht Eier, die nicht viel größer waren als die eines Straußes. Das Verhältnis von Mutter zu Ei müsste dann irgendwo bei 0,01 Prozent gelegen haben. Wären diese Dinos so groß wie Hühner, hätten ihre Eier ein Gewicht von gerade mal 0,15 Gramm.

Eine andere Möglichkeit, um als Zelle richtig groß rauszukommen, ist, gegen den Strom zu schwimmen und sich nicht zu teilen, sondern zusammenzuschließen. Dieses Vorgehen favorisieren unsere Muskelzellen. Sie entstehen, indem viele kleine Einzelzellen miteinander verschmelzen und auf diese Weise riesige Zellen mit vielen Zellkernen bilden: die Muskelfasern. So haben sie auch ausreichend Gen-Material, um bei einer Länge von bis zu 15 Zentimetern volle Leistung zu bringen.

Diesen Trick nutzen nicht nur unsere Muskelzellen, sondern auch Einzeller. Der berühmteste unter ihnen ist vielleicht die Killeralge *Caulerpa taxifolia*. Sie sieht eigentlich ganz friedlich aus: Wie ein sattgrüner Rasen aus kleinen Blättern, der im seichten Wasser des Mittelmeers wächst. Nur: Sie wurde in diesen Gestaden eingeschleppt, ist ungenießbar und verdrängt die natürlich vorkommenden Pflanzen und Tiere. Und genau wie die Muskelzellen besteht sie aus nichts weiter als einer einzigen Zelle mit sehr vielen Kernen. Dieser Einzeller erreicht eine Größe von mehreren Metern und bildet Formen, die wie Blätter und Wurzeln aussehen, obwohl es keine sind. Manchmal kommt es einem so vor, als ob die Natur Spaß daran hat, die absurdesten Dinge auszuprobieren.

Um das zusammenzufassen: Es gibt also riesengroße Zellen,

und das Leben hat immer wieder Wege oder eben Umwege gefunden, um der Physik ein Schnippchen zu schlagen. Tatsache ist allerdings auch, dass die meisten Zellen mikroskopisch klein und mit dem bloßen Auge nicht zu erkennen sind. Viele kleine Zellen funktionieren in den meisten Fällen einfach deutlich besser als eine große.

Zweite Szene

Archibald trudelt etwas überdimensioniert und unbeholfen durchs Wasser.

Stimme aus dem Off: «Na, wie sieht es aus, Digga?»

Archibald: «Sehr witzig!»

Stimme aus dem Off: «Ich hab dir doch gesagt, nur größer und größer zu werden bringt nichts ...»

Archibald: «Jah-haaa.»

Stimme aus dem Off: «Da fühlt man sich nur so aufgeblasen.»

Archibald: «Ist gut jetzt.»

Stimme aus dem Off: «Und man ist auch ein wenig unkoordiniert, wenn ich das anmerken darf.»

Archibald: «Darfst du nicht.»

Stimme aus dem Off: «Darf ich dann vielleicht was anderes anmerken?»

Archibald: «Du lässt dich doch eh nicht davon abhalten, oder?»

Stimme aus dem Off: «Stimmt. Da kommt was ...»

Archibald: «Wo kommt denn da was?» (*Rums*)

Archibald II: «Sorry, Kollege, hab dich nicht gesehen.»

Archibald: «Schon gut.»

Stimme aus dem Off: «Na toll, jetzt klebt ihr zwei Brummer auch noch zusammen.»

Archibald und Archibald II (*gemeinsam*): «Du nervst!»

Stimme aus dem Off: «Pah. Dann sollen die Herren doch machen, wie ihnen beliebt ...»

(*Nach einer kurzen Weile*)
Archibald II: «Ist er jetzt weg?»
Archibald: «Glaub schon ... So, und wir hängen jetzt also zusammen rum?»
Archibald II: «Sieht so aus ... Könnten ja noch ein paar Kumpel einladen.»
Archibald: «Hmmm, nicht schlecht. Ich hab das Gefühl, das ist der Beginn einer wunderbaren Freundschaft!»

Die ältesten Vielzeller, die wir heute kennen, waren einfache Angelegenheiten, ohne großartig komplexe Strukturen. Häufig kann man anhand der erhaltenen Fossilien nicht einmal sagen, ob sie von einer Pflanze oder einem Tier stammen – und zwar deshalb, weil heute nichts mehr existiert, was mit ihnen erkennbar verwandt ist.

Vor rund 540 Millionen Jahren passierte aber etwas: die Kambrische Explosion! Der Big Bang vielzelligen Lebens. Und in für Paläontologen und Geologen berauschender Geschwindigkeit (nur ein paar aberwitzig kurze Millionen Jahre) schienen plötzlich unzählige verschiedene Arten komplexer Vielzeller aus dem Dunkel auf die Bühne des Lebens zu springen. Das waren die goldenen Gründerjahre! Man war jung, wild, und jeder hatte seine eigene Idee davon, wie ein erfolgreiches Lebewesen auszusehen hatte. Gut, vieles hat sich dann nicht durchgesetzt (zum Beispiel gab es *Hallucigenia*, ein wurmiges Vieh mit Stummelbeinen und Rückenstacheln, das lange Zeit verkehrt herum dargestellt wurde, weil keiner so recht wusste, wo bei dem Wurm oben und unten ist), aber aus den Entwürfen, die übrig blieben, ist all das an Vielzellern hervorgegangen, was es heute noch gibt.

Was die Explosion verursacht hat, ist bislang umstritten, vielleicht kamen bei ihr viele verschiedene Faktoren zusammen. Der Grund, warum überhaupt etwas explodieren konnte, lag wohl an einem neuen Gen-System, das sich die entstehenden tierischen

Vielzeller schick zusammengebastelt hatten. Und dieses System – in dessen Zentrum die sogenannten Hox-Gene liegen – tat etwas Unglaubliches: Es legte fest, wo im Vielzeller vorne und hinten, rechts und links und oben und unten ist. Damit hatten die Zellen eines Organismus plötzlich wichtige Informationen wie: «Wo ich bin, ist vorne!», oder: «Am Arsch.» Dadurch konnten Lebewesen mit komplizierten Bauplänen entstehen und Sinnesorgane und Gliedmaßen an sinnvollen Stellen platziert werden – was das Leben generell und das Anziehen von Hosen und Pullovern im Speziellen deutlich erleichtert.

Hox-Gene sind ein *Must-have,* man findet sie in allen tierischen Lebewesen. Sie enthalten Proteinbaupläne, die sich zwar zwischen den Arten unterscheiden, aber ein besonderes Stückchen DNA, das ihnen auch den Namen gab, haben sie gemeinsam: die Homeobox. Sie codiert einen Proteinteil, der dafür sorgt, dass die Hox-Proteine sich an DNA-Sequenzen festhalten können. Und genau da machen die Hox-Proteine ihren Job: Sie kontrollieren an der DNA eine Vielzahl anderer Gene und steuern damit, was aus den Zellen wird, in denen sie aktiv sind. Besonders gut untersucht ist die Funktion der Hox-Gene in Fruchtfliegen. Die verschiedenen Hox-Gene liegen in der Regel in Gruppen hintereinander im Erbgut, und ihre Reihenfolge entspricht ziemlich genau der ihrer Zuständigkeitsbereiche im Organismus: Die ersten sind für den Kopf zuständig, die letzten für den Hinterleib. Wenn dabei etwas durcheinandergerät, kommt es zu drastischen Veränderungen im Bauplan des Lebewesens – zum Beispiel kann eine Mutation in Fliegen dazu führen, das sich Beine statt Antennen am Kopf entwickeln oder auch vier Flügel statt der üblichen zwei.

Dritte Szene

Archibald kriecht durch schlammigen Untergrund, er hat sich verändert.

Archibald: «Hey, da bist du ja wieder!»

Stimme aus dem Off: «Hmm? Ach, du bist das! Hätte dich fast nicht erkannt.»

Archibald: «Tja, kein Wunder. Hab ja auch ziemlich an mir gearbeitet. Schau mal, was ich kann!» (*Archibald zappelt herum*)

Stimme aus dem Off: «Ähmm … toll.»

Archibald: «Genau. Ich hab nämlich dein Rätsel geknackt. Einfach nur immer dicker werden bringt nichts. Kooperation ist das Geheimnis! Ich bin jetzt ein Vielzeller.»

Stimme aus dem Off: «Das ist doch schon mal eine Verbesserung.»

Archibald: «Verbesserung? Ich bin die Krone der Schöpfung! Das personifizierte Wunder des Lebens! Der Monstertruck der Biologie! Kurz gesagt: Ich bin …»

Stimme aus dem Off: «… ein Wurm.»

Archibald: «Ha! So sieht's aus, der Herr! Ich hab sogar ein Maul! Sieh dir das mal an … Ahhhh …»

Stimme aus dem Off: «Ist gut. Mach wieder zu …»

Einfache Fadenwürmer wie Archibald gehören wahrscheinlich mit zu den ersten Entwürfen vielzelliger Tiere. Sie sind selbst heute noch sehr erfolgreich. Ein Fadenwurm, von dem wir viel über den Aufbau komplexer vielzelliger Organismen gelernt haben, ist *Caenorhabditis elegans* («Eleganter neuer Stab»). *C. elegans* ist nur etwa einen Millimeter lang und frisst Bakterien. Groß kam der kleine Wurm durch Sydney Brenner raus, der auch kein Riese ist. Brenner wollte wissen, wie sich Organe und ganze Organismen entwickeln, und suchte sich Mitte der sechziger Jahre den *C. elegans* als Modell aus, womit er goldrichtig lag, denn 2002 erhielt er für seine Arbeit mit dem Wurm den Nobelpreis.

Sydney Brenner war mit dabei, als die Stunde null der Molekularbiologie schlug. Er war gerade Doktorand in Oxford, als Watson und Crick im benachbarten Cambridge das Rätsel der DNA-Struktur knackten. Er wurde Mitglied des RNA-Tie-Clubs und teilte sich später 20 Jahre lang ein Büro mit Francis Crick. Brenner hat einen scharfen Verstand, eine spitze Zunge und eine noch spitzere Feder. Berühmt-berüchtigt ist er für seine Wortspiele. Man sagt ihm nach, er hätte einmal einen Bürokraten zum Schweigen gebracht, als er dessen Lieblingsidee von einer leistungsorientierten Bezahlung mit der Vorstellung einer bezahlungsorientierten Leistung konterte. Dazu gehört schon mal was.

Als die großen Fragen von DNA und RNA gelöst waren, wandten sich Brenner und Crick neuen Themen zu. Beide wollten mehr über die Entwicklung vielzelliger Organismen lernen. So ist Brenner auf den Wurm gekommen. Crick beschäftigte sich mit der Entwicklung von Fruchtfliegen, was wohl frustrierend komplex sein konnte. Zumindest erinnert sich Brenner, das Crick eines Tages ein Buch mit den Worten «Weiß Gott, wie diese Imaginalscheiben funktionieren!» auf den Tisch knallte. (Imaginalscheiben sind übrigens Bereiche der Fliegenlarve, aus der Beine, Fühler usw. entstehen – fragen Sie jetzt nicht, wie ...) Brenner inspirierte der Vorfall zu einer kurzen Geschichte für seine Kolumne, die er einige Jahre lang für eine Fachzeitschrift schrieb:

> Francis Crick landet vor der Himmelstür und wird von Petrus in Empfang genommen. Allerdings besteht er darauf, sofort dem Allmächtigen vorgestellt zu werden, und nach einiger Überzeugungsarbeit wird er tatsächlich zu einer kleinen Hütte auf einem Schrottplatz ganz hinten im Himmel gebracht. Dort werkelt ein kleiner Mann im Overall herum, der einen großen Schraubenschlüssel in der Gesäßtasche stecken hat. «Gott», sagt der Engel, «das ist Dr. Crick, Dr. Crick, das ist Gott.» – «Ich freue mich so, Sie zu treffen!», sagt Francis. «Ich muss Sie was fragen: Wie funktionieren Imaginalschei-

ben?» – «Nun», so die Antwort, «wir haben etwas von dem Zeug da drüben genommen und dann noch ein paar andere Sachen dazugegeben ... Aber eigentlich wissen wir das auch nicht so genau ... Aber ich kann Ihnen sagen, dass wir hier oben seit 200 Millionen Jahren Fliegen bauen, und wir hatten noch nie Klagen!»

Aber warum wählte Brenner ausgerechnet *C. elegans* als Studienobjekt? Für das Tier sprechen einige Dinge: Es ist herzlos, blutleer, ziemlich durchsichtig und hat kein Rückgrat, denn *C. elegans* besitzt kein Herz, keine Lunge, kein Blut und kein Skelett. Kurz gesagt, es ist sehr einfach gebaut und daher leichter zu verstehen als komplexere Lebewesen. Entscheidend war auch, dass der Fadenwurm immer aus derselben Zahl an Zellen besteht: 959 für die Hermaphroditen (Weibchen gibt es keine) und 1031 für die Männchen – das Mehr an Zellen findet sich vorwiegend im Nervensystem und im Rektum. Das ist eine Menge Wurm, aber gerade so viel, dass man sich noch alle Zellen einzeln ansehen kann. Aus diesem Grund weiß man heute, wann, wo und wie sich jede einzelne dieser Zellen entwickelt. Es gibt sogar eine *C. elegans*-Bauteilliste, in der alles verzeichnet ist.

Hier eine kleine Wurmbauanleitung: Man nehme:

302	Neuronen + 56 unterstützende Zellen des Nervensystems
213	Hautzellen (davon sind allerdings einige zu mehrkernigen Zellen verschmolzen)
152	Muskelzellen
143	Zellen für die Fortpflanzungsorgane
34	Darmzellen
8	Zellen für das Rektum

und noch 51 andere, die wir aus Platzgründen unter «Diverses» verbuchen.

Wo wir gerade schon mal so eine schöne Zellliste vorliegen

haben, können wir auch gleich der Frage nachgehen, warum um alles in der Welt es im Körper unterschiedliche Zellen wie Neuronen, Muskelzellen und so weiter gibt, wo doch alle Körperzellen dasselbe Erbgut enthalten.

Der Grund dafür, dass nicht alle Zellen gleich sind, ist, dass im Erbgut verschiedene Zellbauanleitungen zusammengefasst sind. Genutzt wird aber immer nur die, die zum jeweiligen Zelltyp gehört. Die restlichen nicht benötigten Gene werden so verpackt, dass sie nicht mehr zur Verfügung stehen. Im Kern übernehmen Histone diese Aufgabe. Histone sind relativ kleine Proteine, die in ihrem Aussehen Garnrollen ähneln und um die sich kurze Stücke DNA wickeln. Durch den Zusammenschluss von vielen DNA-umwickelten Histonen entstehen immer größere und auch mehr geordnete Strukturen. Die höchste Stufe der Ordnung sind die X-förmigen, kondensierten Chromosomen, die man während der Zellteilung beobachten kann. Normalerweise geht es im Zellkern aber etwas lockerer zu, und zumindest die Stücke der DNA, die gerade gebraucht werden, sind so weit ausgepackt, dass die dort liegenden Gene abgelesen werden können. Ob jetzt ein Gen ausgewickelt und zugänglich ist oder nicht, wird durch chemische Markierungen an den Histonen und auch an der DNA selbst gesteuert.

Die Markierungen werden in der Regel von einer Zelle zur nächsten weitervererbt. Ist ein bisschen wie im Mittelalter: Wer Sohn eines Grafen ist, wird auch einmal Graf, und wer in eine Bauernfamilie hineingeboren wird, greift später wie der Vater zum Pflug (auch wenn er das Zeug zum Grafen hätte). Diese Art der Vererbung, die nichts mit den Genen, sondern nur mit ihrer Nutzung zu tun hat, wird Epigenetik genannt. Und da verstehen wir bislang vieles noch nicht, was wir nur zu gern wüssten. Zum Beispiel regenerieren sich das Herz und das Gehirn kaum, wenn sie geschädigt wurden. Andere Organe wie die Haut oder die Leber stecken wesentlich mehr weg. Wenn wir die Epigenetik gut genug verstehen, können wir vielleicht aus einem Bauer einen Grafen machen – beziehungsweise aus einer Hautzelle eine Herzmuskelzelle. Dann könnten wir womöglich kranke Herzen heilen oder die Folgen eines Schlaganfalls abmildern.

Ein weiteres Geheimnis der Epigenetik ist, wie unser Lebenswandel und unsere Erfahrungen die Programmierung unserer Zellen beeinflusst. Und ob wir solche epigenetischen Erfahrungen vielleicht sogar an unsere Kinder und Kindeskinder weitergeben. Lange Zeit glaubte man, dass die epigenetische Programmierung am Anfang der Embryonalentwicklung vollständig auf null gesetzt wird und jedes Lebewesen einen neuen Start bekommt. Allerdings häufen sich in den letzten Jahren Hinweise darauf, dass einige epigenetische Markierungen vielleicht doch an die Nachkommen weitergegeben werden und so womöglich Stoffwechsel, Krebsneigung und sogar komplexe Prozesse wie Lernen, Gedächtnis und Depression beeinflussen können.

Aber zurück zu *C. elegans*. Wir haben also eine gute Idee, warum die 959 Zellen so sind, wie sie sind. In der Entwicklung des Wurms sind jedoch 1090 Zellen entstanden – was ist mit den restlichen 131 Zellen geschehen? Die Antwort auf diese Frage führt uns in eine dunkle Ecke: Sie haben sich selbst getötet. Damit ein Organismus richtig funktionieren kann, muss er manchmal ein paar der eigenen Zellen beiseiteschaffen. Auch in unserer Entwicklung als Menschen spielt das eine wichtige Rolle. Unter anderem sorgt es dafür, dass wir keine Schwänze wie Affen haben. Denn Zellen, die einen Schwanz bilden können, tauchen zwar in unserer Embryonalentwicklung auf, werden dann aber gezielt beseitigt.

Später im Leben ist dieser Mechanismus immer noch wichtig, zum Beispiel wenn unser Immunsystem virusinfizierte Zellen abtötet, um die Erreger an der Ausbreitung zu behindern. Der Mechanismus für diesen programmierten Zellentod wird Apoptose genannt und ist beängstigend effizient. Am Anfang steht das Signal zur zellulären Selbstzerstörung. Das kann von außen kommen (zum Beispiel vom Immunsystem) oder von der betroffenen Zelle, die selbst bemerkt hat, das mit ihr etwas nicht stimmt. Durch dieses Signal kommt es in den Mitochondrien, den Kraftwerken der Zelle, zum Reaktorleck: Es bilden sich kleine Löcher, und Substanzen strömen in den Zellkörper, wo sie normalerweise nichts verloren haben. Dieses ungewöhnliche Ereignis weckt einige finstere Gesellen auf, Schläfer-Proteine, die scheinbar harmlos in den Zellen herumdümpeln, ohne etwas zu tun, die sogenannten Caspasen. Sind allerdings die ersten Caspasen aktiviert, zeigen sie, wozu sie imstande sind: Sie schneiden Proteine in Stücke, und ihr vorrangiges Ziel sind andere schlafende Caspasen, die durch einen gezielten Schnitt aktiviert werden und ihrerseits anfangen können, zelluläre Proteine zu zerlegen. Ein weiteres Ziel ist die caspaseaktivierte DNase, die, ebenfalls durch einen beherzten Schnitt aktiviert, anfängt, das gesamte Erbgut in winzige Fitzelchen zu zerschnippeln. Kurzum, eine Kettenreaktion der Zerstörung läuft ab, und die gesamte Zelle liegt in kürzester Zeit in Trümmern.

Vierte Szene

Archibald steckt im Schlamm und kaut gerade nachdenklich auf irgendetwas herum.

Stimme aus dem Off: «Na, Archibald, wie ist das Leben so? Noch zufrieden als Würmchen?»

Archibald: «Geht so.»

Stimme aus dem Off: «Klingt jetzt ja nicht so begeistert ...»

Archibald: «Na ja.» (*Spricht mit verstellter, fiepsiger Stimme weiter*) «Hallo, ich bin Archibald. Ich bin ein kleiner Wurm.» (*Wieder mit normaler Stimme*) «Damit haut man jetzt niemanden aus den Socken.»
Stimme aus dem Off: «Da ist was dran. Aber was soll man machen?»
Archibald (*verschwörerisch*): «Ich hab da einen geheimen Plan: Ich werde ein WUMM! Haha!»
Stimme aus dem Off: «Ein Wumm? Was soll den bitte schön ein Wumm sein?»
Archibald: «Ich wachse und wachse und werde ein Hundert-Tonnen-Wurm-MEGA-MONSTER. Ein WUMM!!! Bämm!»
Stimme aus dem Off: «Schon wieder diese olle Kamelle? Denk an die Physik.»
Archibald: «Physik! Physik! Dir fällt auch nichts Neues ein.»
Stimme aus dem Off: «Das wird kompliziert … Ich sag's nur.»

Ein kleiner Wurm wie *C. elegans* ist eine ziemlich einfache Angelegenheit. Kein Schnickschnack, keine Schnörkel. Nicht viel mehr als ein dünner Schlauch aus ein paar Zellen. Vorne wandert Futter hinein, wird im Innern verdaut, und die Reste kommen hinten wieder heraus. Die Nährstoffe verteilen sich einfach so auf die Zellen, und Sauerstoff zum Veratmen wird durch die Haut aufgenommen. Dazu ein bisschen Reproduktionssystem, ein paar Muskeln und eine Handvoll Nervenzellen, um das Ganze beweglich zu halten. Fertig. Das Konzept hat sich Mutter Natur in der Werbepause ausgedacht.

Aber was passiert, wenn wir den Bauplan «Wurm» vergrößern? Sagen wir auf das Hundertfache. Also dasselbe Spardesign, nur hundertmal so lang und hundertmal so dick. Dadurch wäre unser Fadenwurm zehn Zentimeter lang und in etwa so groß wie ein kleinerer Regenwurm (noch sind wir weit von Archibalds WUMM entfernt). Durch dieses Hochskalieren steigt das Körpervolumen (und auch die Masse) auf das Millionenfache. Und genau jetzt kommt die Physik um die Ecke (mit ihrem Kumpel Mathe im Schlepptau) und grätscht uns dazwischen: Denn die Körperoberfläche steigt nur um den Faktor 10 000. Das ist ein Problem. Dasselbe Problem, das uns schon die kugeligen Riesenzellen versaut hat …

Die Sache ist nämlich die: Als mikroskopisch kleiner Wurm enthält *C. elegans* nur so wenig Zellen, dass er seinen Sauerstoffbedarf dadurch decken kann, dass er das Gas ohne viel Aufwand durch die Hautoberfläche aufnimmt. Wird er aber größer, wird die Oberfläche, durch die der Sauerstoff in den Wurm hineingelangen kann, im Verhältnis zum Volumen und natürlich auch zum Bedarf kleiner. Außerdem wird der Weg bis zu den Zellen ganz im Innern noch weiter. Mit der Nahrung ist es dasselbe, denn die Darmfläche, durch die sie aufgenommen wird, reicht irgendwann nicht mehr aus. Und dann war es das mit WUMM. Sorry, Archibald.

Will man dennoch weiterwachsen, gibt es nur zwei Möglichkeiten: Man lernt, mit weniger Nahrung und Sauerstoff pro Körperzelle auszukommen (und wird dadurch weniger leistungsfähig sein), oder es geht zurück ans Reißbrett, um den genetischen Bauplan zu überarbeiten.

Ein recht schlichtes System zur Sauerstoffversorgung verwenden die Insekten: Sie haben Tracheen, kleine hohle Röhren, die vom Panzer aus in den Körper hineinreichen und so die Austauschfläche vergrößern. Damit kann man schon mal Größeres bauen. Aber auch dieses Design hat Grenzen, denn es ist schwierig, immer genug frische Luft nach ganz innen zu bekommen. Ab ungefähr einem halben Zentimeter fängt es an, drinnen stickig zu werden, und daher werden Insekten auch selten besonders dick: Es geht ihnen im wahrsten Sinn des Wortes die Luft aus.

Ob einem die Luft ausgeht, hängt auch immer damit zusammen, wie viel Sauerstoff überhaupt vorhanden ist. Im Laufe der Erdgeschichte hat der Sauerstoffgehalt der Atmosphäre öfter geschwankt. Zum Beispiel soll im Karbon, vor 359 bis 299 Millionen Jahren, rund 50 Prozent mehr Sauerstoff in der Luft gewesen sein als heute. Also gute Bedingungen für dicke Brummer. Tatsächlich gab es damals einige gigantisch große Insekten, wie den ein Meter langen *Arthropleura* (ein Verwandter der Tausendfüßler) und die Libelle *Meganeura*, die mit ihren 75 Zentimeter Spannweite den damaligen Himmel beherrschte.

Wir Säuger legen, was die Komplexität angeht, noch einen ganze Schippe drauf. Nehmen wir nur ein Lebewesen, das uns besonders am Herzen liegt, den Menschen: Sein Bauplan sieht rund 300 verschieden spezialisierte Zellarten vor. Unsere Lunge pumpt aktiv Frischluft und hat durch ihre feine Struktur eine immense Oberfläche von circa 80 Quadratmetern. Auch der Darm geht nicht schnurgerade von oben nach unten durch wie beim Wurm, sondern liegt in Schlaufen in unserem Bauch, ist sieben bis acht Meter lang und hat eine Austauschfläche von geschätzten 300 bis 500 Quadratmetern. Aber die Stoffaufnahme allein reicht nicht, es muss auch alles gerecht verteilt werden – und teilen, das können wir. Weil wir ein Herz haben. Und Blut und ein komplexes System aus Gefäßen, die Nährstoffe und Sauerstoff bis in die entlegensten Winkel des Körpers transportieren (wir haben es da mit einem Gesamtstreckennetz von etwa 100 000 Kilometern zu tun). Wir bezahlen also unsere Größe mit einem ausgefeilten genetischen Grundbauplan und riesigen inneren Oberflächen.

Doch das Design ist erfolgreich, und wir haben uns in der Natur einen Größenbereich erobert, der von der winzigen Etruskerspitzmaus mit weniger als zwei Gramm Kampfgewicht bis hin zum 100-Tonnen-Blauwal reicht – das sind immerhin acht Zehnerpotenzen Unterschied. Irgendwo in dieser Spanne liegt der Komfortbereich unseres Designs, eine Größe, die für uns ideal ist. Wichtig ist dabei zu wissen: Egal wie groß oder klein ein Lebewesen ist, die Baumaterialien, aus denen es besteht, sind weitgehend dieselben und haben deshalb auch vergleichbare Eigenschaften. Die Zellen eines Elefanten sind im Prinzip erst einmal nicht größer oder anders als die Zelle einer Maus, und auch die Knochen dieser beiden Tiere sind nicht grundsätzlich anders aufgebaut. Andererseits ändern sich die physikalischen Anforderungen an die Baumaterialien aber mit der Größe, sodass große Tiere mehr in ihre Knochen investieren müssen als kleine. Würde man eine Maus um den Faktor zehn vergrößern, wird sie tausendmal schwerer. Der Durchmesser ihrer Knochen steigt aber nur um das Hundertfache. Das heißt: Das Skelett wird zehnfach stärker belastet, und das ist genauso ungut, wie es klingt. Unser alter Bekannter J. B. S. Haldane hat sich über dieses Problem auch so seine Gedanken gemacht. Allerdings haben ihn keine Mäuse in Hundegröße umgetrieben, sondern Märchenriesen, die zehnmal so groß sind wie ein normaler Mensch. Seine Schlussfolgerung: Sollte Ihnen wider Erwarten ein menschenfressender Riese begegnen, halten Sie einfach etwas Abstand, dann ist der Geselle völlig ungefährlich. Wenn er auch nur einen Schritt auf Sie zumacht, bricht ihm sein eigenes Gewicht die Hüfte.

Lebewesen einfach eins zu eins hochskalieren funktioniert also nicht. Wenn man die Größe deutlich ändern will, muss man den Bauplan anpassen! Deshalb verwendet eine Maus etwa fünf Prozent ihres Körpergewichts auf ihr Skelett, während es bei einem Elefanten 30 Prozent sein können. Trotz dieses Unterschieds sind große Tiere aber nicht unbedingt stabiler als kleine. Im Gegenteil. Haldane hat das 1926 so formuliert: «Für eine Maus oder irgendein anderes kleines Tier ist die Gravitation quasi ungefährlich. Man kann sie in einen 1000 Yard (914 Meter) tiefen Minenschacht werfen, und wenn sie am Boden ankommt, kriegt sie einen kleinen Schock und geht dann ihrer Wege. Eine Ratte stirbt dabei, ein Mensch wird zerbrochen, ein Pferd zerplatzt. Denn der Luftwiderstand beim Fallen ist proportional zur Oberfläche. Dividiert man Länge, Breite und Höhe eines Tiers durch zehn, reduziert sich seine Masse auf ein Tausendstel, seine Oberfläche aber nur auf ein Hundertstel. Für das kleine Tier ist der Widerstand beim Fallen also – relativ gesehen – zehnmal größer als die treibende Kraft.»

Was für die Knochen gilt, trifft genauso für die Muskeln zu. Große Tierarten sind in der Regel – bezogen auf ihr Eigengewicht – schwächer als kleine, obwohl sie einen höheren Muskelanteil mit sich herumschleppen. Die Vorderbeine einer Hausmaus sind stark genug, um das Fünf- bis Siebenfache ihres eigenen Gewichts zu ziehen. Ein Mensch kann immerhin noch eine(n) Angebetete(n) über die Schwelle tragen (bei zwei oder mehr Angebeteten gleichzeitig wird das schon schwierig), während ein Elefant mit seinem Rüssel nur grob ein Viertel seines Körpergewichts anheben kann.

Überhaupt sind Elefanten aufs Energiesparen aus und machen, was die Körperkraft angeht, im Vergleich zu anderen Tieren keine großen Sprünge: Eine Studie zeigte, dass die mit Sendern markierten Tiere sogar Hügel meiden und lieber um sie herumgehen als darüber – selbst wenn oben saftiges Futter lockt: Es ist ihnen einfach zu anstrengend, bergauf zu laufen. Indische Bauern wissen allerdings auch ohne Studien und Hightech-Geräte, wie Elefanten ticken, und sie schützen ihre Felder mit Gräben vor hungrigen Dickhäutern. Denn auch wenn das Futter auf der anderen Seite viel grüner ist, irgendwo steil runter- und dann wieder raufzumüssen? Nee! Grazile Sprünge sind auch nicht ihr Ding – Elefanten können nicht springen, und selbst wenn, die Chance, sich bei der Landung etwas zu brechen, wäre zu groß.

Wo wir gerade bei Schädlingen sind: Was ist wohl schlimmer für den Gemüsegarten, ein schnuckeliger Drei-Tonnen-Elefant oder drei Tonnen Mäuse (also rund 100 000 Stück)? Mal abgesehen davon, dass Dumbo schlechter für Zaun und Gartenzwerge sein dürfte, sind Sie mit ihm, was den Futterkonsum angeht, deutlich besser dran. Denn er braucht nicht hunderttausendmal so viel Energie wie eine Maus, sondern nur rund das 5600-Fache. Aber warum ist das so? Das hat mit dem größeren Skelettanteil des Elefanten zu tun, denn in einem Knochen findet deutlich weniger Stoffwechsel statt als in aktiven Organen wie Gehirn oder Leber. Aber das ist noch nicht alles, denn wieder mischt sich die Physik ein: Jeder Energieumsatz erzeugt Wärme, und die wird wiederum über die Körperoberfläche abgegeben. Bei kleinen Tieren funktioniert das deutlich schneller als bei großen, da sie – bezogen auf ihre Masse – eine deutlich größere Oberfläche haben. Da wir Säuger aber eine stabile Körpertemperatur brauchen, stellt das die kleinen Tiere vor völlig andere Herausforderungen als die großen.

Der Stoffwechsel eines Elefanten schlendert gemächlich dahin wie ein Rentner im Pauschalurlaub. Außerdem nutzt das Tier die enormen Ohren, um überschüssige Wärme abzugeben. Der Energieumsatz der winzigen, zwei Gramm schweren Etruskerspitzmaus ist jedoch unterwegs wie ein panischer Taschendieb, der sich gerade mit der gesamten Hells-Angels-Ortsgruppe Wattenscheid angelegt hat. Ihr Herz ist deutlich größer, als man im Vergleich mit ähnlichen Tieren erwarten würde, und es schlägt über tausendfünfhundertmal pro Minute – schneller, als bei jedem anderen Säugetier. Um überhaupt an genug Sauerstoff für ihren Turbostoffwechsel heranzukommen, hat die Zwergmaus speziell angepasste, besonders schnelle Muskeln, die es ihr erlauben, neunhundertmal pro Minute zu atmen (ein Mensch in Ruhe atmet 12- bis bis 18-mal pro Minute). Die Etruskerspitzmaus ist an der absolut unteren Grenze dessen, was mit dem Säugerbauplan möglich ist. Sie bringt biologische Höchstleistungen, nur um an einem sonnigen Frühlingstag nicht spontan zu erfrieren.

Ist es draußen aber nicht mild, sondern bitterkalt, haben kleine Tiere noch mehr Probleme, ihre Temperatur zu halten. Daher verändert sich die generelle Körperform mit dem Klima: In heißen Gegenden haben die Tiere in der Regel lange, dünne Gliedmaßen, Schnauzen, Ohren und so weiter. Das erhöht die Oberfläche und verbessert damit die Möglichkeit, Wärme abzugeben. In Kaltgebieten setzen Säuger eher auf kurze, dicke Beine und rundere Formen, um warm zu bleiben. Wird es noch kälter, findet man gar keine kleinen Säugetiere mehr.

Der genetische Grundbauplan der Säuger kann so in einem gewissen Rahmen an die Umwelt und an die Größe angepasst werden: viel oder wenig Fell, schneller oder langsamer Stoffwechsel, lange oder kurze Arme, Maus oder Elefant. All das wird durch die Gene und ihre Steuerung bestimmt. Bei Vögeln, Insekten und so weiter ist es genauso. Alle können entsprechend ihrer Grundidee einen gewissen Größenbereich erobern, bis ihnen die Physik die Grenzen aufzeigt und es ohne grundlegende Veränderungen nicht mehr weitergeht.

Fünfte Szene

Archibald schreitet als kolossaler Dinosaurier majestätisch durch eine Steppe in der späten Kreidezeit, der untergehenden Sonne entgegen.

Stimme aus dem Off: «Aber hallo! Das ist aber kein Wurm mehr!»

Archibald: «Hmm?»

Stimme aus dem Off: «Will sagen: Groß bist du geworden, seitdem wir uns das letzte Mal gesehen haben.»

Archibald: «Dir ist schon klar, dass du jetzt klingst wie meine Oma?»

Stimme aus dem Off: «Kann sein. Aber sag: Wie viele Zellen wart ihr damals in dem Wurm? So um die tausend? Und jetzt? Du sprengst ja jeden Taschenrechner! Wie schwer bist du eigentlich?»

Archibald: «Sag ich nicht. Jede große Dame hat ihre kleinen Geheimnisse.»

Stimme aus dem Off: «Ähhh, du bist keine Dame, du bist ein Kerl.»

Archibald: «Siehste mal, auch Kerle haben Geheimnisse.»

Stimme aus dem Off: «Okay. Aber all diese Zellen unter einen Hut zu bringen – gibt das denn keine Probleme?»

Archibald: «Ach was. Die sollen ihren Job machen, und gut ist.»

Stimme aus dem Off: «Und wenn nicht?»

Archibald: «Dann gibt's was auf die Mütze!»

Stimme aus dem Off: «Du bist zufrieden, oder?»

Archibald: «Wieso auch nicht. Ich bin der Größte – das ist amtlich! Ich mach mir keinen Stress mehr mit der Evolution, damit habe ich mich lange genug herumgeschlagen.»

Stimme aus dem Off: «Und was sind dann deine weiteren Pläne?»

Archibald: «Geradeaus gehen und mich für die nächsten Jahrmillionen durch die Landschaft fressen. Ganz relaxed.»

Stimme aus dem Off: «Ich hab so ein Gefühl, dass das nichts wird.»

Archibald: «Kommst du jetzt wieder mit deiner Physik? Pah! Schau mich an, der hab ich's gezeigt, deiner Physik!»

Stimme aus dem Off: «Ich sehe da eher Probleme in einem Spezialgebiet der Physik aufkommen, in der Astronomie.»

Archibald: «Du meinst das mit den Glückskeks-Horoskopen?»

Stimme aus dem Off: «Nein, das mit den Asteroiden. Zum Beispiel dem da oben …»

Archibald: «Hab ich schon gesehen. Was ist damit?»

Stimme aus dem Off: «Der ist verdammt groß.»

Archibald: «Na und? Er schaut doch recht hübsch aus, gerade beim Näherkommen.»

Stimme aus dem Off: «Vielleicht sollte ich dir dann doch noch eine Glückskeks-Weisheit mit auf den Weg geben: Lebe jeden Tag so, als wäre es dein letzter!»

Manchmal finden Wunder im Alltag statt, die wir nicht bemerken, einfach weil es der Alltag selbst ist: Gehen Sie am Samstag ganz früh aus dem Haus, um Milch einzukaufen und richten dabei einen vorsichtigen Blick gen Himmel, dann sehen Sie eine runde, 70 000 000 000 000 000 000 000 Kilogramm schwere Steinkugel herumschweben, die Ihnen auf wundersame Weise *nicht* auf den Kopf fällt – den Mond. (An dieser Stelle einen großen Dank an die Physik – es ist nicht alles schlecht!) Wenn Sie dann im Supermarkt mit Ihrer Milch an der Kasse stehen, erleben Sie das nächste Wunder in Gestalt eines leicht angeranzten Typen vor Ihnen, der abgepackte Wiener, Zigaretten und Dosenbier kaufen will. Dieses Wesen, das Ihnen in einem schlechtsitzenden Jogginganzug seine Hinterpartie präsentiert, ist wirklich ein Wunder. In Schlappen haben sich da circa 37 Billionen Zellen zusammengefunden, die beschlossen haben, als Team zusammenzuarbeiten und etwas zu werden, das mehr ist als die Summe der Zellen. Da stecken Milliarden Jahre Entwicklungszeit in diesem Outfit. Hammer!

Dabei hat dieser Zusammenschluss die Zellen einiges gekostet. Ein Einzeller hat die Freiheit, all seine vorhandenen Gene zu nutzen. Die Zellen, die sich zusammengetan haben, um dieses wunderbare Wesen zu schaffen, das gerade in seinen ausgebeulten Taschen nach Kleingeld wühlt, haben diese Freiheit aufgegeben – jedenfalls fast alle. Jede spezialisierte Zelle im Körper hat dem zugestimmt: Sie darf nur einen Teil der eigenen Gene nutzen, jenen Teil, der für ihre Aufgabe notwendig ist. Die restlichen Gene sind zu ignorieren. Sie ist ein winziges Rädchen in einer gigantischen Maschine. Und sie darf sich auch nicht mehr vermehren, wenn ihr gerade danach ist. Wenn sie Glück hat, darf sie vielleicht noch ein paar Teilungen gleich zu Beginn absolvieren, um dadurch den Organismus auf Größe zu bringen, oder sie hat diese Erlaubnis erhalten, um Schäden zu reparieren und Verluste auszugleichen. Aber überwiegend ist der Körper dieses wundersamen Kunden für die meisten Zellen eine Sackgasse. Die Chance, dass man als Zelle eines Menschen zu einem neuen Menschen wird, liegt etwa bei 1,4 zu 37 Billionen (wenn man die 1,4 Durchschnittskinder der Deutschen zugrunde legt - bei dem Typen, der gerade mit seinem Bier und seinen anderen gesunden Einkäufen davonzieht, steht es tendenziell eher noch schlechter).

Als Körperzelle sollte man also besser kein Individualist sein. Aber was passiert, wenn dieser Wunsch doch auftritt? Wenn eine Zelle plötzlich beschließt, wieder den alten Weg der Einzeller zu gehen und sich nach Lust und Laune zu teilen beginnt? In einem solchen Fall wird sie zur tödlichen Bedrohung für den gesamten Organismus. Krebs entsteht. Wobei es erstaunlich ist, dass unsere Zellen überhaupt außerhalb ihrer geplanten Rolle überleben können - immerhin haben sie ihre Unabhängigkeit seit ewigen Zeiten hinter sich gelassen. Trotzdem lebt unter einer dünnen Schicht von Genen, die für das «Einer-für-alle-und-alle-für-einen»-Team verantwortlich sind, immer wieder ein Einzelkämpfer. Das heißt nicht, dass entartete Körperzellen wirklich als Einzeller existieren könnten - sie brauchen weiterhin einen Organismus, der sie versorgt -, aber sie sind nicht mehr Teil des Teams, sondern Parasiten. Das Ausbrechen wird ihnen allerdings nicht leichtgemacht, denn es steht einiges auf dem Spiel.

Bevor eine Zelle überhaupt entarten kann, müssen sich erst einmal Fehler ins Genom einschleichen - und die Zelle tut viel, um genau das zu verhindern. Sie betreibt aberwitzig genau arbeitende DNA-Kopiermaschinen (Polymerasen) und komplexe Reparatursysteme, die die DNA erhalten sollen. Aber trotz aller Anstrengungen kann es immer wieder zu Veränderungen im Erbgut kommen.

Ein eindrucksvolles Beispiel für Zellveränderungen sind Muttermale, denn sie entstehen durch Zellen mit mutierten Genen. Außerdem zeigen Muttermale, dass Fehler im Erbgut einzelner Zellen nicht immer gleich zu Krebs führen müssen.

Ob das schlimm ist, liegt letztlich daran, ob wichtige Gene von Mutationen betroffen sind oder nicht. Wenn es um Krebs geht, sind das hauptsächlich zwei Gen-Arten: Proto-Onkogene und Tumorsuppressorgene. Man kann sich diese zwei Gruppen wie Fahrer und Fahrlehrer vorstellen.

Eine Zelle im Körper ist wie ein Sportwagen im Stau: fest eingebaut zwischen anderen Zellen des Gewebes. Am Steuer sitzen die Proto-Onkogene, die gemeinsam den Motor der Zellvermehrung kontrollieren und ständig den Fuß über dem Gaspedal schweben haben, um die Zelle, wenn nötig, in die Teilung zu schicken. Aber im Stau eines fertig entwickelten Organs ist das natürlich nicht drin. Als zusätzliche Absicherung hocken auf dem Beifahrersitz noch die Tumorsuppressorgene, die wie ein Fahrlehrer aufpassen, dass mit der Vermehrung der Zelle nichts schiefgeht. Bei ihnen im Fußraum ist ein sehr großes Bremspedal – und ein Schneidbrenner. So weit, so gut. Alle sind vernünftig, und alles ist ruhig. Die Sonne scheint, es ist heiß und stinkt nach Diesel auf Asphalt. Jetzt kann es passieren, dass sich im Erbgut der Zelle etwas verändert – ganz zufällig und ungerichtet wie immer. Erwischt diese Mutation eines der Gene, die auf dem Fahrersitz schwitzen, macht es «Schnapp», und aus dem beherrschten Proto-Onkogen (Vorläufer-Krebsgen) wird ein rasendes Onkogen (Krebsgen), das ohne Rücksicht auf Verluste das Gaspedal ins Bodenblech rammt. Jetzt könnte die Zelle in einen unkontrollierten Rausch der Vermehrung verfallen und das ganze umgebende Gewebe ins Chaos stürzen, wenn nicht neben dem wild kichernden Fahrer noch die Tumorsuppressorgene sitzen würden. Diese Gene bilden ein Netzwerk, das die Zelle ständig kontrolliert und eingreift, wenn bei der Zellteilung irgendetwas schiefgeht, das die Zelle selbst und den Organismus als Ganzes gefährdet. So wie hier jetzt gerade. Der Motor der Zellteilungsmaschine heult auf und will loslegen, aber die Tumorsuppressorgene haben schon den Fuß auf ihrer großen, stabilen Bremse. So wird das nix mit Teilen.

Haben Gas und Bremse ein Weile miteinander gekämpft, machen die Tumorsuppressorgene etwas, vor dem ein realer Fahrlehrer in der Regel zurückschrecken würde: Sie seufzen resigniert auf, kramen den Schneidbrenner aus dem Fußraum hervor und zerlegen das gesamte Fahrzeug - beziehungsweise sie schicken die Zellen in den Tod durch Apoptose. Man sieht: Eine Mutation allein reicht nicht, um eine Zelle in eine Krebszelle zu verwandeln. Da braucht es mindestens noch eine zweite, die die Tumorsuppressoren ausknockt, bevor sie eingreifen können. Bei vielen Krebsarten ist das in der Realität sogar noch komplizierter, und man schätzt, dass es eher sechs kritische Mutationen in verschiedenen Genen braucht, bevor die Sache vollkommen aus dem Ruder läuft und die Zelle anfängt, sich ohne Rücksicht auf Verluste zu teilen. Aber selbst wenn diese versagen, ist der Körper noch längst nicht am Ende, denn das Immunsystem ist ständig auf der Suche nach Zellen, die aus der Reihe tanzen. Findet es welche, zieht es sie aus dem Verkehr. Tatsächlich zerstört unser Immunsystem tagtäglich Zellen, die dabei sind, auf die schiefe Bahn zu geraten.

Ob Krebs entsteht oder nicht, hängt also von vielen verschiedenen Faktoren ab: Wie gut funktionieren die Gene für die DNA-Reparatur und für die Kontrolle des Zellwachstums? Wie fit ist das Immunsystem? Welchen die DNA schädigenden Einflüssen ist der Körper ausgesetzt? All diese Aspekte beeinflussen die Wahrscheinlichkeit, mit der Krebs entsteht. Aber es ist eben nur eine *Wahrscheinlichkeit*, weshalb man grausames Pech oder unerwartetes Glück haben kann: Ein Kettenraucher wird viel wahrscheinlicher Lungenkrebs bekommen als ein Asket, der im Himalaya sitzt und sich von gedünstetem Gemüse und Reis ernährt. Trotzdem kann es passieren, dass eine Person 70 Jahre unentwegt qualmt (noch dazu ohne Filter) und trotzdem durch die Talkshows zieht wie ein gewisser inzwischen verstorbener Altbundeskanzler. Aber auf eine derartige Hoffnung sollte man die eigene Lebensplanung besser nicht aufbauen.

Auch wenn uns das naturgemäß am meisten interessiert: Krebs gibt es nicht nur beim Menschen. Im Tierreich gibt es da einige erstaunliche Zusammenhänge zu entdecken: Sieht man sich die Krebsraten bei verschiedenen Säugetieren an, stellt man fest, dass sie nicht immer gleich sind: Je größer eine Spezies ist, desto kleiner ist die Wahrscheinlichkeit, dass sie in ihrem Leben an Krebs leiden wird. Circa die Hälfte aller Mäuse sterben an Krebs (sofern man ausschließen kann, dass sie schon vorher als Katerfrühstück enden), beim Menschen sind es 12,5 Prozent, bei Elefanten geht man von um die drei Prozent aus. Und das ist komisch, denn große Tiere bestehen aus deutlich mehr Zellen als kleine. Es gibt also auch mehr Chancen, dass da etwas schiefgeht (schon allein deshalb, weil viel mehr fehleranfällige Zellteilungen nötig sind, um ein großes Tier zu schaffen). Außerdem steigt die Lebenserwartung mit der Größe: Während Mäuse in der Regel nicht älter als zwei Jahre werden, leben Elefanten oft 50 Jahre oder mehr. Auch Wale sind nicht nur riesig, sondern sie werden auch steinalt. Woher man das weiß? Manchmal finden sich noch heute Wale, in denen Harpunen aus viktorianischer Zeit stecken. Insbesondere der Grauwal scheint in den Gewässern Grönlands 200 Jahre und älter zu werden. Wir Menschen sind übrigens ein biologisches Kuriosum: Wir leben deutlich länger, als es bei unserer Größe eigentlich zu erwarten wäre. Aber darüber wird sich kaum einer beklagen.

Das alles, Anzahl der Zellteilungen, Zellzahl und Lebenszeit, spricht eigentlich dafür, dass in einem Elefanten die Chancen auf Krebsentstehung viel höher sein sollten als in einer Maus. Trotzdem ist es genau andersherum. Paradox. Um genau zu sein: «Peto's Paradox», denn der britische Statistiker und Epidemiologe Richard Peto war der Erste, der sich 1975 öffentlich darüber wunderte.

Warum ist das so? Oma würde sagen: «*Wat mutt, dat mutt!*» – und damit hätte sie recht: Die zellulären Systeme, die Krebs verhindern, müssen wie so vieles andere auch an die Größe und die Lebenserwartung angepasst werden. Ein Elefant, der nach zwei Wochen tot umfällt, ist evolutionstechnisch eher schwierig durchzusetzen. Die großen Grauen brauchen einfach eine längere Laufzeit, immerhin dauert es zehn Jahre und mehr, bevor diese Dickhäuter überhaupt geschlechtsreif sind. Eine Maus schafft das nach der Geburt in nur sechs Wochen. Noch verstehen wir nicht wirklich, wie die Lebenszeit gesteuert wird, aber man vermutet, dass die Zellen größerer Tiere besser darin sind, DNA-Schäden zu reparieren und potenzielle Tumorzellen zu vernichten. Auch der langsamere Stoffwechsel, der weniger aggressive Sauerstoffverbindungen freisetzt, hilft den Riesen, lange jung zu bleiben und dem Krebs bedächtig aus dem Weg zu gehen.

Doch kommen wir nochmals zurück zum eigentlichen Problem, den Tumorzellen. Einst brave Arbeiter für die Gemeinschaft, verwandelten sie sich auf einmal in radikale und tödliche Individualisten. Fängt ein solcher Tumor erst einmal zu wachsen an, hört er nicht auf, Mutationen anzuhäufen. Ganz im Gegenteil. Durch die bereits vorhandenen Störungen steigt die Wahrscheinlichkeit sogar noch, dass neue Fehler entstehen – und die Evolution der Tumorzellen geht immer weiter. Sie werden ständig aggressiver und gewinnen irgendwann sogar die Fähigkeit der Einzeller zurück, sich unendlich teilen zu können.

Unsere normalen Körperzellen besitzen mit Ausnahme der Stammzellen nicht die Fähigkeit, sich unendlich zu teilen. Mit jeder Teilung brennt die Lunte sinnbildlich ein Stückchen mehr ab, und irgendwann ist Schluss. Diese Lunte sind DNA-Strukturen an den Enden der Chromosomen, die Telomere. Die brauchen wir, da DNA-Kopierer bei der Zellteilung nicht das letzte Ende der Chromosomen erreichen können, sodass jedes Mal ein wenig DNA verlorengeht. Um zu verhindern, dass es dabei lebenswichtige Gene erwischt, bestehen die Enden aus vielen kurzen Sequenzwiederholungen, die wir getrost opfern können, eben den Telomeren. Aufgefüllt wird diese DNA-Reserve mit Hilfe eines speziellen Enzyms, der Telomerase, die die Sequenzen erneut verlängern kann. Allerdings ist das Gen für dieses Enzym in den meisten menschlichen Zellen abgeschaltet, was ihnen ihre Unsterblichkeit nimmt – ihre Tage (beziehungsweise Zellteilungen) sind gezählt. Krebszellen aktivieren das Enzym allerdings oft wieder.

Sind die Tumorzellen nur ausreichend entartet, schaffen sie es, irgendwo im Körper neue Kolonien zu gründen – Metastasen. Das führt jedoch oft zum Tod des Organismus. Die Krebszellen haben damit aber ebenso ihr eigenes Ende herbeigeführt.

Ist damit das Ende dieses Kapitels über die Entwicklung vom individuellen Einzeller hin zum komplexen Tier erreicht? Nicht ganz. Extrem selten kommt es vor, dass der Tod des Organismus nicht gleichzeitig das Ende der Tumorzellen bedeutet. Wenn sie rechtzeitig in einen neuen Organismus gelangen können, haben sie noch eine Chance. Doch selbst wenn ihnen dieses Kunststück gelingen sollte, haben sie ein zweites Problem: die Abwehr des Wirts. Denn wie bei einer Organtransplantation wird das fremde Material vom Immunsystem erkannt und bekämpft. (Dass trotzdem Organe verpflanzt werden können, liegt daran, dass das Gewebe sehr gut auf den Empfänger abgestimmt sein muss, damit es dem Immunsystem nicht so fremd vorkommt. Außerdem wird die Aktivität des Immunsystems zusätzlich durch Medikamente künstlich gebremst.)

Mittlerweile sind vier Fälle aus dem Tierreich bekannt, bei denen einem Tumor dieses unglaubliche Kunststück gelungen ist. Darunter befindet sich unter anderem das Sticker-Sarkom, ein ansteckender Hundetumor, der sich durch Geschlechtsverkehr verbreitet. Genetische Untersuchungen dieses Tumors haben gezeigt, dass er wahrscheinlich 11 000 Jahre alt ist und sich seitdem von Hund zu Hund verbreitet hat.

Damit endet das Schauspiel, der Kreis schließt sich: vom Einzeller zum komplexen vielzelligen Organismus und zurück.

Ende

(Vorhang zu bis zum nächsten Kapitel)

7. KAPITEL

Tanz der hohen Tiere

Gene bis zum Neptun, singende Wissenschaftler und ein treffliches Streiten darüber, wem eigentlich das menschliche Erbgut gehört.

Das ist nicht Ihr Ernst, oder?»

«Doch, sicher! Ganz wie von der netten Dame bestellt.»

«Und Sie haben nichts anderes?»

«Wer was anderes will, bestellt rechtzeitig.»

«Aber draußen sind 30 Grad Celsius!»

«Dann passen Sie gut auf, dass Sie nicht ins Schwitzen geraten, sonst riechen Sie ganz schnell wie ein nasser Rottweiler.» Der Mann schiebt den Rottweiler in spe über den Tresen. Er guckt streng: «Morgen um Punkt zwölf ist das hier wieder zurück, und zwar sauber!» Dann verschwindet er im hinteren Teil des Ladens.

Resigniert nehme ich die Tüte an mich, verlasse das stickige kleine Geschäft und trete hinaus in die gleißende Sommersonne. Tante Hedwig, was hast du dir dabei nur gedacht?

«Was hast du dir nur dabei gedacht?», frage ich Hedwig, als ich wenig später zu Hause ankomme.

«Ich habe mir gedacht, dass du deiner Tante versprochen hast, heute Abend mit ihr auf den Ball zu gehen, und dass du noch kein Kostüm hast.»

«Aber ein Gorillakostüm im Sommer?»

«Das Motto ist nun mal ‹Hohe Tiere›, und Gorillas sind Primaten. Höher geht es im Tierreich nicht. Hör also auf zu quengeln und zieh dich um, das Taxi ist gleich da.»

Der Taxifahrer lässt uns kurze Zeit später auf dem Rathausplatz aussteigen. Er kichert, seitdem wir eingestiegen sind. Der wird schon sehen, was er davon hat. Trinkgeld jedenfalls nicht. «Dreizehn fuffzig, der Herr», sagt er, und ich reiche ihm den Zwanziger, den ich die ganze Fahrt über krampfhaft in meiner Affenfaust gehalten habe. Der Schein ist jetzt ein wenig klamm. Er kramt in seiner Geldbörse herum, dann hält er mir das Wechselgeld hin, glaub ich jedenfalls. Man sieht so gut wie nichts unter dieser Maske. Ich greife nahezu blind zu, und bekomme auch etwas zu packen. Wahrscheinlich den Fünfer. Die restlichen Münzen verteilen sich allerdings laut klimpernd im Wageninneren. Nach einem Moment, in dem ich ratlos auf das Innere meiner Maske glotze, erkläre ich großzügig: «Ähm, der Rest ist für Sie.»

«Danke», sagt er. Und schemenhaft sehe ich, wie er nicht nur das Kleingeld, sondern wohl auch den Fünfeuroschein aus dem Fußraum fischt. Verwirrt halte ich das Ding in meiner Hand vor meine Maske, um es genauer unter die Lupe zu nehmen. «Den Duftbaum können Sie meinetwegen behalten. Ich denke, Sie brauchen ihn nötiger als ich.»

Schließlich reihen wir uns in die Schlange vor dem Eingang ein. Vor uns steht Einstein, hinter uns Napoleon. War klar: Ich bin hier der Einzige, der sich zum Affen macht. Hedwig sieht überraschend normal aus: blauer, breitkrempiger Hut und dazu ein passendes Kostüm.

«Meinst du, die lassen dich ohne Verkleidung rein?», frage ich hoffnungsvoll.

Sie seufzt nur.

Dann haben wir es geschafft, sie legt die Eintrittskarten vor. Der schwarz gewandete Türsteher mustert sie einen Augenblick, dann verbeugt er sich tief. «Ihre Majestät, die Queen, vermute ich?»

Hedwig lächelt huldvoll und hält ihm eine behandschuhte Hand hin. Galant haucht er ihr einen Kuss auf diese, bevor Ihre Majestät leichtfüßig in den Ballsaal entschwindet. Danach dreht er sich zu mir um. «Und was haben wir hier?», fragt er und verschränkt die muskulösen Arme vor der Brust.

Ich denke: Gerade du solltest einen Gorilla erkennen, wenn du einen siehst. Aber das sage ich nicht.

«Na?», hakt er nach und lässt die Brustmuskeln tanzen.

«Prinz Hairy», sage ich.

Er mustert den schwarz behaarten Sack, in dem ich vor ihm stehe, schließlich sagt er: «Sie wollen wirklich den ganzen Abend als fleischgewordener schlechter Wortwitz herumlaufen?»

«So sieht's aus», entgegne ich trotzig.

Er zuckt mit den Schultern. «Außerdem riechen Sie ziemlich heftig nach ‹Grüner Apfel›.»

«Glauben Sie mir, das ist besser so», murmele ich und gehe an ihm vorbei.

Den weiteren Abend stehe ich neben dem Buffet, während Hedwig mit berühmten Persönlichkeiten über die Tanzfläche wedelt. Ich bewege mich möglichst wenig, denn mir ist tierisch heiß. Sicher, ich könnte die Maske abnehmen, aber in dem Flokati erkannt zu werden ist schlimmer zu ertragen als eine Hundesauna. Außerdem kann man interessante Dinge beobachten, wenn man von allen anderen für ein Deko-Überbleibsel der letzten Dschungelparty gehalten wird. Mein Highlight: Ein schwer angetrunkener Steve Jobs in schwarzem Rollkragenpulli und Jeans, der feixend versucht, aus sämtlichen Äpfeln des Buffets ein Stück herauszubeißen. Am Ende habe ich mich dann aber doch bewegt und einem Bill-Gates-Verschnitt geholfen, Jobs in einen Papierkorb zu verschieben und auf einen kleinen Balkon zu exportieren. Anschließend haben wir das bodenlange Fenster geschlossen, damit er ein bisschen herunterfahren kann: Für einen lebenden Wortwitz alles in allem ein gelungener Abend.

Sehen wir der Tatsache ins Gesicht: Tante Hedwig ist schon so ein bisschen speziell. Oder wenn man es nett ausdrücken will: Sie ist was Besonderes. Aber irgendwie sind wir Menschen ja alle was Besonderes. Immerhin sind wir die unumstrittenen Herrscher dieses Planeten: Wir rotten säckeweise Tiere aus und häkeln Pullis für kleine frierende Hunde, betreiben Brandrodung und trotzen dem Meer neues Land ab. Wir sind in die unwirtlichsten Ecken der Welt vorgedrungen, haben unseren Müll liegen lassen und mehr als einmal versucht, in diesen entfernten Regionen einen Burger-Laden aufzumachen. Tiere machen so etwas nicht, die mümmeln ein bisschen Gras (oder je nach Belieben eine Gazelle) – und gut ist es.

Doch warum ist das so? Warum stehen Gorillas im Zoo auf der Seite der Glasscheibe, auf der es jeden Tag gratis Bananen gibt, und wir nicht? Was unterscheidet uns von ihnen?

Letztere Frage begleitet uns fast so lange, wie es uns gibt. Wir stellen uns das folgendermaßen vor: Samstagabend, 20:15 Uhr irgendwann in der Steinzeit. Alle liegen faul und vollgefressen um das knisternde Feuer herum – es gab lecker Mammut nach Jägerart: außen verbrannt, innen roh. Alle sind sorglos und glücklich, und es gibt keine Fragen, bis ein angeheirateter Onkel – ein wenig seltsam hat er sich schon immer verhalten – in die Runde guckt und sagt: «Warum gibt es uns eigentlich? Und warum sind wir so schlau?» Alle gucken sich verdutzt an, und zum ersten Mal wird die schöne glatte Stirn der Jäger durch Denkerfalten zerfurcht. Es ist vorbei mit der Sorglosigkeit. «Toll, jetzt hast du es versaut», murmelt der Chef der Sippe.

Seitdem existieren Fragen wie diese, und man kann sie auf unterschiedliche Arten angehen: religiös, philosophisch und sicherlich auch unter Marketing-Gesichtspunkten. Ob man da je zu einer akzeptablen Antwort für alle kommen wird? Wir wissen es nicht. Aber wenn man sich von diesen verschiedenen Betrachtungsweisen löst und sich nur auf die reine Biologie konzentriert, gelangt man mit großer Wahrscheinlichkeit zu dem Schluss, dass das, was uns zu etwas Besonderem macht, in unseren Genen liegen muss.

Aber was genau in unseren Genen? Diese Frage ist sogar noch schwieriger zu beantworten. Machen wir eine kleine genetische Inventur: Die Zellen unseres Körpers enthalten normalerweise zwei Sets aus je 23 Chromosomen. Jedes Set enthält circa 3,2 Milliarden Basenpaare (ein Basenpaar entspricht einer «Leitersprosse» der DNA-Helix). Das klingt viel, und das ist es auch: Würde man alle Chromosomen einer Zelle aneinanderknoten und als sehr dünnen Faden ausziehen, hätte der eine Länge von etwa 2,2 Metern.

Noch unglaublicher wird es, wenn man versucht, die Gesamtlänge der DNA eines Menschen zu bestimmen. Bei geschätzten 37 Billionen Zellen ergäbe sich eine Gesamtlänge von 81,4 Milliarden Kilometern. Diese Strecke entspricht etwa 544-mal von der Sonne zur Erde oder 18-mal von der Sonne zum Neptun. Für diese Entfernung würde ein Lichtstrahl mehr als drei Tage brauchen, um sie zurückzulegen.

Das ist schon was Besonderes. Und entsprechend ging man eine Zeitlang davon aus, dass die Größe des Erbguts die Komplexität des Lebewesens widerspiegelt. Was heißt: Bakterien – kleines Genom, Frösche – größeres Genom und natürlich, als Krone der Schöpfung, wir Menschen – mit dem größten Genom. Aber wie sich zeigte, hat der *Homo sapiens* nicht das größte Erbgut, bei weitem nicht. Dafür können wir weithin in den Kategorien «größtes Ego» und «größte Selbstüberschätzung» punkten. Unser Erbgut rangiert in derselben Größenordnung wie das vieler anderer Säugetiere, den aktuellen Genom-Rekord hält der Marmorierte Lungenfisch, dessen Erbgut mehr als 40-mal so groß ist wie das des Menschen.

Das ist ein harter Schlag: Ausgestochen von einem primitiven Fisch, der sich seit ewigen Zeiten kaum weiterentwickelt hat. Welche Schlüsse ziehen wir daraus? Die Theorie war schlecht. Größe allein ist also nicht alles. Vielleicht kommt es ja darauf an, was man aus dem Genom macht? Da sind wir Menschen doch sicherlich führend!

Aber wie viele Gene haben wir denn überhaupt? Und wie sehen die aus? Derartige Fragen könnte mal wieder so ein seltsamer angeheirateter Onkel stellen. Den ersten Versuch, die Anzahl der menschlichen Gene zu schätzen, gab es 1964, und heraus kam dabei die unglaubliche Zahl von 6,7 Millionen, was man schon ein wenig verstörend fand. Im Laufe der nächsten zwei Jahrzehnte, nachdem man etwas mehr über die Struktur der Gene wusste, pendelte sich der Schätzwert auf circa 100 000 ein. Mitte der achtziger Jahre begannen schließlich einige Wissenschaftler die Werbetrommel für ein Projekt zu rühren, bei dem sie die DNA-Sequenz des menschlichen Erbguts bestimmen wollten. Im Zuge dieser «Sequenzierung» sollten gleichzeitig auch alle Gene des menschlichen Erbguts identifiziert werden. An vorderster Projektfront trommelte ein Wissenschaftler, den Sie schon kennen: James «Doppelhelix» Watson.

Doch wie geht man ein solches Vorhaben an? Watson war dafür, das Erbgut zu lesen wie einen Karl-May-Roman: von vorne bis hinten, die spannenden Stellen genauso wie die langweiligen und ausschweifenden Landschaftsbeschreibungen, die sogar hartgesottenen Geographen die Tränen in die Augen treiben. Er wollte alles. Es ging immerhin um unser Erbgut, unsere biologische Identität. Aber nicht alle Kollegen waren von dieser Vorgehensweise begeistert. Viele betrachteten das Ganze eher wie einen Film. Sie hatten vor, sich nur den Highlights zu widmen, also jenen Sequenzen, die Proteine codieren und daher medizinisch und vor allem auch finanziell interessant waren. Das sparte zwar Zeit und Arbeit, dafür war der Erkenntnisgewinn kleiner. Denn Bereiche des Erbguts, die auf den ersten Blick völlig uninteressant aussehen, können einem auf den zweiten Blick Dinge verraten, die man bisher nicht einmal vermutet hätte.

Am Ende setzten sich die Buchfreunde durch, und man machte sich daran, diese monumentale Aufgabe zu planen. Es sollte das bislang größte Projekt der Biologie werden, eine Kooperation Hunderter Wissenschaftler, die an verschiedenen Instituten in den USA (und sehr bald sogar weltweit) zusammen daran arbeiteten.

1990 standen schließlich alle Lichter auf Grün, und das Human Genome Projekt wurde mit James D. Watson als Direktor offiziell gestartet. Die Welt war gespannt und schwenkte vor Aufregung bunte Fähnchen. Doch dann passierte erst einmal nichts, und das über Jahre. Das Projekt war aber auch wirklich ambitioniert.

Die größten Genome, die man damals bislang sequenziert hatte, gehörten kleinen Viren, sie waren ein paar tausend Basenpaare groß. Jetzt wollte man den Menschen mit seinen 3,2 Milliarden Basenpaaren angehen. Das war vergleichbar mit der Erstbesteigung des Mount Everest. Und wie eine Tour auf den höchsten Berg der Erde musste das Humangenomprojekt ebenso von langer Hand geplant werden. Zuerst mussten die Sequenziertechnik verbessert, Datenbanken erstellt und Programme zur Datenanalyse geschrieben werden. Eine Karte brauchte man, und zwar eine, die dabei half, sich im menschlichen Genom ansatzweise zu orientieren, denn nur so konnte man bestimmen, wo sich gefundene Sequenzen im Erbgut einordneten. Das eigentliche Sequenzieren sollte erst danach in den Fokus rücken. Alles in allem war das Projekt auf 15 Jahre angelegt, mit einem Gesamtbudget von drei Milliarden US-Dollar.

Einer von den Biochemikern, denen das nicht schnell genug ging, war Dr. Craig Venter, der am National Institute of Health (NIH), dem «Hauptquartier» des Humangenomprojekts, an Neurotransmittern arbeitete – das sind Botenstoffe, die für die Reizübertragung von einer Nervenzelle auf die nächste verantwortlich sind. Seit zwei Jahren suchte er die dazugehörigen Gene in einem Abschnitt auf Chromosom 19, bislang ohne Erfolg. Irgendwie musste das doch schneller gehen.

Wer Craig Venter als zurückhaltend und angepasst bezeichnet, der hält schlechtgelaunte Elefantenbullen für niedlich und sagt Sachen wie, dass der Alligator «nur spielen» wolle. Venter wuchs in San Francisco als Sohn eines exkommunizierten Mormonen auf, der aus seiner Gemeinde geflogen war, weil er rauchte und Kaffee trank. Schon sehr früh hatte er ein eher gespanntes Verhältnis zu Autoritäten. In der Schule lief es nicht besonders. Er war zwar unübersehbar clever, aber eigenwillig und rebellisch. Und dass er Tests gerne mal verweigerte, half auch nicht gerade. Als sein Lieblingslehrer Gordon Lish eines Tages wegen unamerikanischen Verhaltens gefeuert werden sollte – er hatte beim Treuegelöbnis zur amerikanischen Flagge und Nation nicht ausreichend stramm gestanden –, organisierte Venter eine Demonstration, die den Schulbetrieb für zwei Tage lahmlegte. Schließlich wurde er zum Direktor zitiert. «Sie müssen wohl super Noten von Herrn Lish bekommen», bemerkte der genervte Direktor lakonisch. «Nein», antwortete Venter. «Ich bekomme nur Sechsen, aber die verdiene ich.»

Nach der Schule erhielt Venter einen Einberufungsbescheid und ging zur US Navy, das war während des Vietnamkriegs. Und auch hier gab es gewisse Probleme: Zweimal wurde er wegen Befehlsverweigerung verurteilt, unter anderem weil er sich geweigert hatte, sich die Haare schneiden zu lassen. In Vietnam wurde er als Sanitäter in einem Militärkrankenhaus eingesetzt. Härter ging es kaum: Hunderte von kranken und verletzten Soldaten starben unter seiner Obhut, und er war machtlos dagegen. Aber Venter ließ sich davon nicht abschrecken. Im Gegenteil: Er wollte mehr über die Medizin erfahren und die Zusammenhänge besser verstehen. Zurück in den USA, studierte er und wurde Wissenschaftler.

Die Lösung zu seinem Dilemma kam ihm in einem Verkehrsflieger über dem nächtlichen Pazifik: Was wäre, wenn er die Gen-Sequenzen seiner Neurotransmitter nicht in den öden Weiten des Erbguts suchen würde, sondern in den mRNAs, die die Zelle herstellt – also den Sequenzen, die tatsächlich die Information für Proteine enthalten? Doch um an die Sequenzen, die ihn interessierten, heranzukommen, musste er die RNA in DNA übersetzen. Das war aber letztlich kein Problem, die Technik dazu existierte seit den siebziger Jahren. Anschließend musste man nur noch die verschieden übersetzten Stücke voneinander trennen – auch das war technisch machbar – und dann einzeln sequenzieren. Alles in allem: Das könnte klappen. Diese Idee schrie förmlich nach einem doppelten Tomatensaft. Mit Eis!

1991, nur Monate später, veröffentlichten Venter und seine Mitarbeiter ihre neue Methode im Fachjournal *Science*. Dem Artikel lagen 600 Sequenzschnipseln von menschlichen Proteinbauplänen bei, die er mit ihr gefunden hatte. Sie nannten sie ESTs (*Expressed Sequence Tags*). Die Sequenzen deckten zwar nicht den vollständigen Bauplan ab – diese Mühe hatten sie sich nicht gemacht –, aber dennoch waren die neuen Daten spektakulär. 337 von den Sequenzen waren komplett neu. Venter hatte im Handstreich die Zahl der damals bekannten rund 3000 menschlichen Gene um über zehn Prozent erhöht.

Und während sich die Seilschaft des Humangenomprojekts am Mount Everest gerade zur Baumgrenze hochkämpfte, sah sie vor ihrem inneren Auge einen Hubschrauber mit einem fröhlich winkenden Craig Venter Richtung Gipfel ziehen. Sie können sich Watsons Begeisterung sicher vorstellen, denn Venters EST-Technik zur Bestimmung von Gen-Sequenzen war «schneller, leichter, verführerischer». (Mit exakt diesen Worten beschreibt Meister Yoda in *Star Wars* die dunkle Seite der Macht. Irgendwie passend, denn Craig Venter wurde von seinen Gegnern gelegentlich «Darth Venter» genannt.)

Mit Bekanntwerden von Venters Methode musste man sich die Frage gefallen lassen, warum man Abermillionen von US-Dollar in die Sequenzierung des vollständigen Genoms stecken sollte, wenn man sich mit der EST-Methode schnell und preisgünstig die Rosinen herauspicken konnte. Watson witterte eine Bedrohung für das Humangenomprojekt, wie er es ursprünglich geplant hatte. Und es kam sogar noch dicker: Die Chefin des NIH, Bernadine Healy, ließ verlauten, dass sie Venters ESTs patentieren lassen wolle, um so «die amerikanische Wirtschaft zu fördern».

Watson war außer sich! Er arbeitete hart daran, einen Sack voller eigenwilliger Wissenschaftler rund um die Welt auf Spur zu halten – und das NIH versuchte, sich unterdessen klammheimlich die Filetstücke unter den Nagel zu reißen. Selbst dumme Bankräuber ziehen ihre Kumpane erst dann über den Tisch, wenn der Coup gelaufen ist, nicht mittendrin. Außerdem waren er und viele andere Wissenschaftler der Meinung, dass das Erbgut allen Menschen gehören sollte.

Watson kämpfte also gegen die ESTs und insbesondere gegen die Patentierungsidee. Mit Hilfe der ESTs würde man keine gute Genomsequenz bekommen, gab er kund, und überhaupt könne man mit dieser Methode nur die Gene finden, die gerade mRNA herstellen.

Damit hatte er nicht ganz unrecht. Je nach Zelltyp werden unterschiedliche Proteine hergestellt, weshalb man auch die dazugehörigen mRNAs vieler Proteine nicht in allen Zellen findet. Und selbst Zellen, die ein bestimmtes Protein herstellen, tun das nicht zwangsläufig rund um die Uhr. Eine Zelle kann Gene nämlich nach Bedarf an- oder ausschalten, und ausgeschaltete Gene sind für die EST-Methode unsichtbar. Übrigens: Die wichtigen Bereiche, die die Gene steuern, sind auch nicht Teil der mRNA und entgehen einem mit den ESTs ebenfalls.

In einer Anhörung vor US-Senatoren hielt Watson dazu eine Rede. Viele Zuhörer waren nicht gekommen, aber immerhin Venter war der Einladung gefolgt. Watson legte los und erklärte erstens, dass Venters Methode überhaupt nicht neu sei, sondern dass er lediglich altbekannte Dinge neu zusammengesteckt hätte. Und zweitens sagte er, dass «jeder Affe» in der Lage sei, das auszuführen, was Venter da mache. Vermutlich hat Venter spätestens nach dieser Rede seinem Kollegen Watson keine Weihnachtskarten mehr geschrieben.

Auch der Schlagabtausch zwischen Healy und Watson wurde

im Lauf der Zeit heftiger und öffentlicher. Zwar wurde Watsons Position zunächst gestärkt, weil das Patentamt 1992 die Anträge zu den EST-Patenten abwies, aber das NIH ging in Revision und legte dem Paket gleich noch neue Anträge über weitere ESTs bei. Darüber hinaus warf Healy Watson vor, er hätte versucht, Firmen, bei denen er Anteile besaß, Vorteile bei der Geldmittelvergabe verschafft zu haben. Watson bestritt das und beschuldigte seinerseits Healy, dass es ihr nur darum gehe, ihn wegen seiner Kritik an der EST-Patentierung loszuwerden. Im April 1992 nahm Watson schließlich wütend seinen Hut.

Venter verließ nur drei Monate später ebenfalls schlecht gelaunt das NIH und gründete ein eigenes Institut: TIGR (The Institute for Genomic Research), um dort weiter an ESTs zu arbeiten, allerdings in Zusammenarbeit mit der Wirtschaft, die die Ergebnisse kommerzialisierte. Auch Bernadine Healy hielt sich nicht mehr lange auf ihrem Posten: Weniger als ein Jahr später erhielt sie von der neuen Regierung unter Bill Clinton die Nachricht, dass man einen demokratischen NIH-Chef ernennen wolle – sie war Republikanerin und unter Bush eingesetzt worden.

Während seiner Zeit am TIGR arbeitete Venter nicht nur an der Sequenzierung von humanen ESTs, sondern auch an der Sequenzierung der Bakterien-Genome von *Haemophilus influenzae* und *Mycoplasma genitalium*. Beim ersten Projekt hatte er sogar noch einen Förderantrag beim NIH gestellt und dargelegt, wie er bei seiner Sequenzierung genau vorgehen wollte. Das NIH lehnte den Antrag allerdings nach einigen Monaten mit der Begründung ab, das sei mit den Methoden, die er verwenden wollte, gar nicht durchführbar. Zu diesem Zeitpunkt war Venter allerdings schon fast fertig mit seiner Arbeit ... Da lagen die Herrschaften vom NIH wohl falsch. Kurz nachdem er das *Haemophilus influenzae*-Projekt abgeschlossen hatte, war auch das Erbgut von *Mycoplasma genitalium* entschlüsselt. Zur Feier des Ereignisses ließ Venter T-Shirts mit dem Aufdruck «I ❤ MY GENITALIUM» produzieren und an seine Mitarbeiter verteilen. Vielleicht ist ihm die Zweideutigkeit dabei entgangen, vielleicht war es aber auch nur die eleganteste Methode, der Konkurrenz den Mittelfinger zu zeigen.

Bevor Bernadine Healy das NIH verließ, verpflichtete sie noch den Genetiker Francis Collins als Nachfolger von James Watson. Aus dem Patentieren der ESTs ist im Übrigen nie etwas geworden, Healys Nachfolger gaben diesbezüglich nach 1994 alle Versuche auf. Eigentlich hätte es etwas ruhiger werden können, wenn 1998 nicht plötzlich wieder Craig Venter auf der Matte gestanden hätte. Er eröffnete seinen ehemaligen Kollegen, dass er eine eigene Firma gegründet hatte, die es sich zur Aufgabe gemacht hatte, ebenfalls das menschliche Genom zu sequenzieren, und zwar billiger und vor allem schneller als das Humangenomprojekt. Das war eine Kampfansage.

Und das Humangenomprojekt nahm sie an. Zwar war man jetzt schon acht Jahre dabei und hatte bislang nicht viel an DNA-Sequenz vorzuweisen, aber man hatte exzellente Grundlagen geschaffen. Und man konnte sich schließlich noch steigern, immerhin ging es darum zu verhindern, das Venter die Daten zuerst hatte und sie vielleicht doch noch patentieren oder sonst wie vereinnahmen konnte.

Es wurde ein erbitterter Kampf zwischen dem öffentlichen Projekt und Venters Firma. Venter setzte auf ein schnelles Sequenzierverfahren, das martialisch *double barrel shotgun sequencing* (doppelläufiges Schrotflinten-Sequenzieren) genannt wurde. Dabei wurde das menschliche Genom in kleine, zufällige Bruchstücke «zerschrotet», die anschließend sequenziert wurden. Damit sparte Venter sich die aufwendige Kartierung des Humangenomprojekts. Um die vielen Einzelteile wieder zu einem vollständigen Genom zusammenzupuzzeln, vertraute Venter auf die Rechenleistung des damals größten zivil gebauten Supercomputers.

Keiner schenkte dem anderen etwas, die Sache wurde immer unschöner und vor allem politisch. Schließlich mischte sich Präsident Clinton ein und vermittelte, wodurch eine wenn auch kurzlebige Einigung zustande kam: Die gegnerischen Parteien wollten 2001 eine erste Rohfassung (*draft*) ihrer Ergebnisse gemeinsam im Fachblatt *Science* veröffentlichen. Aber kaum hatte Clinton sich umgedreht, gingen die Streitereien wieder von vorne los, man beschuldigte sich gegenseitig, schlechte Qualität zu liefern.

Am Ende veröffentlichten die Konkurrenten separat, aber immerhin gleichzeitig die fast vollständige Sequenz des Humanen Genoms: die einen in *Science* und die anderen in *Nature*. Natürlich feierten sich die Kontrahenten jeweils als Sieger. 2003 wurde das Humangenomprojekt offiziell für abgeschlossen erklärt – zwei Jahre vor der Zeitplanung. Das haben wir wahrscheinlich im Wesentlichen Craig Venter zu verdanken.

Francis Collins war nicht nur Direktor des Humangenomprojekts, sondern auch Sänger und Gitarrist der Directors – einer Band von NIH-Mitarbeitern, die des Öfteren auf wissenschaftlichen Kongressen auftrat. Es gab aber auch einige Soloauftritte von Collins mit seiner Gitarre, die stilecht eine DNA-Doppelhelix schmückte. Die Band spielte auf Forschungsthemen umgedichtete Folk-, Gospel- und Rocksongs. Dementsprechend schloss Collins auch den Artikel zur Veröffentlichung des ersten Genom-Drafts mit einem Liedtext, der das Gefühl des Humangenomprojekt-Teams zusammenfasste: Man hatte das Rennen gewonnen und dadurch verhindert, dass irgendeine Firma oder sonst jemand behaupten konnte: «Dieses

Stück eurer DNA gehört mir.» Das Genom war frei, gehörte allen und konnte von jedem, der wollte, kostenlos eingesehen werden. Dichterisch umgesetzt sah das so aus:

This draft is your draft, this draft is my draft,
And it's a free draft, no charge to see draft.
It's our instruction book, so come on have a look,
This draft was made for you and me.
We only do this once, it's our inheritance,
Joined by this common thread – black, yellow, white, or red,
It is our family bond, and now its day has dawned.
This draft was made for you and me.

(zu singen auf den alten Lagerfeuersong «This Land Is Your Land»)

Aber wie sagt man so schön? Nach dem Genom ist vor dem Genom. Und kaum waren die ersten Genome von Venter und dem Humangenomprojekt in trockenen Tüchern, ging es daran, weitere humane Genome zu sequenzieren. Während man sich bislang beim Sequenzieren auf eine Mischung der Genome aus mehreren Spendern konzentriert hatte, um ein allgemeines «Referenz-Genom» zu bekommen, wollte man jetzt die Genome einzelner Menschen sequenzieren. Und ganz vorne mit dabei war – Sie erraten es bestimmt – Craig Venter.

Venter verkündete, er würde für diese Aufgabe ein neues Institut gründen, aber im Gegensatz zu den vorherigen Projekten würde er beide Chromosomensätze sequenzieren. In vier Jahren wollte er das Problem gelöst haben, Kostenpunkt 100 Millionen US-Dollar. Und er zog sein Vorhaben durch. Allerdings war sein Genom nicht das erste einzelne Genom eines Menschen, das sequenziert wurde. Ihm war das Projekt «Jim» der Firma 454 Life Sciences zuvorgekommen, die innerhalb von vier Monaten für ein Taschengeld von zwei Millionen US-Dollar das Erbgut von Venters altem Kontrahenten James D. Watson sequenzierte.

Andere Genome folgten. Unter anderem auch das von Francis Collins. 2008 ging dann das 1000-Genome-Projekt an den Start. Dazu wurden Genome verschiedener Menschen rund um den Globus gesammelt und einzeln sequenziert, um die Unterschiede zwischen den Menschen besser verstehen zu können.

Doch was ist bei all der Forschung herausgekommen? Zusammengefasst wissen wir bis heute, dass die genetischen Unterschiede zwischen einzelnen Menschen bei maximal 0,17 Prozent liegen und dass uns die genetische Sequenz tatsächlich einen Hinweis darauf gibt, ob ein Individuum zum Beispiel ein erhöhtes Risiko für Brustkrebs, Herz-Kreislauf-Erkrankungen oder Demenz hat. Aber so richtig genau lässt sich unser Erbgut (noch) nicht in die Karten sehen. Am besten lässt es sich mit dem Orakel von Delphi vergleichen, das einen Blick in die Zukunft verrät, aber viel Spiel für Interpretation zulässt.

Doch zurück zu unserer anfänglichen Schlüsselfrage. Wie viele Gene enthält unser Erbgut nun eigentlich? Das wird noch nicht verraten, denn vorher wollen wir noch einen kleinen Abstecher nach New York ins Jahr 2000 machen. Dort sitzen zwei Männer in einer Bar: Francis Collins und der Bioinformatiker Ewan Birney. Sie haben einen langen Tag voller Vorträge und das große Bankett hinter sich und widmen sich jetzt den Dingen, die das eigentlich Wichtige an Konferenzen sind. Sie diskutieren bei dem einen oder anderen Gläschen über das Leben, die Gene und die Wissenschaft. Vielleicht klang das in etwa so:

Collins: (*mustert die leeren Gläser auf dem Tisch und sinniert vor sich hin*)

Birney: «Was meinst du? Wie viele sind es?»

Collins: (*immer noch fokussiert auf die Gläser*) «Vier ... denke ich.»

Birney: «Nee, das ist jetzt ein bisschen sehr konservativ geschätzt. Ein paar mehr müssen das schon sein.»

Collins: (*guckt angestrengt*) «Doch, es sind vier. Ganz sicher.»

Birney: «Ich wette, das sind eher so um die 50 000.»

Collins: (*irritiert*) «Was?»

Birney: «Na, Gene im menschlichen Erbgut.»

Collins: «Ah! Ich dachte, du meintest die leeren Gläser ... Hmm, ja, 50 000 könnte hinkommen.»

Birney: «So läuft das nicht, du musst schon auf eine andere Zahl tippen als ich. Pass auf, ich setze einen Dollar und sage ... 49 551.»

Collins: «Okay. Dann sage ich 48 011.»

Birney: «Ich glaube, wir müssen uns das aufschreiben.»

Collins: «Ist wohl besser.»

Birney holte ein altes, abgewetztes Notizbuch hervor, um die Wette darin festzuhalten. In dem Vortrag, den er am nächsten Tag hielt, gab er die Genom-Wette preis, die als «GeneSweep» bekannt wurde. Jeder, der mitmachen wollte, durfte sich in das Buch eintragen lassen. Wetteinsatz: ein US-Dollar heute, im darauffolgenden Jahr 2001 fünf US-Dollar und 2002 ganze 20 US-Dollar. Der Gewinner sollte nach dem geplanten Ende des Humangenomprojekts im Jahr 2003 verkündet werden.

GeneSweep war übrigens nicht die erste Wette dieser Art, Wetten unter Wissenschaftlern haben eine lange Tradition. Wer damit angefangen hat, ist nicht bekannt, aber schon der Astronom Johannes Kepler hatte 1600 mit seinem wissenschaftlichen Rivalen, dem Dänen Christian Longomontanus, gewettet, er könne die Umlaufbahn des Mars in acht Tagen berechnen! Es hat dann nahezu fünf Jahre gedauert, aber bereits Einstein hat ja schon Zeit als relativ befunden.

Was den Wetteinsatz betrifft – den nehmen Wissenschaftler ebenfalls nicht ganz ernst. Im Vordergrund steht die Wette selbst, weniger ein Gewinn – weshalb man in der Wissenschaft eher

Rechthaber als Reichgewordene findet. Aber hey, Wettschulden sind trotzdem Ehrenschulden! Als der Physiker Stephen Hawking sich nach 15 Jahren gegenüber seinem US-amerikanischen Kollegen Kip Thorne geschlagen gab – es ging darum, ob es sich bei dem Objekt «Cygnus X-1» um ein Schwarzes Loch handelt oder nicht –, bezahlte er prompt seine Wettschulden: ein Jahresabonnement des Herrenmagazins *Penthouse*. (Der Überlieferung zufolge war Frau Thorne darüber allerdings wenig begeistert.)

Wetten können in der Wissenschaft aber auch ernsthafter und organisierter ausfallen. Die X-Prize Foundation, eine US-amerikanische und gemeinnützige Organisation zur Förderung von wissenschaftlichen und technischen Entwicklungen, schrieb 2006 zehn Millionen US-Dollar Preisgeld für denjenigen aus, dem es gelingt, innerhalb von 30 Tagen das Genom von hundert Hundertjährigen zu sequenzieren, und das zu einem Preis von höchstens 1000 US-Dollar pro Genom. Aber bevor Sie losziehen, um bei den älteren Herrschaften in der Nachbarschaft zur DNA-Gewinnung Blut zu zapfen: Den Preis gibt es nicht mehr. Das Projekt wurde 2013 eingestellt. Allerdings nicht weil alle Hundertjährigen aus dem Fenster gestiegen und verschwunden waren, sondern weil es keine Herausforderung mehr war. Man hatte unterschätzt, wie schnell sich die Sequenziertechnik entwickeln würde. 2016 kostet die Sequenzierung eines menschlichen Genoms laut NIH rund 1000 US-Dollar

Aber zurück zu GeneSweep: David Stewart, eigentlich zuständig für die Organisation des jährlichen Cold Spring Harbor Meeting, wurde kurzerhand zum Buchmacher bestimmt. Er hütete das blaue Labornotizbuch, in dem die Wetten handschriftlich eingetragen wurden, wie seinen Augapfel. Die Wetten konnten nicht per Telefon oder Internet platziert werden, sondern mussten persönlich ins Buch eingetragen werden, da David Stewart befürchtete, man könnte gegen irgendwelche Glücksspielregeln verstoßen. Am Ende waren weit über 400 Wettteilnehmer registriert, und alles, was Rang und Namen hatte, inklusive James Watson (73 210 Gene), war dabei. Watson steuerte in einem Anflug von Großzügigkeit zum Preisgeld auch noch eine handsignierte Ausgabe seines Buchs *The Double Helix* bei.

HALT!

Bevor Sie weiterlesen – was tippen Sie? Eine Million? 100 000? 10 000? Nur als Orientierung und zur Erinnerung: Man kannte damals das Genom des Wurms *Caenorhabditis elegans* mit rund 19 000 Genen und das der Fruchtfliege *Drosophila melanogaster* mit um die 13 600 Genen.
Haben Sie sich eine Zahl überlegt? Dann weiter.

Wettsiegerin war eine Bioinformatikerin aus Seattle, Lee Rowen. Ihr Tipp im Jahr 2000 war fast schon eine Beleidigung: lächerliche 25 947 Gene. Niemand sonst hatte weniger getippt. Und selbst diese Zahl lag noch zu hoch. Heute geht man von ungefähr 20 000 Genen aus. Eine Veröffentlichung von 2016 vermutet sogar, dass unsere Gen-Kapazität eher bei 19 000 liegt – damit wären wir endgültig in einer Liga mit dem Würmchen *C. elegans* angelangt. Hätten Sie das gedacht? Irgendwie klingt das ein bisschen ernüchternd.

Außerdem sind unsere Gene weitgehend dieselben wie jene in anderen Säugetieren, und eine Menge gehört sogar zur Grundausstattung, die man als Vielzeller mitbekommt. Das, was uns von unseren tierischen Vettern unterscheidet, ist wirklich nur der Zuckerguss auf dem Kuchen.

Bleibt die Frage: Was ist es dann, das uns zur Ballkönigin beim Tanz der hohen Tiere macht? Darauf eine Antwort zu geben ist einfach und ziemlich schwierig zugleich: Einfach, weil wir die genetischen Unterschiede zwischen Mensch und Tier in den bekannten Genomsequenzen unmittelbar ausmachen können. Schwer ist jedoch herauszufinden, welche dieser Abweichungen tatsächlich etwas zu bedeuten haben.

Machen wir es uns deshalb so unkompliziert wie möglich und vergleichen unser Erbgut mit dem unseres nächsten lebenden Verwandten, des Schimpansen. Nimmt man sich die DNA-Sequenzen Baustein für Baustein vor, entdeckt man eine große Ähnlichkeit: Im Durchschnitt sind weniger als zwei Bausteine von hundert verschieden. Ganz genaue Zahlen anzugeben gestaltet sich aber problematischer, denn wer genau wird miteinander verglichen? Pogo mit James Watson oder unser Charly mit Dieter Bohlen? Denn bei Einzelmenschen gibt es durchaus Abweichungen, und bei Schimpansen ist es nicht anders. Ansonsten würden wir alle gleich aussehen, was extrem unübersichtlich wäre.

Heute gibt es noch rund 200 000 Schimpansen. Damit gelten sie als «stark gefährdet». Von uns ungefähr sieben Milliarden Menschen kann man das nicht behaupten, eher dass wir für andere Arten stark gefährdend sind. Allerdings könnte die mangelnde Vielfalt in unserer DNA ein Hinweis darauf sein, dass das nicht immer so war. Es wird vermutet, dass unsere Vorfahren vor etlichen zehntausend Jahren am Abgrund der Ausrottung standen. Der Grund ist nicht klar. Möglicherweise war der Ausbruch des Supervulkans Toba auf Sumatra (und die einhergehenden klimatischen Folgen) dafür verantwortlich, aber diese Annahme ist umstritten. Was es auch war, die menschliche Population schrumpfte wohl auf ein paar tausend Exemplare – und mit dem Großteil der Individuen, die damals starben, ging auch unsere genetische Vielfalt verloren.

Was heißt: Wenn im Erbgut von Otto Normalverbraucher im Vergleich zu Pogo Bananenmampfer im Durchschnitt 1,23 Prozent aller DNA-Bausteine gegen andere ausgetauscht sind und wenn man nun die Unterschiede herausrechnet, die es zwischen Menschen und Schimpansen gibt, bleiben immer noch 1,06 Prozent übrig. Scheint nicht viel zu sein, aber bei einem Genom aus 3,2 Milliarden DNA-Bausteinen sind das trotzdem mehr als 30 Millionen Unterschiede. Außerdem existieren noch fünf Millionen Stellen in unserem Erbgut, an denen im Vergleich zum haarigen Kollegen DNA-Stücke verloren gegangen oder dazugekommen sind. Es ist frustrierend: Aufs Ganze gesehen sind das Kleinigkeiten, aber wenn man unter Millionen verschiedener Unterschiede die wirklich wichtigen herausfinden will, ist das nahezu unmöglich. Aber auch nur nahezu, denn langsam fangen wir an, zumindest an ein paar kleinen Stellen zu verstehen, was genau passiert ist.

Aber gehen wir erst einmal einen Schritt zurück, und begleiten wir unsere eigene Evolution auf den letzten Metern bis ins Heute. Angefangen hat alles vor rund sechs Millionen Jahren in Afrika, vielleicht so:

Pogo zieht mit seiner Horde zotteliger Wesen entspannt durch den Urwald. Die Sonne ist gerade aufgegangen, es wird wärmer, und der Tau steigt dampfig auf. Ein guter Tag! Doch es wird langsam Zeit für ein Frühstück. Pogo, der Chef, überlegt, während er mit dem Zeigefinger die Nase grundreinigt, wo er seine ungeduldigen Leute heute hinführen soll. Richtung Hügel? Oder eher zum Fluss? «Flatsch!» Eine überreife Frucht trifft ihn am Hinterkopf, und der Saft rinnt den Rücken hinunter. Die Bande schreit vor Begeisterung. Gobo grinst ihn unverschämt an, als wolle er sagen: «Gut, es ist klebrig, aber es ist auch witzig.» Doch was gerade geschehen ist, ist nicht komisch, sondern eine Majestätsbeleidigung. Er ist hier immerhin der Boss, und so ein affiges

Verhalten wird Pogo nicht dulden. Und wie es dann in solchen Situationen so ist, ein böses Grunzen ergibt das andere, und ehe man es sich versieht, machen sich Gobo und ein paar Abtrünnige Richtung Fluss davon. Währenddessen zieht Pogo mit seinen Getreuen Richtung Hügel und versucht würdevoll auszusehen – dass sein Lieblingsweibchen Syli dabei versucht, Saft von seinem Hinterkopf zu lecken, ist allerdings nicht direkt hilfreich.

Was damals wirklich passiert ist, weiß keiner. Aber auf jeden Fall haben sich unsere Vorfahren von denen der heutigen Schimpansen getrennt, man hat angefangen, sich auseinanderzuentwickeln – genetisch und auch sonst. Eine Veränderung, die unsere Vorfahren wohl schon relativ kurz danach erwischt hat, war eine Mutation, durch die die zwei Basen im Gen MYH16 verloren gegangen sind – das Gen war danach völlig unbrauchbar, mit der Folge, dass sich weniger kräftige und ausgeprägte Kiefermuskeln entwickelt haben. Man vermutet aber, dass diese Veränderung Grundlage dafür war, dass unser Gehirn wachsen und größer werden konnte. Außerdem könnte dieser Ausfall unsere Kiefer-Feinmotorik verbessert haben, was wiederum für die Entwicklung der Sprache förderlich war. Anders formuliert: Wer weniger Muskeln hat, muss sich überlegen, wie er sich am besten herausreden kann – klingt bestechend logisch.

Der nächste große Schritt hatte wahrscheinlich damit zu tun, dass unsere Vorfahren aus dem Schatten des dichten Waldes heraustraten und die Savanne in Augenschein nahmen. Und da standen sie dann und blickten auf ein wogendes Meer aus Gras. Mit Sicherheit stellten sie fest, dass die Savanne sich dramatisch vom Wald unterscheidet: Deutlich weniger Bäume gab es hier.

Für die Evolution bedeutete das eine Menge Arbeit. Sie musste den Menschen von morgen hochbocken, statt Klettermax musste sie ihn auf Rasenbetreter umtunen.

1. Savannen-Regel: Wo keine Bäume sind, kann weiter geguckt werden. Also stellte man sich auf die Hinterbeine und entwickelte den aufrechten Gang. Wer steht, sieht die hungrige Säbelzahnkatze früher und kann mit dem panischen Wegrennen schon anfangen, während die anderen noch ahnungslos auf allen vieren durchs Gras krabbeln. Und diese paar Sekunden Vorsprung sind ein echter Selektionsvorteil.

2. Savannen-Regel: Ohne Bäume kein Sonnenschutz. Gerade wenn man einen guten Teil des Tages damit verbringt, aufgeschreckt durch die Gegend zu laufen, wird einem schnell heiß. Um einem Hitzschlag zu entgehen, muss man kühlen. Da gibt es verschiedene Strategien: Hunde und Katzen hecheln, wir schwitzen. Doch unter einem dichten Pelz gelingt das nur bedingt. Also runter damit! Und so haben wir uns nackig gemacht. Und dann irgendwann festgestellt, dass es ganz schön wäre, sich zumindest gelegentlich etwas überziehen zu können – zum Beispiel das Fell eines anderen Tiers. Man hat sogar versucht, mit genetischen Mitteln herauszufinden, wann wir angefangen haben, Kleidung zu tragen. Dazu hat man das Erbgut der Kopflaus mit dem der Kleiderlaus verglichen und untersucht, wann die zwei Arten sich getrennt haben: Man tippt auf einen Zeitraum von vor 50 000 Jahren. Es können aber auch 200 000 Jahre gewesen sein

Ein Verdächtiger für den Verlust der Körperbehaarung ist KRTHAP1, ein Gen, das Keratin herstellt, den Hauptbestandteil unserer Haare. Bei uns ist das Gen mittlerweile defekt, während es bei Schimpansen und Gorillas weiterhin aktiv ist. Dass wir trotzdem an einigen Stellen Haarwuchs haben, liegt daran, dass wir und unsere Verwandtschaft noch weitere Keratin-Gene besitzen. Auch die Haare auf unseren Köpfen hat eine Mutation erwischt, nur anstatt die Haare verschwinden zu lassen, hat diese Veränderung dafür gesorgt, dass das Haar nicht mehr aufhörte zu wachsen. Die entstandene Wolle auf dem Kopf war eine prima Isolierung: Sie schützte ihn bei Tag vor der Sonne, in kühlen Nächten hielt sie warm.

Dank des neuen Stylings ließ es sich in der Hitze der Savanne schon deutlich besser aushalten. Allerdings brachte das auch ein neues Problem mit sich: Unter dem verlorenen Pelz kam helle Haut zum Vorschein. Und das in Afrika! Das Einzige mit nennenswertem Lichtschutzfaktor in der Gegend war Schlamm. Kurz und gut, die Evolution musste noch einmal ran, sonst hätten die UV-Strahlen unsere nackten Vorfahren ziemlich schnell in knusprige Grillhähnchen verwandelt, und die DNA in ihren Hautzellen wäre übel geschädigt worden. Abhilfe bot eine wesentlich stärkere Pigmentierung der Haut, die das Licht weitgehend abblockte. Perfekt war das aber immer noch nicht. Denn durch die Pigmentierung ergab sich ein weiteres Problem: Durch die UV-B-Strahlung des Sonnenlichts wird in unserer Haut aus Cholesterin Vitamin D hergestellt, und das klappte auf einmal nicht mehr gut.

Wenn Sie am Meer sind und zu den Seehundbänken hinausfahren, wundern Sie sich nicht, wenn die Tiere eine Flosse gen Himmel strecken. Die haben nicht vor, Sie zu grüßen, sie sammeln Sonnenlicht, um Vitamin D zu erzeugen. Durch das Anheben ihrer Flosse machen sie einen größeren Teil ihrer Körperoberfläche für das Sonnenlicht zugänglich. Optimal wäre es, wenn die Tiere beim Sonnen auf der Schwanzflosse balancieren würden, aber das wäre auf Dauer wohl doch zu anstrengend.

Und bei diesem Problem haben unsere Vorfahren wahrscheinlich ganz schön traurig geguckt, denn Vitamin-D-Mangel steht im Zusammenhang mit Depressionen und einem ganzen Bündel anderer Gesundheitsprobleme. Die Evolution kehrte seufzend zurück in ihre Werkstatt. Die Lösung war diesmal eine veränderte Version des Gens für das Apolipoprotein E (ApoE), das Fettsäuren und eben auch fettlösliche Vitamine durch den Körper transportiert. Die neue Variante sorgte für die bessere Aufnahme von Vitamin D aus der Nahrung, führte aber auch in manchen Fällen zu einem höheren Cholesterinspiegel.

Jetzt musste nur noch Nahrung gefunden werden, die ausreichend Vitamin D enthielt. Man ließ also den Blick über die Savanne schweifen – was haben wir denn da so Leckeres im Angebot?

3. Savannen-Regel: Ohne Bäume – andere Speisekarte. Das Nahrungsangebot, das unseren Vorfahren im Grasland zur Verfügung stand, war völlig anders als das, was sie einst im Wald zwischen die Kiefer bekommen hatten. Hier gab es nicht mehr an jeder zweiten Ecke einen Baum, der Früchte trug. Eine Umstellung war dringend notwendig. Unsere Ahnen haben wahrscheinlich ihrem Status als Allesfresser alle Ehre gemacht und sich mit dem durchgeschlagen, was greifbar war, Wurzeln, Früchte und so weiter. Mit dem Vitamin D war das aber so eine Sache: Die beste Quelle war Fleisch oder Fisch. Dummerweise war das Fleisch wenig geneigt, sich einfach essen zu lassen, bei einem Zugriff sprang es in eleganten Sätzen davon. Unter diesen Umständen war an eine ausführliche Diskussion über die Vitamin-D-Problematik nicht zu denken.

Das änderte sich erst, als man sich Gerätschaften ausgedacht hatte, mit denen man erfolgreich jagen konnte. Vorher musste man sich mit dem begnügen, was man bekommen konnte: Aas und die Beute anderer Tiere, die sich von einer Horde hungriger nackter Affen vertreiben ließen. Kulinarisch war das kein Highlight, und es hat seinen Grund, warum Michelin-Sterne erst viel später vergeben wurden. Auch was die Hygiene betraf, war der

Genuss von Aas nicht gerade unbedenklich. Was unsere Vorfahren in diesem Fall weiterbrachte, war die Zähmung des Feuers.

Feuer bedeutete Wärme, Licht und Schutz vor Raubtieren. Und mit der Macht über das Feuer erfolgte auch der Satz, bei dem noch heute viele feuchte Augen bekommen: «Die Grillsaison ist eröffnet!» Unsere Urahnen lernten, das Fleisch zu braten und zu kochen. Nicht nur dass da geschmacklich einiges herauszuholen war, diese Fähigkeiten töteten auch potenziell gefährliche Bakterien ab und erleichterten die Verdauung. Die Nahrungsumstellung (und womöglich auch das Grillen) haben uns einen kleineren Verdauungsapparat beschert als anderen Primaten. Die Evolution kürzte hier und machte damit Ressourcen für andere Entwicklungen frei.

Neben dem verstärkten Verzehr von Fleisch gab es jedoch noch eine andere Änderung des Speisezettels: Unsere Vorfahren mampften mehr stärkereiche Lebensmittel wie Wurzeln, und auch das führte mit der Zeit zu genetischen Veränderungen. Um Stärke aufzuschließen, benutzt unser Körper Amylase. Gene für dieses Enzym haben wir genauso wie die Schimpansen (bei denen Stärke in der Nahrung aber eine geringere Rolle spielt). Allerdings haben Schimpansen zwei Kopien dieses Gens, während Menschen bis zu 15 Amylase-Gene haben können, wobei mit zunehmender Gen-Zahl auch die Menge an Amylase steigt.

Irgendwann, womöglich gerade zu dem Zeitpunkt, als die Evolution der Meinung war, sie hätte diese komischen nackten Affen endlich an ein Leben in der Savanne angepasst, kamen unsere Vorfahren auf die Idee, über den nächsten Hügel zu gucken. Dort konnte das Gras ja grüner sein. Und wenn nicht da, dann vielleicht hinter dem übernächsten Hügel.

Kurz, der *Homo sapiens* machte sich auf den Weg und breitete sich aus. Über den nächsten Hügel, den übernächsten, wieder rein in den Wald und schließlich durch ganz Afrika und weiter. Nach anfänglichen Startschwierigkeiten ging es vor ungefähr

60 000 Jahren auch in Europa und Asien im großen Stil los. Allerdings war er hier nicht der Erste. Etliche Jahrtausende zuvor hatten sich in diesen Regionen bereits andere Menschenarten angesiedelt. In Europa und Teilen Asiens war das der *Homo neanderthalensis*, der Neandertaler. Er hat seinen Namen vom Neandertal in der Nähe von Düsseldorf. Hier wurden 1856 beim Kalksteinabbau seltsame Knochenstücke gefunden, die man zuerst auf eine Abraumhalde warf. Schließlich kramte man sie doch wieder hervor und ließ sie untersuchen. Die verantwortlichen Wissenschaftler kamen zu dem Schluss: Das waren die Überreste eines Urmenschen!

Die Linien das *Homo sapiens* und des Neandertalers haben sich wahrscheinlich vor etwa 300 000 bis 400 000 Jahren getrennt. Und plötzlich stand man sich nach all der Zeit wieder gegenüber. Die einen etwas gedrungen, die anderen mit langen Beinen, aber allesamt verblüfft. Unangenehme Situation. Peinliche Stille.

Was sagt man in einer solchen Situation? Hallo? Wie auch immer dieser erste Kommunikationsversuch ausgesehen haben mag, mit großer Wahrscheinlichkeit konnten zumindest beide sprechen. Ob sie sich verstanden haben, ist eine andere Sache – denn genau wie der *Homo sapiens* besaß der Neandertaler eine mutierte Variante des Proteins FOXP2, die eng mit der Sprachfähigkeit verknüpft zu sein scheint. Schimpansen dagegen besitzen eine ältere Version, die sich in zwei Proteinbausteinen von unserer unterscheidet. Daher sind sie sprachlich nicht einmal in der Lage, einfache Schlagertexte mitzusingen.

Irgendwie haben sich Mensch und Neandertaler verständigt. Für den Anfang reichte sicher eine Handvoll Wörter:

H. neanderthalensis		**H. sapiens**
Uuuu!	=	Hallo zusammen!
Ahg	=	Ja
Horr	=	Nein
Knorg Knock	=	Hirschkeule
Wiih Grumpf	=	Sehr lecker
Wuhlu hul?	=	Wie alt ist das?
Upk Upk Gääh.	=	Nein danke, ich möchte wirklich nicht mehr.
Wähäha Gisch.	=	Du gefällst mir.
Umpf tok tok?	=	Ist das deine Höhle?
Nih Rong Rong.	=	Ich liebe dich.
Glup	=	Auf Wiedersehen

Mit dem «Näherkommen» muss es zumindest ein paarmal ganz gut geklappt haben, denn noch heute tragen alle Nichtafrikaner in ihrem Erbgut durchschnittlich zwei Prozent Neandertaler-DNA mit sich herum. Häufig sind es Gene, die etwas mit der Haut und den Haaren zu tun haben, denn was das anging, waren die Neandertaler wesentlich besser an den kalten, dunklen Norden angepasst als der *Homo sapiens*. Man geht davon aus, dass die Neandertaler helle Haut und rote Haare hatten. Und wie es scheint, waren sie nicht die Einzigen, von denen wir uns ein wenig Material für unser eigenes Erbgut geborgt haben: Drei bis fünf Prozent des Erbguts der Malaien und australischen Aborigines stammt wahrscheinlich von den Denisovan-Menschen aus Asien. Und 2011 hat man im Erbgut einiger afrikanischer Stämme Hinweise auf eine Vermischung mit einer weiteren, noch unbekannten Menschenart gefunden.

Es sieht so aus, als ob Gene jede sich bietende Gelegenheit nutzen, um sich auszubreiten. Und was das angeht, haben sie alles richtig gemacht: Die Neandertaler und die Denisovan-Menschen sind ausgestorben, aber ein paar ihrer Gene leben in uns weiter.

War das jetzt das Ende unserer Evolution und der Anpassung unserer Gene? Sicher nicht. Selbst wenn man es sich schwer vorstellen kann: Wir sind noch immer mittendrin. Eine der neusten Errungenschaften unseres Erbguts, die vielleicht gerade dabei ist, sich durchzusetzen, kam wahrscheinlich mit der Viehzucht dazu: eine kleine Mutation in der Kontrollregion des Lactase-Gens. Lactase ist das Enzym, mit dem Säuglinge den Michzucker (die Laktose) aus der Muttermilch verdauen können. Bis zum Auftreten der neuen Mutation vor rund 7500 bis 9000 Jahren wurde dieses Gen zuverlässig im Laufe der Kindheit abgestellt, da es irgendwann vorbei sein sollte mit dem Milchtrinken und das Gen nicht mehr gebraucht wurde. Der Mensch wurde lactoseintolerant und vertrug keine Milch mehr.

Durch die neue Mutation blieb das Gen allerdings weiterhin aktiv, und die Viehzüchter konnten ihr Leben lang tierische Milch trinken. Das schien ein massiver Überlebensvorteil gewesen zu sein! Denn die neue Gen-Variante verbreitete sich rasch in der menschlichen Population in Nordeuropa aus. Und nicht nur das: In Afrika traten andere Mutationen mit ganz ähnlichem Effekt auf (wahrscheinlich nur ein paar tausend Jahre später), die sich hier ebenfalls zusammen mit der Viehzucht verbreiteten. Ob sich die Lactase-Gen-Variante allerdings wirklich bei allen Menschen durchsetzt oder ob sie dank der laktosefreien Milch aus dem Supermarkt wieder verdrängt wird, können erst unsere fernen Nachfahren wissen. Aber das ist okay. Die Evolution - unsere Evolution - hat sich schon immer an den Lebensbedingungen ausgerichtet, und das wird sie auch weiterhin tun.

Mit der Familie ist das so eine Sache. Manchmal kann man gar nicht glauben, dass man tatsächlich miteinander verwandt ist (gerade wenn einer aus ihr in einem Affenkostüm steckt). So erging es auch Jenny und Victoria, als sie sich 1842 zum ersten Mal gegenüberstanden. Jenny war eine Orang-Utan-Dame im Londoner Zoo und Victoria die Königin von England. Die beiden musterten sich, es war damals schon klar, dass sie etwas Gemeinsames verband. Aber der Queen war das Gefühl nicht geheuer, sie notierte: «Der Orang-Utan ist zu wundersam: er ist schrecklich und schmerzhaft und unangenehm menschlich.» Was Jenny über die blasse Frau in dem komischen Kleid gedacht hat, hat sie leider nie verraten, aber womöglich war sie *not amused*, dass die Queen sie für einen Kerl gehalten hatte.

Was die Hardware unseres Körpers angeht – also unser Erbgut –, sind wir Menschen tatsächlich nichts Besonderes: Wir haben ein absolut mittelmäßig großes Genom, mit einem für Säuger ziemlich standardmäßigen Satz von Genen. Die Unterschiede zwischen uns und unseren tierischen Verwandten liegen im Detail. Ein mutiertes Protein hier und ein bisschen Feintuning bei der Genkontrolle dort, viel mehr ist es nicht. Trotzdem haben diese wenigen kleinen Änderungen uns zu geschwätzigen Affen mit Haarverlust und Weltherrschaftsambitionen gemacht. Und wir sind schlau. Ziemlich schlau sogar. Und wenn wir es jetzt noch hinkriegen, unsere Verwandtschaft und uns selbst *nicht* auszurotten, würden wir uns sogar hinreißen lassen zu sagen: sehr schlau.

8. KAPITEL

Wilde Gene auf Kaperfahrt im genetischen Outback

Unser Genom sieht auf den ersten Blick aus wie eine desolate Wüste, aber es gibt Spannendes zu entdecken: hüpfende Gene, Wissenschaftler, die Dornröschen wach küssen, und viel über das Leben von Fruchtfliegen – alles kommentiert vom *Genomischen Quartett*.

Liebe Hedwig!

Ein paar Dinge: 1. Letzte Woche habe ich zweimal neue Druckerpatronen und drei Packungen Papier à 500 Blatt gekauft, die über Nacht scheinbar spurlos verschwunden sind. Ich denke, ich weiß jetzt, wieso. 2. Wie hast du mein Computer-Passwort geknackt? 3. Wenn du schon nachts an meinen Computer gehst, dann fahr ihn danach wenigstens wieder herunter! Und bitte ändere den Bildschirmhintergrund wieder so, wie er vorher war – die rosa Winke-Katze macht mich irre. 4. Habe gerade mal wieder den leeren Drucker nachgefüllt, und augenblicklich hat er deinen Monster-Druckauftrag ausgespuckt. 151 Seiten!? Werde das jetzt mal lesen. Kommt ja immerhin aus meinem Drucker …

Hedwig und der Stein der Weisen
– von Hedwig S. –

Den Titel würde ich noch mal überdenken … klingt geklaut.

Mein Name ist Hedwig, und ich muss bei der Familie meines Neffen – er ist egoistisch und sehr ungehobelt – wohnen. Ein Bett in der Abstellnische unter der Treppe … davon träume ich schon lange, aber ich huse in einer winzigen, feuchten Kammer. Mein einziger Freund ist die Schneeeule Harry, die aber auch nur zu mir kommt, weil ich sie mit den toten Ratten füttere, die immmer wieder in den Ecken meines Lochs verenden …

Sach mal! Du wohnst in einem sehr schönen, sauberen Gästezimmer & könntest jederzeit zurück in deine Dreizimmerwohnung mit Sonnenterrasse!!

– Noch ein Fehler!

(Seite 24) „Sein oder Nichtsein?", frage ich mich, als ich den Staubsauger Findus 2000 aus dem Putzschrank meines Neffen ziehe – er ist egoistisch und sehr ungehobelt. Egal, beschließe ich. „Jetzt ist er meiner. Mit irgendwas muss ich ja zur Zauber-Volkshochschule fliegen."

– Das ist von Shakespeare!!!

– Wo ist eigentlich unser Staubsauger?

In der Gebrauchsanwiesung steht: „Dieser Staubsauger ist nicht für den Gebrauch im Außenbereich geeignet. Nutzen Sie ihn nur zum Aufsaugen von trockenem Sau|gut. Menschen (z. B. meinen Neffen ~~– er ist egoistisch und sehr ungehobelt –~~) und Tiere dürfen Sie nicht absaugen. Andere Nutzungen und Veränderungen sind nicht zulässig …"

– 32 Seiten Betriebsanleitung? Was soll das?

– Das soll Sauggut heißen, oder?

– Einschub raus! Das war vorhin schon nicht witzig.

(Seite 151) „Ich bin dein Vater!", schreit mein böser Zauberer-Neffe ~~– er ist egoistisch und sehr ungehobelt.~~ „Quatsch", erwidere ich und hau ihm einen Zauberspruch um die Ohren. Mit einem leisen „Puff" verwandelt er sich in eine 2 m hohe, rosa Winke-Katze. Es ist 15:30 Uhr – gerade Zeit für ein Stückchen Torte.

– Das ist aus Star Wars!!!

– Wie oft denn noch? Ich bin die Höflichkeit in Person!! Verdammte Axt!

-ENDE-

Das ist ja alles zusammengeklaut, über weite Strecken unendlich dröge, voll mit Fehlern und unleserlichem Käse, und ständig wiederholt sich irgendwas … und ich bin nicht egoistisch! Aus diesem Machwerk wird nie was.

Wenn wir uns in unserem Erbgut einzig auf die Gene konzentrieren, ist das ein bisschen kurzsichtig. Damit finden wir zwar einen wunderschönen silbernen Stern, übersehen aber den Mercedes SUV, der hinten dranhängt, denn die proteinkodierenden Teile machen gerade etwas mehr als ein Prozent unseres Erbguts aus. Doch auch der Rest dieser auf den ersten Blick riesigen und leeren Sequenzwüste ist nicht so leblos, wie es scheint.

Heben wir für einen Moment unseren Blick von den Details und versuchen das große Ganze zu sehen, stellen wir fest: Unser Genom und Hedwigs Text haben gewisse Gemeinsamkeiten, gewisse ... nun ja ... literarische Schwächen. Beide strotzen nur so vor Wortruinen und Wiederholungen! Und die Plagiate würden Karl-Theodor zu Guttenberg die Schamesröte ins Gesicht treiben. Aber damit stehen wir Menschen auch nicht allein da, das Erbgut der meisten Tiere und Pflanzen ist in einem ähnlichen Zustand. Aber der Reihe nach.

Auszug aus der Sendung

Das Genomische Quartett mit A., G., C. und T.

Über das Werk:

Mein wunderbares Erbgut

A.: Der repetitive Käse, den Mutter Natur hier abgeliefert hat, ist eine Frechheit! Ich wiederhole: eine Frechheit! Ich wiederhole: eine Frech...

Wie im Text von Hedwig gibt es auch im menschlichen Erbgut Stellen, die sich ständig wiederholen. Und diese Bereiche machen im Menschen mehr als die Hälfte der gesamten DNA aus. Ein Teil davon sind die schon erwähnten Telomere – die Endstücke der Chromosomen. Sie sind tausendfache Wiederholungen der Sequenz «TTAGGG». Die Telomere machen das, was Knoten am Ende eines Seils tun: Sie schützen die Enden davor, abgebaut zu werden. Außerdem signalisieren sie den DNA-Reparatur-Maschinen der Zelle: Hier ist alles in Ordnung! Bitte weitergehen.

Wäre das nicht so, würden die DNA-Enden angekaut und schließlich in einer Notfallreparatur miteinander verknüpft werden. So ein Verschmelzen der Chromosomen würde für ziemliches Chaos sorgen und in der Regel das Aus für die betroffene Zelle bedeuten.

Ein großer Teil der Sequenzwiederholungen im Erbgut entstand aber aus anderen, komplett egoistischen Gründen. Denn auch wenn wir das vielleicht von unseren Genen erwarten: Nicht alles im Erbgut arbeitet unermüdlich daran, dem Großen und Ganzen (also uns) ein gutes Leben und einen angenehmen Fernsehabend zu ermöglichen. Es gibt Gene, denen das völlig schnuppe ist und die sich im Erbgut benehmen wie Flöhe auf einem Hund: Sie sind Parasiten. Wie es dem Hund geht, ist ihnen egal, ihr ureigenstes Interesse besteht darin, sich selber zu vermehren. Und diese Gene haben noch etwas mit Flöhen gemeinsam: Sie können springen. Nicht im Sinne von Hochsprung oder Sackhüpfen, aber sie springen von einer Stelle der DNA an eine andere. Wenn es richtig gut läuft, springen sie sogar in andere Organismen, und nicht einmal Artgrenzen sind ein Hindernis. Man nennt sie «springende Gene» oder «Transposons».

Grob lassen sich zwei Arten von springenden Genen unterscheiden: Retrotransposons und DNA-Transposons. Die Retrotransposons lassen von der Zelle mRNA-Kopien von sich selbst herstellen, die benutzt werden, um Proteine zu erzeugen. Darunter ist eines – die reverse Transkriptase –, das eine unerhörte Fähigkeit hat: Es kann RNA in DNA umschreiben. Dieses Können ist deshalb so unerhört, weil es dem von Francis Crick höchstpersönlich formulierten Dogma der Molekularbiologie widerspricht, das besagt, dass DNA in RNA übersetzt werden kann, aber nie umgekehrt. Trotzdem gibt es dieses Protein, und es hat wahrscheinlich keine Ahnung, was ein Dogma überhaupt ist.

Retrotransposons benutzen ihre besondere Fähigkeit, um sich wieder in DNA zurückzuübersetzen und die DNA-Kopie an anderer Stelle ins Erbgut einzubauen.

DNA-Transposons wiederum sparen sich den Aufwand mit der RNA. Sie schneiden ihre DNA dank der von ihnen codierten Proteine direkt aus dem Genom aus und setzen sie an anderer Stelle wieder ein.

Zu hundert Prozent klappt die Vermehrung (oder der Weitertransport) allerdings nicht, und die meisten Transposonkopien, die wir in unserem Erbgut finden, sind defekt: Es fehlen Teile, oder die Sequenz ist mutiert und fehlerhaft, sodass sie nicht mehr aus eigener Kraft springen können. Dennoch bedeutet das keineswegs das Ende für diese Transposons. Einige, deren Proteinausstattung mangelhaft ist, fahren noch als Anhalter weiter, indem sie die Proteine verwandter Transposons mitverwenden (so wie gewisse Familienmitglieder sich gelegentlich den Computer «ausborgen» ...).

Die häufigsten Retrotransposons im Menschen sind die «Alu-Elemente», die mit über einer Million Kopien rund zehn Prozent unseres Genoms ausmachen, und «LINE-1», das mit rund einer halben Million Exemplaren etwa 18 Prozent unseres Erbguts stellt. Die Alu-Elemente sind deutlich kleiner, da sie keine eigene Reverse Transkriptase besitzen, sondern sich die von LINE-1 schnorren.

Wenn Transposons springen, kann das unangenehme Folgen für den Organismus haben und zu zerstörten Genen wie auch zu Chromosomenbrüchen führen. (Eine Einlagerung von LINE-1 in die Gene der Blutgerinnung ist zum Beispiel eine der möglichen Ursachen der Bluterkrankheit.) Deshalb wehren sich die Zellen mit einem Arsenal verschiedener Waffen gegen das Gehüpfe: Sie verpacken die Transposons so, dass sie nicht mehr abgelesen werden können, oder sie markieren die von diesen Genen abgelesene RNA gezielt für eine Zerstörung. Die Zeit und die Mutationen, die sich währenddessen in den Transposonsequenzen zufällig anhäufen, tun das ihrige dazu. Sie sorgen dafür, dass viele unserer hüpfenden Untermieter mittlerweile so verändert sind, dass sie nicht mehr funktionieren. Gerade mal 80 bis 100 LINE-1-Transposons sind noch aktiv, und von den über eine Million Alu-Elementen sind lediglich rund 6000 ausreichend intakt, um sich mit geschnorrten Proteinen weiterzubewegen - und selbst die, die erneut hibbelig werden könnten, werden normalerweise vom Körper ruhiggehalten. Nur in den Nervenzellen des Gehirns hat man vor einigen Jahren eine erhöhte Sprungaktivität nachweisen können. Warum das so ist und ob die Veränderungen in diesen Hirnzellen etwas mit der Entwicklung unserer Persönlichkeit zu tun haben können, ist bislang nicht geklärt.

Für die DNA-Transposons sieht es im Vergleich zu den Retrotransposons sogar noch schlimmer aus: In vielen Eukaryoten sind sie scheinbar allesamt ausgestorben, und das Einzige, was man dort noch von ihnen finden kann, sind defekte Kopien, die seit langer Zeit wie fossile Dinosaurierknochen im Erbgut herumliegen.

Eine Gruppe von DNA-Transposons, von der es zumindest in einigen Organismen noch überlebende Vertreter gibt, ist die Tc1/Mariner-Superfamilie. Und die kann auf eine lange, stolze Geschichte zurückblicken! Ihre Mitglieder haben es geschafft, sich weit auszubreiten, sie haben unter anderem Genome von Pilzen, Pflanzen, Insekten, Fischen und Säugern (auch Menschen) erobert. Doch heute ist ihre große Zeit lange vorbei, und man konnte neben unzähligen defekten, fossilen Kopien in all diesen Lebewesen gerade einmal zehn aktive Exemplare finden - und keins davon in einem Wirbeltier.

Wobei es schon spannend wäre zu wissen, wie diese Wirbeltier-Transposons ausgesehen und funktioniert haben. Um das trotzdem herauszufinden, haben einige Wissenschaftler TC1/Mariner-Fossilien aus acht Lachsarten gesammelt und verglichen. So konnten sie aus den verschiedenen Fossilien rekonstruieren, wie die intakte Gensequenz ausgesehen haben muss. Dann sind sie noch einen Schritt weitergegangen. Sie haben dieses kurze DNA-Stück künstlich erzeugt – und siehe da: Es hüpft!

Bei der Namensgebung bewiesen die Forscher eine romantische Ader, denn das Transposon, das sie aus dem wahrscheinlich Jahrtausende währenden Todesschlaf wach geküsst haben, tauften sie «*Sleeping Beauty*» («Dornröschen»). Seitdem springt Dornröschen im Labor durch die Gene und hilft, wissenschaftliche Fragen zu klären. Und wenn es nicht gestorben ist (das wäre dann ja schon das zweite Mal), hüpft es dort noch heute!

Wer es gerne etwas aktueller möchte, kann das Drama eines DNA-Transposon-Lebens auch live verfolgen: in Fruchtfliegen. Die Fliegen der Art *Drosophila melanogaster* sind wichtige Helfer in der biologischen Forschung, und sie haben Tradition. Die ersten dieser munteren Fruchtsauger wurden um 1900 eingefangen und im Labor weitergezüchtet. Nach rund 70 Jahren der Isolation beschloss die US-amerikanische Evolutionsforscherin Margaret Kidwell, einer *Drosophila melanogaster*-Population frisches Blut hinzuzufügen: Sie kreuzte gerade gefangene «wilde» Männchen mit den Damen aus ihrem Labor. Auf das Ergebnis war sie nicht gefasst: Der Nachwuchs war unfruchtbar und zeigte die verschiedensten Mutationen. Was war da passiert?

Mittlerweile vermutet man ein Drama, aus dem man einen Blockbuster machen könnte: *Drosophila melanogaster* war jahrtausendelang glücklich und zufrieden im westafrikanischen Dschungel herumgesurrt, als plötzlich Europäer mit ihren Schiffen auftauchten und begannen, vor Ort einen lukrativen Sklavenhandel aufzuziehen. Aber nicht nur Menschen wurden damals verschifft, auch die eine oder andere Ladung Obst einschließlich ein paar hungriger *Drosophila melanogaster*-Exemplare unternahm den langen Weg in die Karibik. Von dort aus verbreiteten sich die eingewanderten Fliegen über den gesamten Kontinent (heute sind diese Fruchtfliegen in der ganzen Welt zu finden). Aber sie waren nicht die Ersten, die dort landeten, in Mittel- und Südamerika trafen sie auf einheimische Verwandte, die zur Art *Drosophila willistoni* gehörten. Die beiden Arten dachten nicht daran, sich zu kreuzen, aber sie teilten sich fortan den Lebensraum. Einer, der das wirklich super fand, war das «P-Element», ein DNA-Transposon, das im Erbgut von *D. willistoni* schon seit einiger Zeit ein ziemlich langweiliges Dasein fristete. Wäre doch schön, dachte es sich wohl, mal auf einen Sprung bei den neuen Fliegen vorbeizuschauen ... Aber wie?

Man ist sich nicht völlig sicher, wie dieser Sprung vonstattenging, aber es wird angenommen, dass eine räuberische Milbe, die sich von beiden Fliegenarten ernährt, mit ihren Kauwerkzeugen das egoistische Gen auf *D. melanogaster* übertragen hat. Das P-Element ist also von einer Tierart zu einer anderen gewandert: Es war ein «horizontaler Gentransfer» (vertikal wäre er, wenn er von den Eltern auf die Kinder und so weiter verlaufen wäre). Der Organismus von *D. melanogaster* war auf diesen Eindringling nicht vorbereitet und konnte dem Transposon nicht viel entgegensetzen. Es sprang daher ungehindert herum, vermehrte sich und sorgte für genetisches Chaos, inklusive fieser Mutationen.

Das hätte schnell das Ende der befallenen Fliegen und auch das des P-Elements bedeuten können, wenn man diese Situation nicht zumindest einigermaßen in den Griff bekommen hätte. Zum Teil zog daher das Transposon höchstpersönlich die Handbremse an, denn es erzeugte nur in den Keimzellen, also den Zellen, aus denen später die Nachkommen gebildet werden, Proteine fürs Springen. Überall sonst hemmte es sich selbst. Das sorgte für Beweglichkeit, verhinderte aber auch, dass die Fliegen durch ständige Mutationen im gesamten Körper wie verstrahlt von der Ananas fallen. Ein Stück weit wurde dem P-Element aber auch der eigene Erfolg zum Verhängnis: Denn unter den immer neuen Kopien, die anfangs entstanden, waren auch defekte Versionen mit mangelhaften Sprung-Proteinen, die ihre gesunden Vettern behinderten. Und zu guter Letzt hatte die Fliege selbst eine Falle aufgestellt. Denn in ihrem Erbgut gibt es eine Region, die für Transposons ein besonders verlockendes Ziel zu sein scheint. Hat sich eines dort niedergelassen, wird seine Sequenz abgelesen. Aber anstatt die entstehende RNA zur Proteinherstellung zu nutzen, macht die Zelle genau das Gegenteil: Sie schnippelt die RNA in kurze Stücke und baut diese in piwi-Proteine ein, die in den Keimzellen patrouillieren. Dort dienen die Schnipsel als Steckbrief für die Suche nach weiteren Transposon-mRNAs. Wird eine solche gefunden, wird sie umgehend zerstört.

«Piwi» steht übrigens für *P-element-induced wimpy testis*, was so viel bedeutet wie: «P-Element verursachte kümmerliche Klöten». Das sagt uns drei Dinge: 1. dass piwi-Proteine bei Forschungen zum P-Element entdeckt wurden, 2. dass eine ungehinderte Aktivität des P-Elements in Drosophila-Männchen zu Schrumpelhoden führt und 3. dass man Drosophila-Forscher einfach gernhaben muss, weil sie ihren Entdeckungen immer so knuffige Namen geben.

Alles in allem führte das dazu, dass das P-Element in entsprechend angepassten Fliegen nicht mehr wie ein aufgeregter Welpe durch die Gegend sprang. Für diese Fliegen bereitete es keine Probleme mehr. Doch immer dann, wenn sich befallene Männchen mit Weibchen paarten, die noch nie ein P-Element gesehen hatten, traten erneut Probleme bei den Nachkommen auf.

Nach dem großen Sprung über die Artgrenze brauchte das P-Element geschätzte 30 bis 40 Jahre, um sich über die gesamte *D. melanogaster*-Population zu verbreiten. Die einzigen Fliegen, die heute nicht davon betroffen sind, sind jene, die in Laboren hinter Glas sitzen. Und was passiert, wenn die mit dem P-Element in Kontakt kommen, hatte Margaret Kidwell aus erster Hand erfahren.

Aber das P-Element ist noch nicht am Ende. Es scheint um die Jahrtausendwende herum den Sprung von *D. melanogaster* in eine weitere Drosophila-Art – *D. simulans* – geschafft zu haben. Und von dort setzt es nun seine Siegestour fort. Aktuell breitet es sich in den Fliegen im südlichen Afrika und in Florida aus. Der Rest der Welt wird folgen ... Und auch das nächste Angriffsziel des P-Elements steht schon fest: *D. mauritiana* und *D. sechellia*. Das Kapern sollte sogar ziemlich schnell gehen, da sich beide Arten mit *D. simulans* kreuzen lassen.

Transposonen begleiten uns und alles andere Leben auf diesem Planeten seit ewigen Zeiten. Man vermutet, dass sie vielleicht sogar schon vor Beginn des Lebens mit von der Partie waren, als die allerersten Zellen in der RNA-Welt vom Stapel gelassen wurden. Gerade die Reverse Transkriptase der Retrotransposons sieht verdächtig nach dem Werkzeug aus, das das Ende der RNA-Welt eingeläutet hat, weil es Erbinformation von RNA auf DNA überträgt.

Und auch danach war die Beziehung der Lebewesen zu den Transposons wahrscheinlich nicht nur einseitig. Klar, die Transposons müllen uns aus egoistischen Gründen das Erbgut zu, aber hey, das heißt nicht, dass dieser genetische Messi-Haushalt nicht zugleich Chancen bietet. Stellen wir uns vor: Das Wohnzimmer steht voll mit heilen, defekten und unvollständigen Transposon-Genen. Das sieht verdammt unordentlich aus, aber wenn die Evolution ein neues Gen basteln möchte, ist das ein praktisches Rohstofflager. Diese Gene und Gen-Bausteine durch zufällige Mutationen in ein nützliches neues Gen umzubauen ist um einiges leichter, als aus dem Nichts eine neue, funktionierende DNA-Sequenz zu zaubern. Und Evolution nur mit den Genen zu betreiben, die wir wirklich zum Leben brauchen, ist auch schwierig. Denn die sind aktuell in Benutzung, und sie so zu verändern, dass sie etwas anderes tun, kann dem Organismus schnell schaden. (Aus dem Vorderreifen seines Fahrrads kann man sicher einen schicken Kerzenleuchter bauen. Das ist toll. Aber man kann dann eben auch nicht mehr Rad fahren.)

Außerdem ist es eine Frage der Masse: Zumindest für Eukaryoten gilt in der Regel, dass es einfach viel mehr Transposons als andere Gene gibt: im Menschen existieren grob geschätzt 20 000 Gene und irgendetwas jenseits von 1,5 Millionen Transposons / Transposon-Reste, mit denen man arbeiten kann. Und da die Evolution sozusagen Produktentwicklung durch Hammerschläge mit verbundenen Augen betreibt, ist es hilfreich, statt einer Handvoll Nägel einen ganzen Sack zu haben – da trifft man die Sache schneller auf den Kopf.

Tatsächlich haben wir einige Transposon-Proteine zu unseren eigenen gemacht (etwa vier Prozent unserer Gene waren in ihrer Jugend wohl mal solche Hüpfer). Eine Version der Reverse Transkriptase kümmert sich zum Beispiel als Telomerase um die Instandhaltung unserer Chromosomen, und unser Immunsystem benutzt das System der DNA-Transposons, um aus verstreuten DNA-Stücken immer wieder neue Antikörpergene zu puzzeln. Außerdem kommt dazu, das Transposons auch Einfluss auf Gene in ihrer Umgebung nehmen, sie können deren Sequenz verändern, wenn sie in sie hineinspringen, und sie sogar regulieren. Wahrscheinlich haben wir rund ein Viertel der Kontrollregionen unserer Gene ursprünglich von Transposons übernommen.

Wenn es um die Evolution geht, sind Transposons also gar nicht mal so übel, denn sie bieten Möglichkeiten, relativ schnell etwas am Genom zu verändern und Arten so weiterzuentwickeln. Gerade bei einer möglichst raschen Anpassung an einen veränderten oder neuen Lebensraum können sie der Weg zum Erfolg sein.

Tatsächlich sieht es so aus, als ob starke Veränderungen im Lebensstil von Arten oft mit einer Zunahme von Transposons im Erbgut zusammenfallen. Zum Beispiel haben die ersten Arten, die nach Jahrmillionen im Wasser beschlossen haben, dass sie auch mal an die frische Luft wollen (wie Salamander und Lungenfische), oft sehr große Genome mit vielen Transposons entwickelt. Wichtig dabei waren nicht nur die Transposons an sich, sondern auch die Veränderungen, die sie durch ihr Gehüpfe im Erbgut auslösten: Chromosomen zerbrachen und wurden neu zusammengefügt, Teile des Erbguts gingen verloren oder wurden verdoppelt. Da steppte der Bär! Waren die ersten großen Änderungen gemacht, ging es an den Feinschliff: Die Genome der weiterentwickelten Arten wurden oft wieder kleiner und warfen einen Teil des Erbguts (und der Transposons) einfach hinaus.

Auch in unserer eigenen Geschichte gab es «vor kurzem» (zumindest wenn man es mit den Augen eines Evolutionsbiologen sieht) wohl ein solches Ereignis: Nachdem unsere Vorfahren links und die der Schimpansen rechts abgebogen waren, hatten unsere Ahnen einige neue Herausforderungen zu meistern. Vergleicht man nämlich unser heutiges Erbgut und das unserer nächsten Verwandten, der Schimpansen, fällt auf, dass wir uns in den vergangenen sechs Millionen Jahren rund 10 000 neue Transposon-Kopien angeeignet haben, die sich in den Affen nicht finden. Ganz nebenbei sind in unserem Erbgut in dieser Zeit auch zwei Chromosomen zu einem zusammengefasst worden. Im Gegensatz zu Schimpansen und anderen Primaten besitzen wir deshalb nur 23 Chromosomenpaare.

Auszug aus der Sendung
Das Genomische Quartett mit A., G., C. und T.
Über das Werk:
Mein wunderbares Erbgut

G.: Einschübe in Sätzen – und das formuliere ich ganz bewusst so – sind für Freunde des Schachtelsatzes – wenn man es nicht übertreibt – der Lesbarkeit eines Textes – wobei hier von Lesbarkeit zu reden schon baumhoch übers Ziel hinweggegriffen ist – nicht zwangsläufig abträglich. Trotzdem gilt für kernlose Einzeller weiterhin: Lieber die Finger davon lassen.

Hedwig ist offensichtlich ein Freund von Einschüben (besonders wenn es gegen den Neffen geht), und auch unsere Gene sind so gestrickt, dass man mit frisch abgelesener RNA nicht so ohne weiteres Proteine herstellen kann: Bevor man damit etwas Sinnvolles anstellen kann, muss erst einmal das genetische Lektorat drübergehen und jede Menge unnötige Passagen herausstreichen.

Der Grund, warum das heute in unserem Erbgut so ist und warum sich Bakterien und Archaeen weitgehend von Nebensätzen und anderen genetischen Komplikationen fernhalten, liegt in der Entwicklungsgeschichte der Eukaryoten. Angefangen hat alles damit – so die Vermutung –, als sich eine vorwitzige Archaee ein Bakterium einverleibte. Allerdings endete das nicht mit einem genüsslichen Verdauen, sondern in einer erfolgreichen Partnerschaft: Das Bakterium wurde im Laufe der Zeit zum Mitochondrion und versorgte die Zelle mit Unmengen an Energie in Form von ATP, während die derart aufgeputschte Archaee sich «um den Rest» kümmerte. Eine Folge des Deals war es auch, dass die Mitochondrien nach und nach Gene verloren. Einige davon siedelten sich im Archaeen-Erbgut an und brachten auf diese Weise ganz neue evolutionäre Möglichkeiten mit sich, die der Startschuss für die Entstehung eukaryotischer Lebewesen waren.

Doch auch diese Erfolgsgeschichte hatte ihre Schattenseite: Denn man vermutet, dass mit dem Genom der Mitochondrien heimlich ein blinder Passagier an Bord gekommen war, der sich im Archaeen-Genom festsetzte. Dieser Geselle war ein Verwandter der Retrotransposons und gehörte zu einer Gruppe von egoistischen Genen mit dem wenig spektakulären Namen «bakterielle Gruppe-II-Introns». (Diese Gene sind definitiv nicht von einem Fruchtfliegenforscher benannt worden, sonst hießen sie wahrscheinlich «Verhackstücker» oder «Jolly Jumper».) Im Vergleich zu den Retrotransposons haben diese Gruppe-II-Introns aber ein gewaltiges Problem: Sie können die Zelle nicht dazu bringen, ihre Sequenz gezielt in RNA umzuschreiben. Und ohne so eine RNA gibt es keine Transposon-Proteine und keine neuen Kopien. Um dennoch zu überleben, nutzen sie daher einen Trick: Sie springen mitten hinein in die Gene des Wirts, und wenn der die Gene benutzt, entsteht eine mRNA, die auch die Transposon-Sequenzen enthält. Also alles easy? Nein, ganz im Genteil! Denn die Zelle braucht die mRNA ja, um ein womöglich lebenswichtiges Protein herzustellen, und jetzt ist der Bauplan durch die Extrasequenz des Ego-Gens gestört. Es sieht also erst einmal schlecht aus für die Zelle und auch für das egoistische Gen, denn wenn es seinen Wirt tötet, ist es auch selbst am Ende. Aber gerade als die ganze Situation mit Vollgas auf einen Abgrund zurast, zaubert die egoistische RNA plötzlich einen tollkühnen Trick aus dem Hut: Sie schneidet sich selbst aus der Gesamt-RNA aus und fügt die anderen Stücke wieder vorsichtig zu einer funktionierenden Anleitung zusammen. Dieser fliegende Umbau nennt sich «Spleißen» (ein Begriff, der ursprünglich eine Methode beschreibt, mit der zwei Stücke eines Schiffstaus wieder miteinander verbunden werden). Das herausgetrennte Stück egoistische RNA verhält sich jetzt ähnlich wie ein Retrotransposon, übersetzt sich in DNA und baut sich erneut irgendwo ins Erbgut ein. Das klappte ganz prima in diesen ersten Zellen, die noch dabei waren, die gefangenen Bakterien zu Mitochondrien zu machen, und aus einer Kopie wurden mit der Zeit Hunderte, und aus den Hunderten wurden Tausende: Es muss eine Explosion gewesen sein. Und diese Explosion blieb nicht ohne Folgen, denn die Zelle konnte nicht unterscheiden, welche mRNAs schon fertig gespleißt und damit lesbar waren und welche nicht. Was für ein Chaos!

Überall wurden aus noch nicht fertig gespleißten mRNAs falsche und defekte Proteine gebildet. Ein unsäglicher Zustand, der wohl einen gehörigen evolutionären Druck aufgebaut hat. Man vermutet, dass die Zellen dieses Problem lösten, indem sie ihr Erbgut in eine Membran hüllten. Im Innern der Membran wurden an der DNA jetzt mRNA gebildet und alle Introns entfernt. Erst danach wurden die bearbeiteten mRNAs nach draußen gebracht – die mRNA-Teile, die tatsächlich exportiert werden, bezeichnet man als «Exons» –, wo sie den Ribosomen als Baupläne für Proteine dienten. Die Zellen hatten jetzt also einen Zellkern und wurden zu den ersten Eukaryoten. In den heutigen Eukaryoten haben die Gruppe-II-Introns die Fähigkeit verloren, von allein zu springen und sich aktiv zu vermehren. Aber ihre Überbleibsel existieren noch und sitzen überall in unseren Genen. Um trotzdem funktionierende mRNAs zu bekommen, müssen die Zellen also selbst Hand anlegen: Dafür haben sie eine ausgefeilte RNA-Protein-Maschine entwickelt, das Spleißosom, das sich um die Entfernung der störenden RNA-Sequenzen kümmert. Und das ist dringend notwendig, denn menschliche Zellen enthalten im Durchschnitt mehr als acht Introns pro Gen. Es geht aber weit schlimmer: Das Dystrophin-Gen enthält 78 Introns, die die eigentliche Länge des Proteinbauplans von 14 000 Basen auf eine phantastische Länge von 2,2 Millionen Basen aufblähen. Man schätzt, dass die Zelle 16 Stunden braucht, um einen solchen RNA-Strang herzustellen.

Und die Gruppe-II-Introns? Sie existieren weiter in Bakterien, auch wenn sie dort sehr selten sind. (Wen wundert's bei den Nebenwirkungen; und Bakterien haben eben auch keinen Zellkern.) In Eukaryoten gibt es ebenfalls noch andere, sehr seltene Intron-Arten, die sich weiterhin selbst aus mRNAs schneiden können, aber die spielen keine große Rolle.

Diese ganze Geschichte klingt nach einer Katastrophe, die gerade so abgebogen wurde. Aber die Tatsache, dass unsere Gene heute voller bis zur Unkenntlichkeit verwitterter Introns sind, hat uns wiederum gleichzeitig neue Möglichkeiten eröffnet. Dadurch, dass die Introns die proteinkodierenden Teile der Gene in Exons zerlegt haben, lassen sich aus diesen Bausteinen ziemlich leicht neue Proteine zusammenstecken.

So kann die Zelle, anstatt Exon 1, 2, 3 und 4 brav hintereinanderzuhängen, auch mal schauen, ob nicht was Nützliches dabei herauskommt, wenn man nur die Exons 1, 2 und 4 verwendet oder man statt Exon 2 einfach mal Exon 2a nimmt - oder wenn man versucht, das Exon 7 vom Nachbar-Gen zu kapern ... Die Möglichkeiten sind schier unbegrenzt. Exons und alternatives Spleißen sind für die Evolution ein einziger riesiger Baustein-kasten!

Auszug aus der Sendung

Das Genomische Quartett mit A., G., C. und T.

Über das Werk

Mein wunderbares Erbgut

C.: Die aktuelle Ausgabe von *Mein wunderbares Erbgut* strotzt vor Fehlern, und man stolpert ständig über irgendwelche Satzfragmente und Wortruinen. Das ist wahrlich nicht schön. Aber machen wir uns nichts vor: Mutter Natur wird ihrem Versprechen, «Alles bei Gelegenheit nochmals gründlich zu korrigieren und Unnötiges herauszuwerfen», wohl trotzdem so schnell nicht nachkommen - sie sagt das schon seit fast vier Milliarden Jahren!

Kennen Sie Essigsäureamylester, 4-Methoxy-2-methyl-2-butanthiol und 2-Phenylethanol? Nie gehört? Nie gesehen? Kann gut sein. Trotzdem kennen Sie diese Substanzen, denn Sie haben sie schon gerochen. Nur werden Sie nicht gerade gedacht haben: Hmm, lecker Essigsäureamylester und 4-Methoxy-2-methyl-2-butanthiol, sondern: Hmm, lecker Banane und Cassis. Man zieht auch nicht los, um seiner Angebeteten ein Parfüm zu besorgen, das nach 2-Phenylethanol duftet, sondern eins, das nach Rosen riecht (außer sie ist Chemikerin und Sie wollen auf der nach oben offenen Nerd-Skala richtig punkten).

Aber wie erkennt Ihre Nase dieses unaussprechliche Zeug? Hinter Ihren Nasenlöchern verbirgt sich ein perfekt ausgestattetes chemisches Analyse-Labor. Werden die Moleküle, die eine Rose in die Luft abgibt, von der Nase aufgesaugt, beginnt eine wilde Fahrt über die Schleimhäute, die mit verschiedenen Geruchssensoren gespickt sind. Diese Geruchsrezeptoren «grabbeln» dabei die Moleküle an. Jeder der Rezeptoren ist auf der Suche nach einer bestimmten chemischen Struktur, und wenn er ein Molekül zu fassen bekommt, das diese Struktur besitzt, sendet er ein «Hab dich!» ans Gehirn. Das Hirn sammelt die Signale, fügt sie zusammen und identifiziert schließlich zielsicher Rosenduft.

In Ihrer Nase gibt es circa 400 verschiedene dieser Geruchsrezeptoren, die unser Gehirn in die Lage versetzen, mehr als eine Billion verschiedener Gerüche wahrzunehmen. Ein cleveres System, aber auch ein bisschen aufwendig, denn jeder Rezeptor braucht sein eigenes Gen. Doch woher stammen diese 400 Gene?

Sieht man sie sich genau an, bemerkt man verdächtige Ähnlichkeiten. Ganz so, als ob jemand von einem Gen schlechte Kopien gemacht hätte. Und genau das ist passiert. Im Laufe der Evolution passiert es immer wieder, dass Stücke des Erbguts verdoppelt werden. Zum Beispiel, wenn bei der Zellteilung etwas schiefgeht oder es Problem bei der DNA-Reparatur gibt.

Auch die Retrotransposons, die durch unser Erbgut hüpfen, haben sich manchmal nicht unter Kontrolle und schnappen sich hin und wieder eine mRNA für ein Zellprotein und erzeugen daraus eine DNA-Kopie, die sie dann irgendwo im Erbgut ablegen. Solche Kopien erkennt man daran, dass sie im Gegensatz zum Original keine Intron-Sequenzen mehr enthalten und meistens auch fernab der Kontrollregionen landen, die zu ihrem Gen gehören.

Wenn eine derartige Verdoppelung passiert, steht der Organismus plötzlich mit Extrakopien von Genen da. Das kann von Vorteil sein, aber oft ist das auch einfach nur nett. Dann lehnt sich die Evolution entspannt zurück, holt das Popcorn heraus und beobachtet, was als Nächstes passiert. Mit der Zeit treten Mutationen im Erbgut auf. Früher oder später erwischen sie auch eine der beiden Genkopien. Und waren diese am Anfang völlig identisch, fangen sie dadurch an, sich auseinanderzuentwickeln. Wird eine Kopie dabei so verändert, dass sie etwas Neues und Nützliches lernt (zum Beispiel einen anderen Geruchsbestandteil zu erkennen), stehen die Chancen gut, dass beide «Kopien» in Zukunft erhalten bleiben.

Wird allerdings eine Kopie durch eine Mutation zerstört, bleibt nur eine Gen-Ruine übrig, ein Pseudogen. Das liegt dann so lange in unserem Erbgut herum, bis Mutter Natur doch mal feucht durchwischt und seine DNA löscht (was anscheinend nicht allzu häufig passiert). Diese Fossilien des genetischen Überlebenskampfes findet man in unserem Erbgut an allen Ecken und Enden. Insgesamt befinden sich in unserem Erbgut um die 20 000 Pseudogene – in etwa so viele wie funktionierende Gene (was für ein Durcheinander!). So kann man neben den aktiven Kopien der Geruchsrezeptor-Gene noch mal mindestens genauso viele Pseudogene entdecken.

Im Übrigen sind wir Menschen, was funktionierende Geruchsrezeptoren betrifft, eher mager bestückt und spielen mit unseren 400 Genen eher in der Kreisliga. Ratten, Mäuse und Opossums haben Champions-League-Niveau: Sie weisen fast dreimal so viele aktive Riech-Gene auf wie wir und besitzen im Vergleich einen geringeren Anteil defekter Gene.

Der Grund: Wir Menschen sind nicht mehr so sehr auf unseren Geruchssinn angewiesen wie andere Tiere. Wir verlassen uns deutlich mehr aufs Sehen und Hören. Für viele Gerüche, die eine Maus wahrnimmt, sind wir sozusagen blind. Mäuse können zum Beispiel Kohlendioxid riechen. Eine durchaus nützliche Eigenschaft, wenn man sich dicht am Boden oder in Höhlen herumdrückt, denn das «farb- und geruchlose Gas» (so nach Meinung der Menschen) sammelt sich an derartigen Orten und führt in zu hohen Konzentrationen schnell zum Erstickungstod.

Aber nicht nur Menschen und Mäuse unterscheiden sich in ihrer Wahrnehmung. Auch Sie und Ihr Nachbar leben, was das angeht, in unterschiedlichen Welten. Und was dem einen stinkt, das kann der andere vielleicht ganz gut riechen, denn bei der Ausstattung funktionierender Geruchsrezeptor-Gene gibt es durchaus Unterschiede. Jeder Zehnte nimmt zum Beispiel den leicht mandelartigen Geruch der giftigen Blausäure nicht wahr, und jeder Tausendste ist immun gegen den infernalischen Gestank von Butanthiol, das sich im Stinktiersekret findet.

Irgendwie fragt man sich schon, warum wir so viele defekte Gene mit uns herumtragen. Und nicht von ungefähr wird diese Tatsache unter Wissenschaftlern heiß diskutiert: Sind wirklich alle Pseudogene tot? Oder haben sie vielleicht andere Aufgaben übernommen, die wir noch nicht kennen? Ein paar Funktionen, die Pseudogene haben können, wurden mittlerweile gefunden, so dienen einige zum Beispiel der Gen-Regulation: Auch wenn sie keine funktionierenden Proteine mehr codieren, können bis zu 20 Prozent von ihnen mRNAs herstellen. Nicht ohne Sinn. Inzwischen weiß man, dass unsere Zellen gezielt kurze RNA-Stücke erzeugen, die mit proteinkodierenden mRNAs in Verbindung treten und dadurch steuern, wie effektiv die Proteine hergestellt werden können. Gibt es jetzt neben der eigentlichen mRNA noch eine passende Pseudogen-Variante, die einen Teil dieser Regulatoren ablenkt, kann man die Proteinherstellung etwas genauer steuern. Und das wiederum kann Vorteile bringen!

Die Pseudogene sind also wohl nicht alle tot – ein Teil scheint sich erhoben zu haben, um als Geister in das Leben ihrer Verwandten einzugreifen. Oder anders gesagt: In Ihrem Erbgut spukt's.

Auszug aus der Sendung
Das Genomische Quartett mit A., G., C. und T.
Über das Werk:
Mein wunderbares Erbgut

T.: Zum Schluss ein brisantes Thema: Plagiate! Mein Gott, was wurde da Zeug zusammengeklaut! Als hätte jemand versucht, einen mittelmäßigen Text mit Bild-Überschriften, Blog-Einträgen, einer Prise Shakespeare und der Nährwerttabelle eines Himbeerjoghurts aufzupeppen. Wo kommt denn das alles her? Wie ich das finde? Großartig! Denn es funktioniert ... irgendwie.

Wir Menschen sind im Prinzip ein wenig kleinlich, wenn es darum geht, wem was gehört und wer jetzt genau der Erfinder von dieser oder jener Sache ist. Bakterien und Archaeen sehen das deutlich lockerer und tauschen munter Genmaterial untereinander aus.

Ein entscheidender Weg zum Gen-Austausch zwischen Bakterien – es ist jedoch nicht der einzige – führt über das F-Plasmid oder Fruchtbarkeitsplasmid, das manche Bakterien besitzen. Plasmide sind im Erbgut von Bakterien ziemlich kleine DNA-Ringe mit einer Handvoll Genen. Beim F-Plasmid sind das Gene, die Bakterien einander aktiv näher bringen. Wenn ein

Bakterium ein solches Plasmid in sich trägt, wird es zum Genspender: Ein Protein, dessen Gen auf dem Plasmid liegt, bildet dabei einen länglichen Auswuchs auf der Oberfläche des Bakteriums, einen F-Pilus, auch Sex-Pilus genannt. Ja, das heißt wirklich so. Der Sex-Pilus ist auf der Suche nach anderen Bakterien, die kein F-Plasmid tragen, wobei es ihm nicht so wichtig ist, ob das Bakterien desselben Typs sind oder irgendwelche anderen – wie gesagt, die Bakterien kennen keine Scham. Hat der Sex-Pilus Kontakt aufgenommen, wird er wieder abgebaut und langsam immer kürzer. Dabei zieht er seine Eroberung dichter an sein Bakterium heran. Und wenn die zwei dann dicht beieinanderliegen, kommt es zu einer Verbindung, durch die das F-Plasmid eine Kopie von sich selbst in die neue Zelle schlängeln kann. Dabei werden nicht nur die Gene des F-Plasmids übergeben, gelegentlich sind auch andere DNA-Stücke dabei, Gene, die nützlich sein können, etwa Resistenzen gegen Gifte und Antibiotika, oder auch Gene, die dem Bakterium neue Nahrungsquellen erschließen können.

Ein mysteriöser Fall von Genwanderung wurde erst kürzlich in Japan entdeckt: ein Darmbakterium, das zwei Enzyme besitzt, die eigentlich nur in Meeresbakterien vorkommen. Da fragt man sich zwei Dinge: 1. Wie gelangen diese Spezial-Gene in den menschlichen Darm, und 2. Was wollen sie da? Die Antwort auf beide Fragen ist delikat und lautet: Sushi. Aber der Reihe nach: Die beiden Enzyme helfen Meeresbakterien dabei, schwer verdauliche Zuckerstrukturen von Algen zu verdauen (Agarose und Porphyran). Ebensolchen Algen, die für Nori verwendet werden, die schwarz-grüne Hülle, in die beim Sushi Reis und Fisch gewickelt werden. Und wahrscheinlich sind einige der Meeresbakterien gemeinsam mit dem Sushi im Darm gelandet. Dort hat man die ortsansässigen Bakterien getroffen und ein paar Gene ausgetauscht. Diese Gene erlauben es den Darmbakterien, endlich auch die Algenzucker zu verdauen, die sie bisher nicht kleinbekommen hatten. Es lohnte sich also, diese Gene zu behalten – zumindest für Japaner, die regelmäßig eine gewisse Menge an Nori und Sushi zu sich nehmen.

Auch wenn Bakterien also ziemlich zwanglos mit dem genetischen Besitz anderer umgehen und auf diese Weise horizontalen Gentransfer betreiben, sind sie nicht die Einzigen, die sich Teile ihres Erbguts zusammenklauen. Das geht hinauf bis in die höchsten Kreise! Ein berühmter Genräuber lauert im Halbdunkel des Walds: der Farn. Würde man ihn wegen des Diebstahls vor Gericht stellen, bekäme man im Plädoyer eine rührselige Geschichte zu hören ... Der Farn würde beteuern, dass er gar nicht anders gekonnt hätte. Die Blütenpflanzen hätten ihn dazu gezwungen!

Farne waren über Millionen von Jahren die Sonnenkönige der Pflanzenwelt, und Baumfarne beherrschten gemeinsam mit den Nadelbäumen die Wälder unseres Planeten. Doch irgendwann tat sich was im Unterholz: Eine Knospe ging auf. Die erste überhaupt. Hübsch. Doch was für die Farne am Anfang eine Obskurität war, entwickelte sich über die Jahrmillionen zum echten Problem. Denn die Blütenpflanzen arbeiteten mit den Insekten zusammen – und das taten sie sehr erfolgreich. Sie wurden größer, und es entwickelten sich daraus riesige blütentragende Bäume mit dichtem Laub, die den Farnen den Platz an der Sonne abjagten und sie in die tieferen, ewig dämmrigen Regionen des Waldes verdammten. Für die sonnenverwöhnten Farne war das ein Desaster, sie waren einfach nicht dafür ausgestattet, in diesem Dickicht zu überleben.

Und vielleicht würden wir heute im dichten Wald keine Farne mehr finden, wenn sich nicht eine «günstige Gelegenheit» ergeben hätte. Eine Farnspore war in einer feuchten, dunklen Ecke gelandet, und während sie laut über den Waldboden und die miesen Lichtverhältnisse jammerte, bemerkte sie in ihrer Nachbarschaft eine andere Spore, die anscheinend recht zufrieden mit den gegebenen Verhältnissen war. Sie gehörte zu einem Hornmoos, das in dieser Gegend im Halbdunkel vor sich hin wucherte. Farne und Hornmoose kannten sich schon seit Ewigkeiten, die Moose waren einfache Gestalten, die lange Zeit im Schatten der königlichen Farne gestanden hatten. Und jetzt saßen ihre alten Herren gemeinsam mit ihnen im Dunkeln.

Die Spore des Hornmooses lächelte aufmunternd und erklärte, dass das doch gar keine so schlechte Gegend sei. Man müsse nur dic richtigen Gene haben ... Und während sie noch redete, griff der kleine Farn in einem unbeobachteten Moment zu und schnappte sich eines dieser «richtigen» Gene aus dem Erbgut des Mooses. (So einen Taschendiebstahl nach Millionen von Jahren noch genau aufklären zu wollen stellt einen vor gewisse kriminaltechnische Herausforderungen, aber man vermutet, dass es so gewesen sein könnte - vielleicht wurde das Gen sogar von einem Transposon huckepack auf den Farn übertragen.)

Die Beute der Farnspore war das Neochrom. Das klingt nach coolem, frisiertem Sportwagen, und ganz falsch ist das nicht, denn das Erbgut des Farns wurde durch Neochrom ordentlich aufgemotzt. Es ist ein Lichtsensor, aber kein gewöhnlicher. Normalerweise gibt es in der Pflanzenwelt unterschiedliche Sensoren für rotes und blaues Licht. Sie helfen den Pflanzen, das Licht optimal zu nutzen: Die Sensoren können ihnen anzeigen, in welche Richtung sie wachsen sollen oder wie sie ihre Blätter optimal ausrichten können. Im Halbdunkel haben die Sensoren Schwierigkeiten damit, da sie unter diesen Umständen nicht so gut funktionieren. Die Hornmoose machten aus diesem Grund irgendwann eine äußerst nützliche Erfindung. Bei dieser übersetzte ein Retrotransposon die mRNA eines Sensors für blaues Licht versehentlich in DNA und baute es ins Erbgut ein - klein, kompakt und ohne Introns. Im Erbgut ist dann der Bauplan mit dem eines rot-sensitiven Lichtsensors zusammengepackt worden. Das Ergebnis: Neochrom, ein neuartiger Super-Sensor, der hilft, das wenige verfügbare Licht ideal zu nutzen.

Mit dem kleinen Farn ging es von diesem Augenblick an bergauf. Ja, die Geschichte mit dem Neochrom war sogar so phantastisch, dass sich einige seiner noblen Verwandten davon mitreißen ließen und ihrerseits lange Finger machten: Sie schnappten sich ebenfalls Kopien des Neochroms – allerdings vom Dieb (ist es noch klauen, wenn man etwas Geklautes mitnimmt?). Dadurch kam es zu einer Artenexplosion unter den Schattenfarnen, während ihre lichtliebenden Verwandten in den Hintergrund gerieten.

Was die Farne hier abgezogen haben, ist kein Einzelfall. Überall im Erbgut von Pflanzen und Tieren finden sich Gene, die sie sich von anderen Lebewesen «geborgt» haben. Auch wenn es viel seltener passiert als bei den Bakterien: Horizontaler Gentransfer gehört zur Evolution dazu. Wo die Gene herkommen, ist dabei nicht so entscheidend, wichtiger scheinen die passenden Gelegenheiten zu sein.

Auch in der Evolution des Menschen hat es immer wieder Gelegenheiten gegeben, hier und da mal etwas mitgehen zu lassen. Wissenschaftler aus dem englischen Cambridge fanden in einer Studie aus dem Jahr 2015 heraus, dass 145 Gene in unserem Erbgut ursprünglich Bakterien, Protisten (Einzeller mit Zellkern), Archaeen, Pflanzen oder auch Pilzen gehört hatten. Erworben haben wir sie wohl schon vor langer Zeit, und heute sind sie fester Bestandteil unserer Ausstattung (an alle Zweifler: Integration kann klappen). Viele von ihnen spielen wichtige Rollen in unserem Körper und sind unter anderem am Fettsäurestoffwechsel oder am Immunsystem beteiligt.

All diese Gene sind wahrscheinlich mehr oder weniger zufällig in unserem Erbgut gelandet. Es gibt allerdings auch Gene, die ganz gezielt dort platziert werden: die Gene von Viren! Viren leben nämlich davon, ihr Erbgut in unsere Zellen und häufig sogar in unsere DNA einzuschleusen. Normalerweise vermehren sie sich dann und zerstören dadurch die infizierte Zelle, aber manchmal geht es nicht nach ihrem Plan, und das Viruserbgut bleibt in der Zelle hängen, ohne sie zu töten. Passiert das in einer Keimzelle (zum Beispiel einer Eizelle), kann es sein, dass das Viruserbgut Teil der Spezies wird. Acht Prozent unseres Erbguts besteht aus solchen alten, eingefangenen Virussequenzen – es sind um die 10 000. Die meisten Gene dieser Viren sind allerdings defekt. Wenn sie durch zufällige Mutationen abgeschaltet werden, ist das wahrscheinlich für den Wirt eher ein Vorteil. Aber manche von ihnen haben sich als nützlich erwiesen, und wir haben sie behalten.

Aktuell geschieht so eine Virusinvasion zwar nicht in uns Menschen, aber bei den Koalas. Die Koalas, die im Norden Australiens ihren Eukalyptus mümmeln, sind nahezu durchweg mit einem Koala-Retrovirus durchseucht. Das Virus sitzt in ihren Keimzellen und wird auf diese Weise von einer Generation zur nächsten weitergegeben. Doch anders als bei den vielen alten Viren, die unser Erbgut beherbergt, ist dieses eingebaute Retrovirus fit und frisch und produziert jede Menge neuer Nachkommen, die sich überall im Körper der Tiere finden. Die Viren verbreiten sich also durch die Ansteckung gesunder Tiere *und* durch die Vermehrung der Erkrankten. Besser kann es für ein Virus gar nicht laufen.

Dass es wirklich sehr gut läuft, merken wir daran, dass die Infektion langsam aus dem Norden Australiens in den Süden schwappt und mit großer Sicherheit über kurz oder lang alle Koalas erfassen wird. Für die Koalas ist das wenig lustig, denn man vermutet, dass die Viren, die in ihnen Party feiern, für ihre hohe Anfälligkeit für Leukämie- und andere Krebserkrankungen sowie ihr etwas schwaches Immunsystem verantwortlich sind.

Die Party hat im Übrigen gerade erst angefangen, es ist gerade 150 Jahre her, seit die Viren das erste Mal bei den Koalas angeklopft haben. Ursprünglich stammen sie wohl aus Mäusen oder Fledermäusen, haben dann aber die Artgrenze überwunden und sich über die Eukalyptusfresser hergemacht.

Wir Menschen verdanken den Viren einiges, zum Beispiel, dass wir heute keine Eier legen. Das klingt im ersten Moment etwas albern, hat aber durchaus einen ernsten Hintergrund, denn eine Schwangerschaft ist biologisch gesehen ein äußerst kniffeliges Problem. Unser Immunsystem ist darauf trainiert, wie ein tollwütiger Dobermann alles anzugreifen, was nicht zum eigenen Körper gehört (und bei Autoimmunkrankheiten macht es nicht einmal davor halt). Entwickelt sich aber ein Embryo, besitzt er Gene sowohl von der Mutter als auch vom Vater. Doch die Gene von dem Typen kennt das mütterliche Immunsystem nicht!

Wie hält man es aber davon ab, die nächste Generation anzugreifen? Bei Fischen, Amphibien, Reptilien und Vögeln lautet die Antwort: durch strikte Trennung von Nachwuchs und Immunsystem. Das Weibchen legt Eier, alles ist sauber von ihm separiert. Bei uns Säugern ist das jedoch anders. Unser Nachwuchs wird über die Plazenta ernährt. Und das bedeutet engsten Kontakt des Blutkreislaufs von Mutter und Kind. Damit dabei keine Komplikationen auftreten, muss das Immunsystem ein Stück weit ausgesperrt werden. Das geht nur mit einem Trick. Und ge-

nau dabei helfen uns Virusproteine. Denn, hey, wenn Viren sich mit etwas auskennen, dann damit, wie man das Immunsystem foppen kann.

In diesem Fall geht es um HIV-verwandte Retroviren, die sich unsere Vorfahren wohl vor über 35 Millionen Jahren eingefangen haben. Obwohl die allermeisten Virusgene mittlerweile defekt sind, werden in der Plazenta immer noch zwei Virusproteine hergestellt: Syncytin-1 und Syncytin-2. In den Viren waren sie dafür verantwortlich, dass sich beim Eintritt in die Zelle die Membran des Virus mit der der Zelle verbindet. In der Plazenta erzeugen sie aus vielen Einzelzellen, zwischen denen sich das Immunsystem vielleicht durchmogeln könnte, riesige zusammengeschlossene Zellen, die eine stabile Barriere bilden und den Embryo abschirmen. Darüber hinaus vermutet man, dass sie sogar aktiv das Immunsystem hemmen.

Moment. Vor 35 Millionen Jahren? Säugetiere sind doch schon viel älter. Was war denn davor? Wie es aussieht, sind Infektionen der Keimbahn mit Retroviren derart häufig, dass immer mal wieder neue Kopien dieser Gene verfügbar werden. Bevor wir unseren aktuellen Satz an Syncytin-Genen besaßen, hatten wir wahrscheinlich andere Gene, die dieselbe Aufgabe übernahmen und die heute defekt sind. Auch in weiteren Säugetieren stammen diese Gene immer wieder aus anderen Viren. Dieses Rad wird anscheinend stets neu erfunden.

Fassen wir zusammen: Gene machen in unserem Erbgut nur einen äußerst geringen Anteil aus, der Rest sind Transposons, defekte Gene, alte tote Viren und sonstiger Kram. Bei den meisten von ihnen wissen wir nicht, wozu sie gut sind, ja, noch nicht einmal, ob sie überhaupt zu irgendetwas gut sind. Aber das Faszinierende daran ist: Selbst wenn unser Erbgut aussieht wie die Wohnung eines Messies mit goldener American-Express-Karte – es funktioniert. Es funktioniert normalerweise sogar ganz großartig.

9. KAPITEL

Meister der Manipulation

Viren, Cholera zum Frühstück und ein Sülze-Rezept aus Java, das die Wissenschaft revolutionierte.

Es wird Zeit. Eindeutig. Es wird Zeit, mit Hedwig darüber zu reden, wann sie wieder nach Hause fährt. Sie ist immerhin schon seit einer halben Ewigkeit bei uns, belagert unser Gästezimmer und hat nicht einmal die leiseste Andeutung gemacht, wann sie uns wieder verlassen will. Ich stehe also vor ihrer Tür. Atme tief durch … und klopfe. Nichts passiert. Ich klopfe nochmals. Diesmal ertönt nach einem Moment ein leises «Herein».

Ich öffne die Tür und gehe ins Zimmer. Es ist sehr still in dem Raum. Staubflocken tanzen lautlos im Lichtstrahl, der durch die halb geschlossenen Gardinen dringt. Das Zimmer wirkt irgendwie … grau. Hedwig sitzt an dem kleinen Tisch. Sie blickt sich nicht zu mir um, sondern beugt sich tief über die Werbeprospekte, die ausgebreitet vor ihr liegen. Sie schneidet etwas aus. Spar-Coupons? Mein Hals wird ganz trocken. Ich blicke mich um. Am Waschbecken steht ordentlich aufgeräumt Hedwigs Waschzeug. Daneben hängt ein kleines hellrosa Handtuch, das in den Fünfzigern mal der letzte Schrei gewesen sein muss. Der wuchtige dunkelbraune Eichenschrank, den wir damals aus dem Wohnzimmer verbannten, weil meine Frau ihn «zu drückend» fand. Sieht im Gästezimmer noch größer und finsterer aus. Sogar Hedwigs großer bunter Hut auf der Hutablage wirkt blasser als sonst. Das kleine Gästebett ist akkurat gemacht. Auf dem Nachttisch liegen ein dünnes, zerlesenes Heftchen – Arthur Schopenhauers Eristische Dialektik – sowie eine neue Ausgabe des letzten Harry-Potter-Bandes, der eigentlich mir gehört und den ich seit geschlagenen drei Tagen suche!

Ich räuspere mich, und das leise Geräusch der Schere verstummt. Hedwig blickt zu mir auf. «Äh», sage ich und setze danach noch einmal an: «Wie lange willst du, ähm, eigentlich noch bei uns bleiben?»

Hedwig lässt den Blick wieder sinken und seufzt. «Ich falle euch zur Last.»

«Natürlich nicht! Wir freuen uns, wenn du da bist, es ist nur ...»

«Ja?»

«Na, du bist jetzt schon sehr lange hier, und ...» Ich stocke.

«Und», führt sie meinen Satz weiter, «eine Familie gehört zusammen, braucht Zeit für sich, da stören Fremde nur. Wie schon der Volksmund sagt: Gäste sind wie Fisch, wenn sie zu lange bleiben, fangen sie an zu stinken ...» Sie schnieft und scheint ein wenig in sich zusammenzusacken.

«Aber Tante Hedwig, keiner sagt, dass du sti... Ich meine, du gehörst doch auch zur Familie!»

«Wirklich?» Ein kleines, hoffnungsvolles Lächeln erscheint auf ihrem Gesicht.

«Natürlich.» Verflixt, was mache ich hier eigentlich? Wie komme ich aus der Nummer wieder raus? Ich lasse meine Augen wandern ... «Aber du kannst doch nicht ewig in diesem Zimmer wohnen bleiben.»

Hedwig blickt sich um, als würde sie den schmalen halbdunklen Raum das erste Mal sehen. «Es ist wirklich ein wenig trist.»

«Genau», stimme ich zu und atme auf. «So kann man doch nicht auf Dauer leben.»

«Du hast ja so recht, mein lieber Neffe», sagt sie und nickt. «Da ist ja sogar eine Gefängniszelle luxuriöser.»

«Äh, ja. Glaube schon», konstatiere ich unsicher.

Meine Tante steht auf und wirkt gleich ein Stückchen größer. «In einer Gefängniszelle gibt es zumindest einen Fernseher.»

«Bestimmt», sage ich, obwohl ich keine Ahnung habe. Egal. Hauptsache, es kommt Bewegung in die Sache.

Hedwig reißt die Vorhänge ganz auf. Licht flutet den Raum, und sie steht mitten im goldenen Scheinwerferlicht. «Eigentlich kann man so was niemandem zumuten. Gerade nicht der eigenen Familie!»

Ich blinzele ins Licht und nicke zustimmend. Ich glaube, es klappt.

«Aber ich verstehe das», erklärt Hedwig, nimmt einen der Ausschnitte vom Tisch und beginnt im Zimmer auf und ab zu gehen. «Und ich nehme dir das auch nicht übel.»

«Äh, wirklich nicht?» Ich bin irritiert.

«Nein, kein bisschen. So ein Verhalten zeigt mir nur, dass meine Familie mich braucht. Aber wenn du dich schon so freust, dass ich da bin, dann solltest du dir auch ein bisschen mehr Mühe mit deiner Tante geben, nicht wahr?»

«Sollte ich?»

«O ja.» Hedwig legt mir die Hände auf die Schultern und blickt mir tief in die Augen. «Ich bin stolz auf dich! Es hat Größe, in mein Zimmer einzutreten und die eigenen Fehler einzugestehen. So, und jetzt zieh los und kümmere dich um deine Familie, mein Großer!»

«Okay.»

Sie drückt mir noch einen Zettel in die Hand, tätschelt mir die Wange und schiebt mich aus dem Raum. Die Tür fällt hinter mir ins Schloss. Ich sehe auf den Schnipsel in meiner Hand: Es ist ein Angebot für einen großen Flachbildfernseher.

Im Leben gewinnt nicht immer der Größte oder Stärkste, sondern manchmal auch der, der die besseren Argumente hat – oder zumindest so tut, als ob er sie hätte. Das gilt für Menschen ebenso wie für wissenschaftliche Theorien.

Und was neue, bessere Theorien anging, kam die Biologie im 19. Jahrhundert so richtig auf Touren: Charles Darwin fuhr auf der HMS *Beagle* herum und grübelte darüber nach, wie die verschiedenen Arten entstanden waren. Gregor Mendel stand im Garten und zählte Erbsen. Der Neandertaler und eine Menge vorsintflutlicher, «schrecklicher Echsen» (Dinosaurier) wurden ausgegraben. Man dachte unentwegt über die Welt und das Leben nach, analysierte und stellte neue Thesen auf: Man war rational und modern.

Auch was das Verständnis von Krankheiten anging, wurde es im 19. Jahrhundert dringend Zeit, etwas dazuzulernen. Der Grund lag auf der Hand: Ein ungebetener Gast aus dem Fernen Osten hatte sich aufgemacht, um in Europa Unheil zu stiften: die

Cholera. Man war ratlos, wie diese Seuche ausgelöst wurde, und suchte händeringend nach Erklärungen, die jedoch alle zunächst mehr als dürftig waren. Weit verbreitet war die Miasmenlehre, und die war schon damals mehr als mittelalterlich: Sie war antik! In ihrer Urform war sie über 2000 Jahre alt und stammte wohl von Hippokrates von Kos. Der Arzt und später überhaupt die alten Griechen gingen davon aus, dass Infektionskrankheiten durch «schlechte Luft», die aus dem Boden ausströmte – das «Miasma» – verursacht wurde. Aber nicht alle hielten diese Annahme für wirklich zufriedenstellend. Insbesondere nicht der 1813 im britischen York geborene Arzt John Snow. Er vermutete, dass nicht der Boden etwas mit der Cholera zu tun hatte, viel eher sah er das Trinkwasser als Problem an.

Als 1854 in London wieder einmal die Cholera ausbrach, stellte Snow Beobachtungen an und zeichnete sämtliche Krankheitsfälle auf einer Karte ein. Dabei wurde ersichtlich, dass sich die Erkrankungen hauptsächlich rund um einen öffentlichen Trinkwasserbrunnen abspielten. Das war mehr als verdächtig. Er bearbeitete die Stadtväter, etwas zu unternehmen, und konnte sie schließlich dazu bringen, die Pumpe außer Betrieb zu setzen: Man amputierte den angeschuldigten Pumpenschwengel. Und die Epidemie ebbte ab. Zur gleichen Zeit wütete auch in Florenz die Cholera, und der italienische Anatom Filippo Pacini untersuchte die Leichen der Verstorbenen. Dabei entdeckte er unter dem Mikroskop Bakterien, von denen er vermutete, dass sie der Auslöser der Cholera sein könnten. Sicher belegen konnte er es aber nicht.

Aber weder Snow noch Pacini fanden mit ihren Thesen Gehör, und insbesondere Pacinis Entdeckung der vermeintlichen Cholera-Bakterien geriet in Vergessenheit. Andere Stimmen waren viel lauter und gewichtiger. Besonders die des berühmten Münchner Hygienikers Max von Pettenkofer. Laut seiner Miasmenlehre wurde die Seuche übertragen, wenn drei Dinge zusammenkamen: Keime im Boden, gewisse lokale und saisonale Bedingungen sowie eine persönliche Anfälligkeit. Die Keime allein verursachten keine Cholera, und «schlechtes» Trinkwasser hatte seiner Meinung nach rein gar nichts damit zu tun. Von Pettenkofer glaubte, dass man Miasmen und dadurch Krankheiten verhindern konnte, wenn man den Boden sanierte. Man sollte Pflaster verlegen, den Grundwasserspiegel regulieren und Wasserleitungen bauen. Die Münchner folgten seinem Rat, und das war nicht nur gut gegen den Gestank, sondern auch hygienischer. Er hatte damit, wie wir heute wissen, aus den falschen Gründen genau das Richtige getan.

Aber die Zeit blieb nicht stehen und die Arbeiten von Robert Koch und anderen ließen die Miasmentheorie des Münchner Hygienikers ein wenig alt aussehen. Koch war Arzt und Mikrobiologe, beschrieb den Erreger von Anthrax und zeigte 1882, dass sich in Tuberkulosekranken Bakterien finden, die man auf einem Nährmedium anzüchten und unter dem Mikroskop beobachten konnte. Und noch mehr: Mit diesen Bakterien konnte er Meerschweinchen anstecken und krank machen. Das kam alles ohne mystisch müffelnde Erddämpfe zustande und war zudem logisch aufgebaut.

Dadurch, dass Koch seine Proben auf einem festen Nährboden verteilte, trennte er die in seinen Proben enthaltenen verschiedenen Bakterienarten voneinander. Aus den einzelnen Bakterien wuchsen dann kleine, punktartige Kolonien der jeweiligen Arten in Reinform heran – eine Grundvoraussetzung, um einer Erkrankung einen speziellen Erreger zuschreiben zu können. Allerdings war Kochs Nährboden nicht ganz unproblematisch: Die Gelatine, die er benutzte, um ihn fest zu bekommen, wurde von einigen Bakterien verflüssigt. Und was noch schlimmer war: Die Gelatine schmolz, wenn es warm wurde. Wie aber sollte er Bakterien richtig untersuchen, die sich bei 37 Grad Celsius im Körper wohl fühlen, wenn die mistigen Nährböden bei dieser Temperatur schon flüssig wurden?

Die Lösung erreichte ihn in einem Brief, den er von seinem Mitarbeiter Walther Hesse erhielt. Hesse untersuchte im sächsischen Schwarzenberg, welche Bakterien man in der Luft finden konnte. Wollten Koch und Hesse am Ende herausfinden, ob das stinkige «Miasma» vielleicht nichts anderes war als schwebende Bakterien? Wie auch immer, Hesse arbeitete nicht allein, sondern zusammen mit seiner Frau Fanny. Fanny Hesse war Labortechnikerin und Zeichnerin (irgendwie mussten die verschiedenen Bakterien und ihre Kolonien ja dokumentiert werden), und sie kochte nicht nur die Suppe für ihre Familie, sondern auch die Bouillon für die Bakterien ihres Mannes. Sie war es, die das Problem letztendlich löste. Wie sie auf die Idee gekommen ist, lässt sich heute nicht mehr genau rekonstruieren, aber man könnte sich folgende Szene beim Abendessen vorstellen:

Walther: «Heute ist schon wieder eine Bakterienplatte warm geworden und geschmolzen. Wenn ich nur wüsste, was man da machen kann ... Übrigens, eine sehr leckere Suppe, meine Liebe.»
Fanny: «Sülze!»
Walther: «Wie meinen? Ich sülze? Ich habe doch nur deine Suppe gelobt.»
Fanny: «Du weißt doch, dass ich da dieses Rezept für Sülze von meiner Mutter habe.»
Walther: «Äh, ja ... Aber sprechen wir nicht von der Suppe?»
Fanny: «Meine Mutter hat sich das Rezept aber auch nicht selbst ausgedacht.»
Walther: «Nicht?»
Fanny: «Sie hatte es von Freunden aus Holland.»
Walther: «Aha! Und was hat das jetzt mit der Suppe ...?»
Fanny: «Und die haben es wieder aus Java mitgebracht. Hatten es von ihrer Haushälterin, glaube ich.»
Walther: «Schön, schön. Gut, das wir das geklärt haben. Können wir jetzt weiteressen?»

Fanny: «Ich denke nicht. Ich denke, wir sollten gleich neue Bakterienplatten machen, aber diesmal nicht mit Gelatine, sondern mit Agar-Agar, dem Zeug aus Java: Das schmilzt nämlich nicht so schnell.»

Koch testete Fannys Rezept (beziehungsweise das der Mutter beziehungsweise das der indonesischen Haushälterin ihrer holländischen Freunde). Tatsächlich war Agar-Agar, das aus Meeresalgen gewonnen wird, die Lösung: Es schmilzt erst bei hohen Temperaturen, und es ist für die allermeisten Bakterien unverdaulich. Optimal!

Zum ersten Mal wurden Fannys Agar-Agar-Platten in Kochs Veröffentlichung zur Tuberkulose erwähnt. In einem Satz und ohne die Erfinderin namentlich zu nennen. Ein bisschen mehr Ruhm hätte ihr aber doch zugestanden, denn noch heute wird in den Laboren rund um den Globus Agar-Agar zur Herstellung von Nährböden verwendet.

Kochs nächstes Ziel war es, die Ursachen der Cholera aufzudecken. 1883 reiste er mit einigen Mitarbeitern nach Alexandria, dann weiter nach Kalkutta, um sich die dort wütenden Cholera-Epidemien anzusehen und den Erreger dieser Krankheit zu finden. Und er war erfolgreich: Er entdeckte ihn, lernte, wie man ihn züchten konnte, und untersuchte ihn eingehend – eigentlich hatte er nur Pacinis Erreger wiederentdeckt, aber dessen Arbeiten kannte er nicht.

Eine Sache bereitete Koch aber Probleme: Was er auch unternahm, es gelang ihm einfach nicht, Versuchstiere mit der Cholera zu infizieren. Koch vermutete (zu Recht), dass sie immun gegen das Bakterium waren. Aber wie sollte man dann beweisen, dass es wirklich die Erreger waren? Es war ein Schwachpunkt seiner Analyse, und darüber wurde viel diskutiert und gestritten. Aber die Vorstellung, dass Krankheiten durch Erreger verursacht werden, verdrängte trotzdem mehr und mehr die Miasmatheorie.

1892 wütete die Cholera in Hamburg. Führende Hygieneexperten wurden in die Stadt geschickt, um das Schlimmste abzuwenden, einer von ihnen war Robert Koch. Er gab den Hamburgern zu verstehen, dass ungefiltertes Elbwasser zur Wasserversorgung wirklich nicht ideal ist. Im benachbarten Altona, das zu Preußen gehörte, hätte man eine Filteranlage und keine Probleme mit der Cholera. Die Hanseaten verstanden und fingen an zu bauen.

Von Pettenkofer saß währenddessen in seinem Münchner Institut und registrierte, wie immer mehr Kollegen ins Koch'sche Lager überliefen. Wollte man die Miasmenlehre noch retten, musste er etwas Drastisches unternehmen – und zwar jetzt. Obwohl er deutlich über 70 war, dachte er nicht daran aufzugeben. Er glaubte an seine Theorie! Und er würde Kochs komische Cholera-Idee an ihrem Schwachpunkt angreifen: der Tatsache, dass sich mit den Bakterien keine Versuchstiere anstecken ließen. Er schrieb an Kochs Team, sie sollten ihm doch eine frische Cholera-Kultur zuschicken.

Nachdem die Kultur in München angekommen war, versammelte von Pettenkofer am Morgen des 7. Oktobers 1892 einige Vertraute um sich und erklärte sich selbst zum Versuchstier. Vor sich hatte er ein Glas mit einem Schluck der Cholera-Kultur. Wenn er recht hatte und das Miasma der Grund für die Krankheit war, dann war die Brühe einfach nur widerlich. Wenn jedoch Koch richtiglag, würde ihn das, was er gleich tun würde, wahrscheinlich ins Grab bringen. Er hob das Glas und trank. Prosit.

Dann wartete er. Er viel nicht tot um. Ganz im Gegenteil. Er fühlte sich gut, ging normal seinen Geschäften nach, besuchte Verwandte und langte beim Essen mit Appetit zu. Gedünstetes Kalbsherz mit gerösteten Kartoffeln. Nach ein paar Tagen bekam er etwas Durchfall, der sich aber bald wieder legte. Mehr passierte nicht. Schließlich veröffentlichte er seine detaillierten Aufzeichnungen: Jede Mahlzeit, jeden Stuhlgang und jedes «Gurren im Unterleibe», wie er es poetisch nannte, war verzeichnet. Heute hätte er das wahrscheinlich live und mit Bildern bei Facebook seinen Follower präsentiert. Er war nicht gestorben. Er war nicht schlimm krank geworden. Und das lag daran, dass in München der Boden gut war. Von Pettenkofer hatte ja höchstpersönlich die Bodensanierung angeregt: Deshalb auch kein krankmachendes Miasma. Hah!

Sein tollkühnes Experiment, das als «Cholerafrühstück» berühmt und berüchtigt ist, wirkte auf die wissenschaftliche Welt jedoch nicht so überzeugend, wie von Pettenkofer sich das vielleicht erhofft hatte. Er *war* krank geworden, wenn auch nur ein kleines bisschen. Außerdem hatte einer seiner Assistenten einige Tage später ebenfalls ein Stamperl Bakterien zu sich genommen und war deutlich schwerer an der Cholera erkrankt als sein Chef. Dass es den alten von Pettenkofer nicht richtig erwischt hatte, lag vermutlich daran, dass er vor einigen Jahren wohl schon einmal die Cholera hatte und daher zumindest zum Teil immun dagegen war.

Was man bei seinem Experiment nicht vergessen darf, ist, dass er neben seinem eigenen Leben auch das vieler anderer riskiert hatte. Denn er hätte durchaus jemanden anstecken können, als er da so mit der «gurrenden» Cholera im Bauch durch München spazierte.

Am Ende blieb das «Cholerafrühstück» nahezu folgenlos: Die Miasmatheorie war nicht mehr zu retten, sie siechte dahin und starb 1901, gemeinsam mit von Pettenkofer, der sich selbst erschoss. Warum er das tat? Man vermutet, dass er depressiv war und Angst davor hatte, senil zu werden. Außerdem munkelte man, dass er den Gedanken nicht ertragen konnte, all das, was er getan hatte – so gut das auch war –, auf einer falschen Idee aufgebaut zu haben.

Heute wird das Wort «Miasmenlehre» in einem anderen Zusammenhang von Homöopathen gebraucht. Allerdings ist es hier auch nicht weniger nebulös als zu Pettenkofers Zeiten …

Die Keimtheorie hatte sich durchgesetzt. Also alles gut, rational und nachweisbar. Na ja, fast.

Ein kleines Problem gab es da noch. Kaum der Rede wert, ein Witz eigentlich. Und die Geschichte ging auch fast los wie ein schlechter Witz: Ein Deutscher, ein Russe und ein Niederländer untersuchten kranke Tabakpflanzen. Der Deutsche, der Agrikulturchemiker Adolf Mayer, war 1882 der Erste aus dem Trio, der diese Krankheit der Pflanzen als Tabakmosaikkrankheit bezeichnete, da sie Flecken auf den Blättern verursachte. Er suchte, angeregt durch Kochs Ideen, nach einem passenden Krankheitserreger.

Dabei machte Mayer eine unerwartete Entdeckung, eigentlich war es keine, denn er konnte unter dem Mikroskop nicht den geringsten Erreger für diese Flecken finden. Trotzdem musste es einen solchen geben, denn injizierte man den Pflanzensaft von kranken in gesunde Pflanzen, wurden diese auch krank. Der Russe aus dem Dreiergespann, Dmitri Iossifowitsch Iwanowski, stellte 1892 ebenfalls Untersuchungen zum Ursprung der Krankheit an – und gelangte zu ähnlichen Ergebnissen. Aber er ging einen Schritt weiter und benutzte einen der neuen Chamberland-Filter. Diese Keramikfilter hatten derart feinen Poren, dass Bakterien nicht durchpassten. Trotzdem blieb der gefilterte Pflanzensaft infektiös. Doch ganz gleich, was Iwanowski auch versuchte, er konnte aus dem Saft keine Bakterien anzüchten. Was steckte dahinter? Gab es etwa unsichtbare Dinge, die krank machten? Das klang nach einem Comeback der Miasmatheorie und nach finsterem Mittelalter. Hier musste ein technischer Fehler vorliegen, oder vielleicht handelte es sich hierbei um besonders kleine Bakterien, die durch den Filter passten und für die man noch nicht die richtigen Bedingungen zum Züchten gefunden hatte. Aber Iwanowski ließ sich davon nicht beunruhigen, er war der Ansicht, dass sich das alles noch finden würde.

Der Dritte im Bunde, der niederländische Mikrobiologe Martinus Willem Beijerinck, sah das jedoch völlig anders. Er war der Meinung, dass es sich hierbei um etwas handelte, das kein Bakterium war. Er nannte den Erreger 1898 ein *contagium vivum fluidum*, eine lebendige infektiöse Flüssigkeit, die durch alle verfügbaren Filter passte und die sich nur in lebenden Zellen, nicht jedoch in einem sterilen Kulturmedium vermehrte. Für dieses unangenehme Zeug griff er ein altes lateinisches Wort auf, das man vor der Entdeckung der Bakterien für Krankheitserreger verwendet hatte: *Virus*.

Doch obwohl sich in den nächsten Jahren immer mehr Erkrankungen fanden, die durch nicht nachweisbare Erreger verursacht wurden, blieb das Miasma tot. Über das, was wirklich dahintersteckte, wurde viel spekuliert, denn viele wollten nicht so recht an die ominöse lebendige Flüssigkeit glauben, die der Niederländer sich da ausgedacht hatte. Am Ende dauerte es nahezu vierzig Jahre, bis man das Unsichtbare sichtbar machen konnte. 1939 entdeckte man auf Bildern, die mit einem der gerade entwickelten Elektronenmikroskope gemacht worden waren, winzige längliche Proteinstrukturen: das Tabakmosaikvirus.

Computerviren tauchten das erste Mal nicht in der Realität auf, sondern waren eine Erfindung des US-amerikanischen Autors David Gerrold, der in seinem Science-Fiction-Roman *Ich bin Harlie* aus dem Jahr 1972 ein Programm namens «Virus» beschreibt, das einen

Computer «krank» macht. Den Sprung von den Buchseiten zur Festplatte machten die Viren erst zehn Jahre später: Ein Neuntklässler aus Pennsylvania, Rich Skentra, hatte das erste Virus programmiert, um seine Freunde zu beeindrucken. Es hieß Elk Cloner und war recht harmlos: Es kopierte sich, und hin und wieder erschien – genauer gesagt nach jedem fünfzigsten Diskettenein-schub – auf dem Bildschirm ein mäßig sinnvolles Gedicht über ... na ja, den Elk Cloner.

Der Erreger der Mosaikkrankheit war das erste Virus, das man unter dem Elektronenmikroskop sichtbar gemacht hatte, unzählige weitere folgten. Heute kennt man eine Vielzahl unterschiedlicher Viren, und sie kommen nahezu überall vor.

Wahrscheinlich existiert kein lebendes Wesen auf diesem Planeten, das nicht Ziel von Viren ist. Von der Tabakpflanze über Bakterien bis hin zum Elefanten – nichts und niemand ist vor ihnen sicher. Viren sind die erfolgreichsten und am häufigsten vorkommenden biologischen Dinger, die es gibt – nichts anderes kann da mithalten. So gesehen sind sie die heimlichen Herrscher dieses Planeten!

Wenn Sie am Meer ein Glas Wasser schöpfen, schwimmen darin etwa drei Milliarden Viren herum (das sind ungefähr zehn Millionen pro Milliliter), die alle auf der Suche nach geeigneten Opfern sind: Bakterien, Algen, Fische, Seegurken oder was in den Meeren sonst noch kreucht und fleucht.

Vielleicht haben Sie sich gerade ein wenig über die Formulierung «biologische Dinger» gewundert. Hätte es nicht auch das

Wort «Lebewesen» getan? Der Punkt ist: Den Viren fehlt etwas ganz Wesentliches, um laut Definition in den Augen der Biologen das Prädikat «Lebewesen» zu verdienen: Sie haben keinen eigenen Stoffwechsel und keine Ribosomen (die sind notwendig, um mit der Boten-RNA Proteine zu zimmern). Das heißt, sie gewinnen keine Nahrung aus der Umwelt und können sich nicht eigenständig vermehren. Aber Viren sind wahre Meister der Manipulation! Um sich zu vervielfältigen, benutzen sie Wirtszellen, in die sie eindringen können und die sie dann so umprogrammieren, dass diese Zellen neue Viren herstellen. Aus diesem Grund schwammen die Tabakmosaikviren auch über Wochen und Monate gelangweilt und unsichtbar in den Boullions von Mayer, Iwanowski und Beijerinck herum, ohne dass sich irgendetwas tat. Bakterien wären in dieser kulinarisch ansprechenden Umgebung in einen vermehrungstechnischen Blutrausch verfallen, ähnlich Haien in einem Schwimmbecken voller Hähnchenschenkel.

Viren sind also laut Definition nicht lebendig. Sie sind keine Lebewesen, sondern etwas anderes ... irgendwie ... untote Wesen. Das eröffnet sprachlich interessante Möglichkeiten: «Mann! Was für eine rote Schniefnase! Was hast du denn?» – «Och, ich bin von unsichtbaren Untoten angefallen worden.»

Unterhaltsam, aber möglicherweise muss man sich dann ziemlich schnell und verschnürt wie ein Rollbraten in der örtlichen Psychiatrie über Virus-Definitionen unterhalten.

Wenn Sie mittlerweile der Meinung sind, dass es in den Zellen doch schon reichlich wild zugeht, dann lassen Sie sich eines sagen: Das war nur eine Vorgartenzwergidylle, in der gelegentlich einmal ein Blatt auf den Boden fiel und hier und da eine Rasenkante nachgeschnitten werden musste. Hinter dem frischgestrichenen Jägerzaun der Zellmembran wartet die wahre Wildnis, in der die wirklich wilden Gene wohnen: die Welt der Viren.

Das geht schon mit den einfachsten Dingen los. Sämtliches Leben, Bakterien, Archaeen, Tante Hedwig und die Tabakpflanzen eingeschlossen – sie alle besitzen ein Erbgut aus DNA, zwei Stränge zur Watson-und-Crick-Gedächtnis-Helix verquirlt. Und Viren? Die speichern ihre Erbinformation gefühlt in allem, was herumliegt. Gut, es gibt unter ihnen ein paar, die machen das genauso wie unsereins und setzen auf zweimal DNA. Andere sagen sich: «Ach komm, ein Strang DNA reicht doch auch!» Klingt nach einem einbeinigen Skater, aber auch das funktioniert! Doch einige sparen sich die DNA gleich ganz und setzen auf die Speed-Variante, auf eine Boten-RNA als Erbgut. Sobald das Virus in diesem Fall eine Zelle infiziert hat, wird das Boten-RNA-Genom freigesetzt, und augenblicklich werden Virusproteine produziert. Schneller geht es nicht. Die Querdenker unter den Viren wiederum machen es genau andersherum und benutzen eine RNA als Erbgut, die das umgedrehte Spiegelbild einer Boten-RNA ist. Auf den ersten Blick scheint das nicht die schlaueste Lösung zu sein. Aber diese Viren bringen auch gleich noch eigene Spezialproteine mit, mit denen sie aus dem RNA-Negativ sofort neue Boten-RNAs in die Welt bringen können. Und natürlich gibt es auch solche Viren, die mit einer RNA-Doppelhelix als Genom aufwarten können.

Noch ist nicht die ganze Palette abgedeckt. Es existieren sogar Viren, die sich dafür entschieden haben, sich *nicht* zu entscheiden: Sie übersetzen ihr Erbgut von RNA in DNA und wieder zurück. Manche verpacken dabei die RNA ins Virus, andere tragen die DNA mit sich herum. Es ist das absolute Chaos. Wer hat sich das ausgedacht? Während die Gene der Zellen artig mit ihrer Doppelstrang-DNA im Vorgarten sitzen, tollen die Viren wie irre draußen herum und machen … und machen … *alles*!

Aber bevor wir die Nasen rümpfen und die Köpfe schütteln: Ein paar ähnlich rebellische Gene haben wir ebenfalls in unserem Erbgut. Gerade die Retrotransposons sind da ganz vorne mit dabei. Sie übersetzen die von ihren Genen abgelesene RNA durch ihre Reverse Transkriptase zurück in DNA und bauen die als neue Kopie irgendwo im Genom wieder ein. Und während sie auf diese Weise kleine Hüpfer von einer Ecke des Vorgartens in die andere machen, schielen sie wahrscheinlich sehnsüchtig durch die Zellmembran und träumen von der großen weiten Welt hinterm Jägerzaun.

Viele Wissenschaftler gehen heute davon aus, dass zumindest ein Transposon in der fernen Vergangenheit tatsächlich einmal konkrete Fluchtpläne geschmiedet hat. Stellen Sie sich das wie einen Gefängnisausbruch vor: Zuallererst muss man sich einen Weg in die Freiheit bahnen. Wenn das geschafft ist, braucht man die passende Ausrüstung, um «draußen» auch klarzukommen: Verkleidung, falsche Pässe und so weiter. Tja, und dann muss man noch einen Schritt weiterdenken und einen Einbruch in eine neue Zelle planen, denn nur dort können Gene sich vermehren ...

Eine ganz schöne Herausforderung! Um das alles zu bewerkstelligen, musste sich das reiselustige Retrotransposon noch ein paar Gene als Ausrüstung einverleiben. Diese Zusatz-Gene sorgten dafür, dass ein schützender Proteinpanzer, das Kapsid, geschmiedet wurde, den sich die RNA des Flüchtlings überstreifte. Das gefüllte Kapsid war dann reisefertig und wickelte sich auf dem Weg nach draußen zusätzlich in eine Blase aus Zellmembran – gewissermaßen ein schützender Tarnumhang.

Stellen Sie sich das so vor wie beim Seifenblasenmachen: Sie pusten gegen die Membran, und dabei schnürt sich eine Blase ab, während die Membran im Pustebereich sich wieder verschließt. Der Unterschied ist nur, dass in unserem Fall flüchtende Gene in der Blase verpackt sind. Es entsteht ein verpacktes Virus. Die Zelle hat nach dem Blasenbilden also kein Loch und kann so ziemlich viele Membranblasen abgeben, ohne gleich zerstört zu werden. Neben den gefüllten Blasen entstehen übrigens oft auch viele leere Blasen – sogenannte virusähnliche Partikel.

Auf dieser Membran sitzen weitere Proteine, die wie ein gefälschter Pass dafür sorgen, dass die wandernden Gene tatsächlich auch in neue Zellen hineingelangen. Denn nur wenn sie die Zelle dazu bringen, die Virusproduktion tatkräftig zu unterstützen, können sich die Viren vermehren und ihre Reise fortsetzen.

Man vermutet, dass so oder so ähnlich aus Retrotransposons die ersten einfachen Retroviren entstanden sein könnten.

Zu den etwas aufgedrehteren Retroviren, mit denen wir uns heute herumschlagen müssen, gehören die Lentiviren, die noch ein paar Extra-Gene mehr codieren. Ihr berüchtigtster Vertreter ist HIV, der Erreger der Immunschwächekrankheit Aids. HIV besitzt insgesamt nur neun Gene, trotzdem kann es sich damit gegen die rund 20 000 Gene unseres Erbguts und über 30 Jahre medizinische Forschung behaupten. Das ist irgendwie beeindruckend, aber vor allem beängstigend.

Wie die Retro- und Lentiviren irgendwann einmal entstanden sein könnten, kann man sich also gut vorstellen. Aber was ist mit den anderen Viren? Wo kommen denn jene her, die keine Reverse Transkriptase oder ein DNA-Erbgut haben und sich völlig anders vermehren? Was das angeht, gibt es drei große Theorien, aus denen Sie sich Ihren Favoriten aussuchen können:

Kandidatin Nummer 1: Die Urzeit-Piraten-Theorie. Bei dieser geht man von der Behauptung aus, dass Viren ein Überbleibsel aus der alten RNA-Welt sind. In dieser Zeit, also bevor es Zellen gab, wurden die Bausteine des Lebens wahrscheinlich chemisch und physikalisch durch Blitze und Kometeneinschläge geliefert. Daher konnten die ersten, sich selbst vermehrenden RNAs ihr Baumaterial wohl aus der dünnen Ursuppe fischen. So richtig toll war das aber noch nicht, wahrscheinlich ist es befriedigender und auch schneller, sich mit offenem Mund unter einen Obstbaum zu legen und zu warten, dass die Kirschen einem in den Mund fallen. Aber auch das war nicht die beste Lösung. Einige RNAs hatten irgendwann die ewige Warterei satt und fingen an, in Heimarbeit Enzyme und Bausteine für RNA, DNA, Proteine und so weiter herzustellen. Sie bauten sich einen eigenen Stoffwechsel zusammen und wurden die ersten Zellen. Das war genial. Und besonders die, die sich nicht bei den Mühen beteiligt hatten, waren begeistert, denn auch weiterhin wollten sie sich nicht unbedingt die Hände mit Arbeit schmutzig machen. Sie hörten nun auf, die dünne Ursuppe zu schlürfen, legten den Löffel beiseite und klemmten sich ein Messer zwischen die Zähne, um Piraten zu werden: Sie überfielen die ersten Zellen, raubten, was sie brauchten, und entwickelten sich zu Viren.

So gesehen sind Viren eigentlich nur von Ursuppe auf Zellsuppe umgestiegen, und wenn man möchte, könnte man nach dieser Theorie der Ansicht sein, dass wir alle nur Nachfahren solcher «Ursuppen-Viren» mit Stoffwechsel sind.

Kandidatin Nummer 2: Die Das-brauch-ich-alles-nicht-mehr-Theorie. Bei dieser Theorie geht man davon aus, dass Viren einst parasitische Lebewesen waren, die in Zellen hausten und plötzlich anfingen, all jene Gene über Bord zu werfen, die sie in dieser kuscheligen Umgebung nicht benötigten. Damit haben sie dann einfach nicht mehr aufgehört, bis von ihnen, außer einer kleinen Menge eigensinniger Gene, nichts mehr übrig war. Sie hatten sich selbst totgespart, wenn man so möchte.

Kandidatin Nummer 3: Die Tschüssikowski-Theorie, wir haben sie kurz vorher kennengelernt: Gene mit Wanderlust haben sich davongemacht und ihre Vergangenheit als fester Teil eines Zellgenoms hinter sich gelassen.

Als ein möglicher Hinweis für die «Das-brauch-ich-alles-nicht-mehr-Theorie» wird die Entdeckung von Riesenviren gehandelt. Dieses Kapitel der Virusforschung nahm 1992 mit einem ungeklärten Ausbruch von Lungenentzündungen in einem Krankenhaus im britischen

Bradford seinen Anfang. Zunächst dachte man, dass die Fälle von Lungenentzündung durch Kokken, also kugeligen Bakterien, ausgelöst worden seien, und man taufte diese neuen Strukturen «Bradford-Kokken». Ein Blick unter ein stark vergrößerndes Elektronenmikroskop enthüllte aber schließlich, dass es sich bei dem gefundenen Erreger nicht um ein Bakterium, sondern um ein riesiges Virus handelte. Die Biester sahen also nur wie Kokken aus! Daher wurden sie umbenannt in Mimivirus (von *Mimicking Virus* – täuschendes Virus). Weitere Untersuchungen zeigten, dass diese Viren ein Erbgut von 1,2 Millionen DNA-Bausteinen hatten und über 1200 Gene enthielten. Ein Gigant unter den Viren. Ein Godzilla! Und wie sich in den nächsten Jahren zeigte, war Mimivirus kein Einzelfall. Es existieren eine Menge dieser riesigen DNA-Viren, die trotz ihrer Größe den Wissenschaftlern bis dato entgangen waren.

Alle drei Theorien haben ihre Stärken und Schwächen, aber das Schöne ist: Wenn Sie sich nicht entscheiden können, ist das auch kein Drama. Nicht wenige Wissenschaftler halten es nämlich für durchaus möglich, dass Viren auf verschiedenen Wegen entstanden sind. Vielleicht stimmen sogar alle drei Theorien. Das wäre für die Wissenschaft unerwartet versöhnlich.

Während es für den Ursprung der Viren also einige plausible Modelle gibt, ist es sehr viel schwieriger herauszufinden, wann ein bestimmtes Virus entstanden ist, denn im Gegensatz zu Tieren oder Pflanzen hinterlassen Viren keine Versteinerungen, die man einfach ausbuddeln kann. Zumindest nicht direkt. Aber im Berliner Museum für Naturkunde findet sich doch etwas, und zwar im Dinosauriersaal. In ihm stehen wahre Riesen aus der Vergangenheit unseres Planeten. Aber in diesem Moment geht es uns nicht um den gigantischen Brachiosaurus, der bis zum Dach aufragt, sondern um ein Tier in seinem Schatten. Ein kleiner, gerade einmal hüfthoher Pflanzenfresser aus dem Jura,

Dysalotosaurus lettowvorbecki, dessen Skelett auf zwei flinken Beinen vor einem mittelgroßen Fleischfresser zu flüchten scheint. Bei der Untersuchung eines Wirbelknochens dieses Sauriers fiel den Wissenschaftlern des Museums eine eigentümliche Verdickung auf, und sie fanden heraus, dass sie womöglich durch eine Erkrankung mit einem entfernten Verwandten des Masernvirus entstanden ist. Das 150 Millionen Jahre alte Knochenstück ist damit der älteste fossile Beleg für Viren weltweit.

Mit nur 30 000 Jahren ist *Pithovirus sibericum* dagegen taufrisch. Und das im wahrsten Sinne des Wortes, denn man hat dieses Virus 2014 im sibirischen Permafrostboden gefunden, in dem es seit den Zeiten von Mammut und Säbelzahntiger schlummerte. Man hat es aufgetaut und konnte nach all dieser Zeit immer noch Amöben mit dem Virus infizieren. Ein Gruß aus der fernen Vergangenheit. Wenn infolge des Klimawandels diese Böden wieder auftauen, könnte es allerdings passieren, dass dieses und andere längst vergessene Viren plötzlich ein Revival feiern ...

Neben der Paläontologie gibt es aber auch noch die Paläovirologie. Bei dieser wissenschaftlichen Disziplin marodieren die Wisschenschaftler nicht mit einem Spaten über der Schulter durch die entlegensten Gegenden dieser Welt. Man findet sie viel eher mit einer Pipette in der Hand im Labor oder noch lieber mit einem dampfenden Big-Bang-Theorie-Kaffeebecher vor dem Computer. Denn der Ort, an dem man Überreste längst verschwundener Viren finden kann, ist die DNA heutiger Lebewesen. Im Erbgut sammeln sich im Laufe der Zeit immer Spuren missglückter Gen-Piraten-Überfälle an: Virus-Genome, die aus irgendeinem Grund in die Zelle hinein-, aber nicht mehr hinausgekommen sind. Immerhin: Fast zehn Prozent unseres gesamten Erbguts weisen solche fossilen und größtenteils kaputten Virussequenzen auf.

Findet man in den Genen verwandter Tierarten an derselben Stelle dasselbe fossile Virus-Gen, kann man davon ausgehen, dass es schon in gemeinsamen Vorfahren beider Arten vorhanden war. Alles in allem scheint sich dabei die Vermutung zu bestätigen, dass uns Viren seit sehr langer Zeit begleiten (wenn sie nicht, wie gesagt, schon immer da waren). Vorfahren der Lentiviren gibt es nachweislich seit mindesten zwölf Millionen Jahren, Hepatitis-B-Virus-Verwandte seit 19 Millionen Jahren und die Urväter von Ebola- und Retroviren seit mehr als 30 Millionen Jahren. Bei den Parvoviren sind sogar fast 100 Millionen Jahre belegt.

Dabei sind diese Virusfossilien nur wie Fußabdrücke am Strand, die beständig von Wind und Wasser bearbeitet werden, bis man sie nicht mehr erkennen kann: Mutationen im Erbgut lassen die Virusüberreste im Laufe der Jahrmillionen langsam verschwinden, und Viren sind deshalb wahrscheinlich durchaus älter, als sich heute mit solchen DNA-Fossilien belegen lässt.

Paläovirologen kämpfen aber nicht nur gegen die Zeit. Beim Zeichnen der viralen Stammbäume kommt erschwerend hinzu, dass Artgrenzen für Viren keine unüberwindlichen Mauern darstellen. Sie sind immer auf der Suche nach Türen, durch die sie schlüpfen können, auf diese Weise breiten sie sich von einer Art zur nächsten aus: So kam HIV vom Affen zum Menschen, und die Grippe macht auch immer wieder den Satz von Vögeln und Schweinen zu uns. Man kennt sogar Viren, die sich gleichzeitig in Pflanzen und Insekten vermehren können, oder auch welche, die zwischen Insekten und Säugern pendeln.

Dieser horizontale Gentransfer zwischen unterschiedlichen Virusarten ist schwer in einem Stammbaum unterzubringen, der die Weitergabe von Erbmaterial nur vertikal – also von den Eltern auf die Nachkommengeneration – vorsieht.

Darüber hinaus haben Viren noch zwei weitere Eigenschaften, die die Arbeit an virologischen Stammbäumen gelegentlich sehr frustrierend machen können: Sie sind schlampig, und viele von ihnen klauen wie die Raben (wobei man den Raben da wahrscheinlich unrecht tut). Schlampig sind sie, weil sie beim Kopieren ihres Erbguts mehr Fehler machen als ein betrunkener Teenager, der versucht, in der Achterbahn eine SMS an seine Liebste zu schreiben. Evolutionär macht das allerdings durchaus Sinn (für das Virus, für den Teenie wahrscheinlich weniger), denn durch die entstehenden Mutationen verändert sich das Virus und kann sich so schnell anpassen. Was das Klauen betrifft, gibt es Viren, die so ziemlich alles an Genen mitnehmen, was sie in die Finger kriegen. Von ihren Wirtszellen, anderen Viren und von wo auch immer. Egal.

Die DNA-Viren sind dabei deutlich aktiver als die RNA-Viren. Wahrscheinlich weil sie mehr Platz im Erbgut für Diebesbeute haben. Für Stammbäume, die von dem Vergleich von Sequenzen leben, ist der lockere Umgang der Viren mit ihrem Erbgut problematisch, weil nichts mehr so recht zueinander passen will. Weit entfernte Verwandtschaften zwischen Virenarten versucht

man deshalb nicht an ihrem Erbgut festzumachen, sondern daran, wie ähnlich ihre Kapside sind. Und nicht einmal hier geht es um die Gensequenz der Kapsid-Proteine, sondern nur darum, wie die Proteine gefaltet sind, wie sie zusammengesteckt werden und wie das Kapsid am Schluss als Ganzes aussieht und funktioniert, denn dieses Grundmuster der Viren ist so ausgefeilt, dass die Viren hier wenig Spiel für Veränderung haben.

Die erste derartige Virus-Erblinie fand man, als man feststellte, wie sehr sich die Kapside der menschlichen Adenoviren und die eines Bakterienvirus glichen, das man in den siebziger Jahren aus einem Abwasserkanal in Kalamazoo, Michigan, gezogen hatte. Diese Viruslinie umfasst eine riesige Anzahl verschiedenster Viren, deren Wirte im Stammbaum des Lebens in sämtlichen Nischen vorkommen und deren ikosaedrische Kapside (ein Ikosaeder ist eine kugelige Struktur mit 20 dreieckigen Flächen) von Proteinen mit derselben Grundstruktur aufgebaut werden.

Wenn Sie sich jetzt gerade denken: «Adenoviren? Also, von denen hab ich ja noch nie etwas gehört», bringt das die Geschichte dieser Viren ziemlich genau auf den Punkt. Die allermeisten Menschen haben bereits einen Infekt mit Adenoviren durchgemacht, aber die allerwenigsten kennen sie. Dabei sind Adenoviren wirklich weit verbreitet, und allein im Menschen kennt man über sechzig unterschiedliche Adenovirustypen. Sie kommen in so ziemlich allen Wirbeltieren vor, und einiges weist darauf hin, dass sogar schon die Dinosaurier aus müden, entzündeten roten Augen und mit triefender Nase gen Sonne blickten und sich, während sie sich hustend hinter einem Baum ihrem Durchfall ergaben, sehnlichst wünschten, dass dieses elende Krankheitsgefühl möglichst schnell wieder abebben sollte. Gut, zugegeben, für diese Kombination aus Symptomen braucht es schon mehrere Typen an unterschiedlichen Adenoviren, aber unser Dino gibt uns zumindest einen guten Überblick über das Spektrum an Krankheiten, die Adenoviren in Menschen mit einem gutfunktionierenden Immunsystem auslösen können.

Aber auch für sich genommen sind die Adenoviren aus Sicht der Evolution interessant, da sie nicht nur in Säugetieren, sondern auch in Vögeln, Fischen, Reptilien und Amphibien vorkommen. Dadurch, dass man so viele dieser Viren kennt, kann man einen guten Überblick über ihre Evolution bekommen. Adenoviren haben 16 Gene, die zur Grundausstattung gehören und die für die grundlegenden Angelegenheiten sorgen: das Kapsid, die Vervielfältigung des Erbguts und das Verpacken des Erbguts ins Kapsid.

All diese Gene haben anscheinend schon im gemeinsamen Urvater der Adenoviren existiert, und sie hängen noch heute weitgehend in der Mitte des Virusgenoms zusammen herum. Gen-Neuerwerbungen, die die Viren auf Stör oder Spitzhörnchen oder was auch immer anpassen, finden sich dagegen eher an den Enden des DNA-Genoms. (Das hat ein bisschen was von bayerischer Dorfkneipe: Der Stammtisch der Alteingesessenen steht in der Mitte, während sich die Zugezogenen mit den Randplätzen an der Klotür begnügen müssen.) Die Neuen hatten sich die Adenos dabei von überall her zusammengeklaubt: aus ihren Wirtszellen, aus anderen Viren und sogar aus Bakterien. Viele der eingefangenen Gene wurden im Laufe der Zeit an die Bedürfnisse des Virus angepasst. Einige wurden verdoppelt, manche dermaßen gründlich durchmutiert, dass sie nicht mehr ihre ursprüngliche Aufgabe erfüllen konnten, sondern im Virus einen völlig neuen Job bekamen.

Viren sind eben wirklich die Piraten der genetischen See.

10. KAPITEL

Hilfe, die Mutanten kommen!

Schweine, Vögel und Papa Hilleman, der den Mumps seiner Tochter groß rausbringt.

Oh, ein Hawaiihemd mit Palmen und in Regenbogenfarben ... Mensch, vielen Dank, Tante Hedwig», lüge ich frisch von der Leber weg. Heute ist mein Geburtstag, ich bin gut gelaunt und gedenke, mir meine gute Stimmung auch nicht von einem tantentypischen Geschenk vermiesen zu lassen. Die Zeiten, als selbstgestrickte Wollpullunder mit saisonal abgestimmtem Elchmotiv noch meine Laune trüben konnten, sind vorbei – endgültig. Mittlerweile pflege ich einen guten Kontakt zum Leiter der örtlichen Kleiderkammer, und meine Spenden sind, da meist nahezu neuwertig, gern gesehen.

Ich umarme Hedwig – vielleicht eine Spur zu überschwänglich. Ihr Misstrauen ist geweckt, und sie holt zum Überraschungsschlag aus.

«Freut mich, dass ich deinen Geschmack getroffen habe, mein Junge. Immer nur diese T-Shirts mit komischen Aufdrucken sind ja nix auf die Dauer. So wird das nie was mit deiner Karriere. Wer was auf sich hält, trägt Hemd, und deshalb kannst du das hier gleich heute ins Büro anziehen.» Sie grinst mich an.

Ich schlucke und versuche mich aus der Situation herauszuwinden, aber es ist zu spät. Hedwig hat mich fest im Griff und ist nicht bereit lockerzulassen.

20 Minuten später verlasse ich in meinem neuen Hemd die Wohnung und mache mich auf den Weg zu meiner Arbeit. An der Bushaltestelle sehe ich von fern Lars, einen Kollegen aus der Buchhaltung. Ich winke und gehe auf ihn zu, doch er nimmt keinerlei Notiz von mir. Na toll, dieser Geburtstag wird immer besser.

«Moin», grüße ich, als ich dicht bei ihm bin.

Erst jetzt scheint er mich zu erkennen. «Mann, was ist denn mit dir passiert? Ist ja ein fieses Outfit. Weiß deine Frau, dass du draußen so herumläufst?»

Ich versuche ein gewisses Maß an Würde zu behalten und murmle etwas von modischem Pioniergeist und selbstbestimmtem Handeln.

Dann gebe ich auf und erzähle von meinem Hedwig-Schlamassel. Lars schaut mich mitfühlend an und bietet mir sein Ersatzhemd an, das er für akute Notfälle immer dabeihat.

Den Rest des Tages verbringe ich in einem schicken schwarzen Hemd, in dem ich mich sehr wohl fühle. Und auch sonst flutscht der Tag richtig gut. Alles, was ich anfasse, gelingt. Ob das wirklich mit dem veränderten Outfit zusammenhängt? Wer weiß.

Fest steht jedoch: Die richtige Dosis vorausgesetzt, ist Veränderung die Triebfeder des Erfolgs.

Auch viele Viren verändern ihr Aussehen, und oft ist das Ergebnis für uns Menschen denkbar unglücklich. Ein Beispiel: Die Grippe alias Influenza ist ein echter Spezialist in Sachen Veränderung. Jedes Jahr im Herbst mischt sie sich im neuen Outfit unters Volk und versucht alles ins Bett zu bekommen, was ihren Weg kreuzt. (Wer es bei seinen Beziehungen etwas ruhiger und gesitteter angehen lassen will, dem sei zur saisonalen Grippeschutzimpfung geraten.)

Im Laufe der Jahrhunderte erschien die Grippe immer wieder wie ein Phantom, das auftauchte, in weiten Teilen der Bevölkerung Lungenentzündungen und hohes Fieber auslöste, viele Opfer forderte und wieder verschwand. Mangels besserer Erklärungen machte man im Mittelalter die Konstellation von Sternen und Planeten für das Auftreten der Grippe verantwortlich, und man prägte den geheimnisumwobenen Namen: Influenza – der «Einfluss».

Aber mit wem haben wir es hier eigentlich zu tun? Winzig klein, kugelig, bedeckt von einer Membran mit Spikes, die die eingängigen Namen Hämagglutinin und Neuraminidase tragen, und tief verborgen im Innern ein genetischer Masterplan, um ihre Opfer ins Verderben zu stürzen – so sieht sie aus, die Grippe, die *Femme fatale* unter den Viren. Und weil die Dame von Welt mehr als einen einzigen Satz Klamotten im Schrank hat, gibt es auch unterschiedliche Hämagglutinin- und Neuraminidase-Moleküle, die elegant miteinander kombiniert werden können. Zurzeit zählt man 18 unterschiedliche Typen beim Hämagglutinin und 11 bei der Neuraminidase. (Man rechnet damit, dass noch mehr dazukommen können, denn von schicken Oberteilen kann man schließlich nie genug haben.) Theoretisch sind 198 verschiedene Kombinationen aus Neuraminidase und Hämagglutinin möglich. Und um alle unterscheiden zu können, werden Grippeviren nach ihrem jeweiligen Hämagglutinin- und Neuraminidase-Typus benannt, also zum Beispiel H1N1, H2N2 oder auch H5N1.

Nimmt das Grippevirus eine Zelle ins Visier, kommen sich die beiden erst einmal vorsichtig näher, und das Virus nestelt mit seinem Hämagglutinin an der Sialinsäure, die sich auf der Oberfläche der Zelle befindet. Die Zelle wiederum kann diesem knackigen Proteinknäuel nicht widerstehen und lässt das Virus ein. Da aber jeder weiß, dass man Fremde nicht einfach in die Wohnung lässt, sitzt das Virus vorerst sicher verpackt in einem Membransäckchen in der Zelle. Doch es wäre keine wahre *Femme fatale*, hätte sie gegen dieses Zuviel an Kleidung nicht noch ein Ass im Ärmel. Zielstrebig gräbt es sein Hämagglutinin wie einen Angelhaken in die sie umgebende zelluläre Membranhülle, bis schließlich die Membranen von Virus und Zelle verschmelzen.

Ja, und dann läuft es im Wesentlichen so ab, dass die Zelle das tut, was das Virus will: Sie produziert Nachkommenviren. Viele davon. Die nach und nach freigesetzt werden. Und damit diese jungen, unerfahrenen Dinger sich nicht aus Versehen mit der bereits infizierten Zelle einlassen, wird außen gleichsam ein «Bitte nicht stören»-Schild an die Zellmembran gehängt. Diese Aufgabe übernimmt die Neuraminidase. Damit wirklich niemand in Versuchung gerät, sich unbefugt Zutritt zu verschaffen, knapst sie die Sialinsäure von der Zelloberfläche ab.

Glücklicherweise sind die Körperzellen nicht vollkommen auf sich allein gestellt, was den Umgang mit Grippeviren angeht. Sie haben einen starken Partner an ihrer Seite: das Immunsystem, den Kumpel, der rechtzeitig warnt, wenn die Exfreundin sich wieder nähert und wir in Gefahr geraten, uns wieder auf sie einzulassen. Den Kumpel, der die Scherben zusammenkehrt, wenn wir doch nicht widerstehen konnten, und bei dem wir uns gediegen ausheulen können.

Kurz: Hat der Körper schon einmal eine Grippeinfektion durchgemacht, ist das Immunsystem zur Stelle und verhindert, dass es erneut zu einer Infektion kommt, wenn – und das ist der Haken an der Sache – es das Grippevirus auch tatsächlich erkennt. Dieser Umstand ist nicht unbedingt gegeben, denn, wie anfangs schon erwähnt, Grippeviren verändern sich ständig.

Eine Ursache dafür sind die viruseigenen Kopierer des Erbguts, die Polymerasen, die beim Kopieren extrem viele Fehler machen. Wobei «extrem viel» im genetischen Kontext bedeutet, dass sich bei einer Kopie etwa alle 10 000 Basen ein Fehler einschleicht. Geht man davon aus, dass ein durchschnittliches Buch etwa 100 000 Wörter umfasst, wären das pro Buch zehn Fehler. Bei dieser Größenordnung kann man nicht unbedingt von massiver Schlamperei sprechen, aber wenn man sich vor Augen hält, dass der Kopiervorgang des menschlichen Erbguts durch die zelleigenen Polymerasen so exakt ist, dass umgerechnet in 10 000 Büchern gerade einmal ein *einziger* Fehler auftritt, führen Grippeviren doch eher ein genetisches Lotterleben. Diese Art der Veränderung wird als «Antigendrift» bezeichnet: Fehler passieren ständig und führen dazu, dass sich über die Zeit viele kleine Mutationen im Viruserbgut ansammeln. Natürlich findet sich unter den neuen Kreationen auch viel Schrott, aber Viren setzen an dieser Stelle auf Masse anstatt auf zielorientierte Designoptimierung. Anders ausgedrückt: Während das deutsche Durchschnittselternpaar bei der Aufzucht seiner 1,4 Durchschnittskinder unter erheblichem erzieherischen Erfolgsdruck steht, können Influenzaviren sehr viel gelassener bleiben: Eine influenzainfizierte Zelle produziert zwischen 1000 und 10 000 Nachkommen. Irgendetwas Brauchbares ist da eigentlich immer dabei.

Die genetische Drift ist auch dafür verantwortlich, dass der Grippeimpfstoff jedes Jahr neu angepasst werden muss. Unser Immunsystem funktioniert nämlich in etwa wie ein Virenscanner in einem Computer. Es überwacht das System, erkennt potenzielle Schadsoftware und löscht sie. In diesem Kontext kann man sich eine Impfung wie ein Update des Virenscanners vorstellen, mit dem es über Art und Aussehen neuer Viren informiert wird. Da sich das Grippevirus aber ständig verändert, muss auch der Virenscanner stets auf dem aktuellen Stand gehalten werden. Ohne regelmäßiges Update (neue Impfung) kann es sonst passieren, dass der Scanner die neue Virusvariante nicht erkennt. In diesem Fall kann sich das Grippevirus im Patienten breitmachen – und man wird krank.

Aber woher weiß man im Vorhinein, wie die Grippeviren im nächsten Herbst aussehen werden? Stehen da in unterirdischen Laboren der Area 51 geheime Zeitmaschinen? Oder pilgern die Chefs der WHO, der Weltgesundheitsorganisation, einmal im Jahr zu einer Hellseherin nach Wuppertal, die dann murmelnd in ihre Kristallkugel schaut? Reizvolle Gedanken, aber nein, so läuft es nicht ab. Was dahintersteckt, ist nicht ganz so spektakulär und lässt sich mit der Planung vergleichen, die in der Welt der Mode zu beobachten ist.

Bei der Vorhersage neuer Fashiontrends haben die Modenschauen in Mailand, Paris und New York großen Einfluss. Was dort gezeigt wird, finden wir häufig in der nächsten Saison im Einzelhandel wieder. Bei der Grippe ist das ganz ähnlich. Jedes Jahr werden weltweit Proben von Grippeinfizierten gesammelt, analysiert und an die großen Gripperefereferenzzentren in Atlanta, London, Melbourne, Peking und Tokio weitergeleitet. Die Daten werden dort erfasst und untersucht: Welche Grippevarianten treiben sich wo herum, wie häufig sind sie und, wie präsentieren sie sich dem menschlichen Immunsystem gegenüber? Zweimal im Jahr organisiert die WHO ein Treffen der Direktoren der großen Referenzzentren zusammen mit Forschern und Ärzten aus der Praxis, um die neuesten Trends und Drifts in Sachen Grippe zu diskutieren und eine möglichst gute Empfehlung für die Zusammensetzung des Impfstoffs für die nächste Saison zu geben.

Im Februar gibt man dann eine Empfehlung für den Impfstoff der nördlichen Erdhalbkugel ab, im September für die südliche Halbkugel. Besonders gut kann sich die Grippe nämlich in den kühlen Wintermonaten beziehungsweise in den wärmeren Regionen während der Regenzeit verbreiten, und da sich Sommer und Winter auf der Nord- und Südhalbkugel im Wechsel die Klinke in die Hand geben, ist auch die Grippesaison zeitlich gegeneinander verschoben.

Lange Zeit war nicht ganz klar, was Grippeviren machen, wenn bei uns Sommer ist. Man vermutete, dass die Viren im jahreszeitlichen Wechsel zwischen Nord- und Südhalbkugel hin- und herpendeln würden. Neueste Daten legen jedoch nahe, dass es in Ost- und Südostasien ein Gebiet gibt, in denen sich Regen- und Winterzeiten zeitlich so überschneiden, dass Grippeviren wie in einem Strudel das gesamte Jahr über unter winterlich-regnerischen Bedingungen zirkulieren und gemütlich vor sich hin mutieren können. Diese Komfortzone ermöglicht es Viren, sich über die Handels- und Reisewege Richtung Europa und Nordamerika zu verbreiten, wenn auf der Nordhalbkugel die kühlere Jahreszeit anbricht.

Manchmal wird beobachtet, dass Grippeviren sich nicht langsam und kontinuierlich verändern, sondern dass plötzlich ein Virus auftaucht, dessen Aussehen sehr stark von allem bisher

Dagewesenen abweicht. Das Virus zeigt sich in einem ganz neuen Look. Wenn etwas Derartiges passiert, spricht man von einem «Antigenshift». Ein solcher Shift entsteht meist dadurch, dass ein Virus mit einem neuen Hämagglutinin oder auch einer neuen Neuraminidase auf der Oberfläche auftaucht und damit das Immunsystem der meisten Menschen überrascht. Dementsprechend verbreiten sich diese Viren nach ihrem Auftauchen sehr schnell und haben das Potenzial, eine Pandemie, also eine weltweite Verbreitung der Krankheit, auszulösen. In diesen Fällen ist es viel schwerer, rechtzeitig einen schützenden Impfstoff gegen sie herzustellen.

Aber wie genau kommt es eigentlich zu solch einem Antigenshift? Eine Möglichkeit besteht darin, dass ein Influenzavirus, das bislang nur eine bestimmte Tierart infiziert hat, jählings auf den Menschen übergeht. Grippeviren kommen nämlich nicht nur im Menschen, sondern auch in einer Reihe von Tierarten vor: in Hunden, Katzen, Pferden, Walen, Seehunden, Fledermäusen, Schweinen, Vögeln. Alle diese Tiere haben ihre artspezifischen Grippeviren, und selbst wenn diese genetisch miteinander verwandt sind, können sie normalerweise Menschen nicht infizieren.

Aber wie das so ist in der Biologie – manchmal passiert es eben doch! Die bislang schlimmste bekannte Grippewelle, die zwischen 1918 und 1919 um die ganze Welt schwappte, ist vermutlich auf einen solchen Antigenshift zurückzuführen. Doch wenn Viren von einer Art auf die andere springen, sind sowohl das Virus als auch der neue Wirt nicht unbedingt auf dieses unerwartete Zusammentreffen vorbereitet. Das ist dann in etwa so, als würde man versuchen, mit einem Holzvollernter die Rasenparzelle hinter dem Haus zu mähen. Hat man sich erst einmal über die enge Einfahrt den Weg in den Garten gebahnt, liegt die Grünfläche verlockend vor einem. Doch wenn die Maschine die Johannisbeersträucher und die Hortensien im Ernterausch dem

Hackschnitzelharvester zuführt, spürt man irgendwo tief in sich, dass dieses Glücksgefühl, das sich gerade breitmacht, nur von kurzer Dauer sein wird ...

Ähnlich ergeht es Viren, die die Artgrenze überspringen. Die Reaktion auf den Wirt ist häufig zu heftig. Und das ist nicht nur für den Wirt ungünstig, auch aus Sicht des Virus ist das ziemlich misslich, denn in einem toten Wirt kann es sich nicht weiter vermehren. Angesichts des Ausmaßes der Grippewelle von 1918/1919 und des heftigen Krankheitsverlaufs - mitunter waren es nur ein paar Stunden vom Eintritt der ersten Symptome bis zum Erstickungstod durch eine fulminante Lungenentzündung - ist das allerdings ein schwacher Trost.

Bis heute ist nicht ganz geklärt, woher das Grippevirus H1N1 von 1918 genau kam, aber am wahrscheinlichsten scheint die Theorie zu sein, dass ein Grippevirus aus Vögeln einen oder mehrere Menschen infizierte. Durch Kopierfehler entstanden zufällige Mutationen, durch die das Virus optimal von Mensch zu Mensch weitergegeben werden konnte - und voilà: Das Virus hüpfte munter von Mensch zu Mensch, und seiner zerstörerischen Weltreise stand nichts mehr im Wege.

Die ersten Fälle wurden im Frühjahr 1918 in den USA dokumentiert. Das war ein Dilemma. Der Erste Weltkrieg lief auf vollen Touren, und wie aus dem Nichts tauchte da eine Krankheit auf, die besonders junge Erwachsene dahinraffte und sich schnell ausbreitete. Man wusste nicht, wodurch diese Krankheit ausgelöst wurde, auch nicht was man dagegen tun konnte. (Es sollte noch zwölf Jahre dauern, bis das Influenzavirus als Erreger der Grippe entdeckt wurde.)

Und was machte man in so einem Fall? Genau, am besten erst einmal nichts sagen. Nicht dass sich noch jemand aufregt, ist schließlich nicht gut für die Gesundheit - und in Kriegszeiten schlechte Propaganda. Und so reisten die Grippeviren mit den amerikanischen Truppen Richtung Frankreich. Auch dort verbreitete sich die Grippe mit einer immensen Geschwindigkeit über alle Frontlinien hinweg. Doch erst als sie im neutralen Spanien angekommen war und etliche Mitglieder des spanischen Königshauses befallen hatte, bekam die Krankheit einen Namen und ging als Spanische Grippe in die Geschichte ein.

Im Sommer 1918 gab es eine kurze Ruhepause, aber im Herbst tauchte die Grippe mit aller Macht wieder auf. Bis Oktober waren so viele Soldaten infiziert, dass manche Historiker sogar davon ausgehen, dass das Ende des Ersten Weltkriegs auch der Grippe geschuldet ist. Den Friedensnobelpreis verdiente sich das Grippevirus damit jedoch nicht.

Nachdem die Grippewelle im Frühjahr 1919 erneut abebbte, hatte das Virus zwischen 20 und 50 Prozent der Weltbevölkerung infiziert, und man verzeichnete weltweit mehr als 20 Millionen Grippetote. Das waren mehr Todesopfer, als der Erste Weltkrieg zwischen 1914 und 1918 gefordert hatte.

Ein Antigenshift kann aber auch noch durch einen anderen Mechanismus entstehen, durch die sogenannte genetische Reassortierung. Das klingt etwas sperrig, meint aber nur, dass Grippeviren manchmal nicht so genau zwischen Mein und Dein unterscheiden können. Und das kommt so: Grippeviren stehen bei ihrem Zusammenbau vor einer besonderen Herausforderung. Ihr Erbgut besteht nämlich nicht aus einem einzigen Stück, sondern aus acht einzelnen Teilen. Bei der Vermehrung von Grippeviren müssen deshalb in jedes neue Virus alle acht Teile eingepackt werden, damit die Nachkommenviren voll funktionsfähig bleiben. Ein bisschen ist das so, als würde man an einem eiskalten Wintermorgen das Haus verlassen: Vorher werden Schuhe, Jacke, Mütze, Schal und Handschuhe angezogen, lässt man ein Teil davon weg, drückt das schnell aufs Wohlbefinden. So weit, so gut.

Manchmal passiert es aber, dass eine Zelle nicht nur von einem, sondern von zwei unterschiedlichen Grippeviren infiziert wird, und dann kann es schwierig werden. Denn nun herrschen in der Zelle in etwa solche Verhältnisse, als ob man morgens im Halbdunkeln vor der vollkommen überfüllten Familiengarderobe steht, in der Hedwigs Klamotten einen nicht unbeträchtlichen Anteil ausmachen. Hat man möglichst leise und ohne Licht zu machen ein Set aus Schuhen, Jacke, Mütze, Schal und Handschuhen zusammengesucht, ist nicht auszuschließen, dass man erst nach Verlassen des Hauses bemerkt, dass der Kopf von einer modisch fragwürdigen altrosa Bommelmütze bedeckt ist und sich in der Jackentasche statt des dringend gesuchten Autoschlüssels ein mit Spitze eingefasstes und nach Lavendel duftendes Stofftaschentuch befindet.

Bei den Grippeviren sind es übrigens auch häufig Verwandte aus anderen Tierarten, die für die genetische Neusortierung verantwortlich sind. Besonders berüchtigt sind die Familientreffen von Vogel-, Schweine- und menschlichen Grippeviren. Der Einfachheit halber trifft man sich bevorzugt im Schwein, denn da kommen alle drei Virusarten gut hinein, während Vogelgrippeviren mit menschlichen Zellen ihre Probleme haben und sich menschliche Grippeviren an Vogelzellen in der Regel die Zähne ausbeißen.

Solch ein Treffen war letztendlich dafür verantwortlich, dass sich 1957 die Asiatische Grippe über die ganze Welt ausbreitete. In einem in China beheimateten Hausschwein hatten sich vermutlich schon Jahre zuvor das Hämagglutinin und die Neuraminidase aus einem Vogelvirus mit einem menschlichen Grippevirus neu sortiert. Über die Zeit und mit Hilfe einiger weiterer Kopierfehler entstand so ein Virus, das sich sehr gut in menschlichen Zellen vermehrte und sich leicht von Mensch zu Mensch weitergeben ließ.

Gleichzeitig war die Oberfläche des Virus durch das neue Hämagglutinin und die neue Neuraminidase so stark verändert, dass das neue Virus – das als H2N2 in die Geschichte einging –

das Immunsystem der meisten Menschen vollkommen unvorbereitet traf. Denn auch wenn unser Immunsystem lernfähig ist und ein sehr gutes Gedächtnis hat, braucht es etwas mehr Zeit, wenn es einen Erreger zum allerersten Mal sieht. Und das bedeutete, dass sich das neue Virus erst einmal rasant im Menschen vermehren konnte, bevor durch das Immunsystem effektive Gegenmaßnahmen eingeleitet werden konnten. Die Menschen erkrankten und steckten weitere Menschen an. In Windeseile breitete sich das Virus so über ganz Asien aus und hatte sich binnen sechs Monaten über den ganzen Globus verteilt. Man geht davon aus, dass die Weltreise der Asiatischen Grippe bis 1958 etwa zwei Millionen Menschen das Leben kostete.

Insbesondere in den USA ist ein Name sehr eng mit der Asiatischen Grippe verknüpft: Maurice Hilleman. Hilleman war Mediziner und Mikrobiologe. In seinem Berufsleben entwickelte er über 40 Impfstoffe, von denen viele noch heute in Verwendung sind. Besonders der von ihm entwickelte Mumpsimpfstoff enthält eine gute Portion Hilleman'scher Familiengeschichte:

Am Abend bevor Hilleman eine Dienstreise nach Südamerika antreten wollte - es war das Jahr 1963 -, wurde seine damals fünfjährige Tochter Jeryl Lynn krank. Da stand sie mit Fieber und dicken Hamsterbacken. Sie hatte Mumps. Und was macht ein liebevoller Vater in so einer Situation? Aus Angst, dass die Symptome bis zu seiner Rückkehr vielleicht schon wieder abgeklungen sein könnten, zückte er einen Tupfer und legte einen Rachenabstrich an. In Ermangelung einer besseren Alternative verstaute er den Tupfer in einem Glas mit Rinderbrühe und fuhr Brühe und Tupfer noch in derselben Nacht in sein Labor, wo er die wertvolle Probe einfror.

Aus dem Abstrich kultivierte er später das Mumpsvirus und schwächte es nach und nach ab, bis er schließlich einen Virusstamm in Händen hielt, der zwar noch eine schützende Immunreaktion, aber keine Krankheitssymptome mehr hervorrief. In einem Anfall väterlichen Stolzes benannte er dieses Impfvirus nach seiner Tochter. Das Jeryl-Lynn-Virus wird bis heute in der Medizin als Mumpsimpfstoff verwendet.

Eine der ersten Nutznießerinnen des neuen Impfstoffs war übrigens Hillemans jüngere Tochter Kirsten, die als Probandin an einer klinischen Mumpsimpfstoff-Studie teilnahm. Für Wissenschaftler fällt so etwas unter eine erfolgreiche Work-Life-Balance – Hillemans Tochter Kirsten dagegen fand es wahrscheinlich nur ätzend, dass sie nach Strampelanzügen, niedlichen Festtagskleidchen und kratzigen Strumpfhosen wirklich *alle* alten Dinge ihrer großen Schwester auftragen musste.

Aber zurück zum Grippevirus. Sechs Jahre zuvor, im April 1957, las Hilleman in einem Artikel der *New York Times* über einen Grippeausbruch in Hongkong, der binnen kürzester Zeit 250 000 Menschen erfasst hatte. Schlagartig war ihm klar, was das zu bedeuten hatte: Da war eine heftige Grippepandemie im Anmarsch. Hilleman, der zu dieser Zeit Wissenschaftler am Walter Reed Army Institute for Research in Washington, D. C., war, schlug Alarm. Er wandte sich an die Öffentlichkeit und sagte, eine Grippepandemie würde die USA pünktlich zum Schulbeginn nach den Sommerferien treffen. Gleichzeitig forderte er Proben von Infizierten aus Hongkong an und isolierte innerhalb von drei Wochen zusammen mit seinem Team aus diesem Material ein Grippevirus, dessen Oberfläche von einem bislang unbekannten Hämagglutinin und einer unbekannten Neuraminidase überzogen war, gegen die die meisten Menschen keinerlei Antikörper besaßen. Nur die Immunsysteme von Menschen, die 65 Jahre und älter waren, schienen den neuen Virusstamm zu erkennen, was sie zumindest teilweise vor einer Infektion schützte. Hilleman folgerte daraus richtigerweise, dass das neue Grippevirus vor 65 Jahren schon einmal in Erscheinung getreten sein musste, sodass ältere Menschen bereits mit diesem oder einem sehr ähnlichen Grippeerreger in Kontakt gekommen waren und einen Immunschutz aufgebaut hatten. Irgendwo, so vermutete er, müsste es ein Reservoir für Grippeviren geben, aus dem sich permanent neue Virustypen formieren oder alte Virustypen wieder auftauchen konnten.

Sobald er das frisch isolierte Virus in Händen hielt, schickte er es an Pharmafirmen und drängte sie, einen Impfstoff gegen diese neue Grippe zu entwickeln. Im gleichen Atemzug nahm er Kontakt zu führenden Geflügelzüchtern auf und setzte sich dafür ein, dass Hähne nicht wie sonst üblich geschlachtet, sondern zur Befruchtung von Eiern am Leben gelassen wurden. Grippeviren lassen sich nämlich sehr gut auf befruchteten Hühnereiern vermehren, und für die Herstellung eines Grippeimpfstoffs im großen Maßstab brauchte man ungemein viele befruchtete Eier. Das machte Hilleman zum einen zum Helden der Hähne (zumindest kurzfristig), zum anderen zeigt es, mit wie viel Umsicht und Durchsetzungsvermögen er diese Krisensituation anging. Viel-

leicht mag es ihm an dieser Stelle auch geholfen haben, dass er auf einer Geflügelfarm in Montana aufgewachsen war und man ihm in Sachen Huhn so schnell nichts vormachen konnte.

Als der Sommer sich dem Ende neigte, kam die Grippe – pünktlich zum Schulanfang, genau wie Hilleman es vorhergesagt hatte. Doch Dank der intensiven Vorbereitung war man gewappnet: Der Asiatischen Grippe standen 40 Millionen Impfstoffdosen gegenüber. Im Endeffekt konnte der Impfstoff den Ausbruch der Grippe in den USA nicht vollständig verhindern; 70 000 US-Amerikaner starben, und viele Menschen erkrankten an der Grippe. Aber heute ist man sich einig, dass durch ihn die Grippepandemie in den USA zumindest aufgehalten und deutlich abgeschwächt wurde.

Grippepandemien treten immer wieder auf. 1968 wurde die Asiatische Grippe von der Hongkong-Grippe, einem H2N3-Virus, abgelöst. Wieder hatte in Schweinen ein Antigenshift stattgefunden, sodass ein Virus mit einer neuen Neuraminidase auf der Oberfläche entstanden war. Diese Pandemie forderte weltweit knapp eine Million Menschenleben.

Und zuletzt machte die sogenannte Schweinegrippe von sich reden, die von der WHO im Juni 2009 offiziell zur Pandemie erklärt wurde. Wobei der Name an sich etwas irreführend ist, denn das verantwortliche Virus enthielt neben Virusbestandteilen aus einem Schweinegrippevirus auch noch Anteile aus menschlichen Grippeviren und Vogelgrippeviren. Nur zusammengemixt hatte sich dieser bunte Cocktail wieder in einem Schwein. Arme Sau.

Das Grippevirus von 2009, das wie das Virus von der Spanischen Grippe zum Typ H1N1 gehörte, verbreitete sich rasend schnell um den gesamten Globus. Im Gegensatz zur Spanischen Grippe lief die Schweinegrippe jedoch verhältnismäßig glimpflich ab und forderte sogar weniger Todesopfer als eine «normale» saisonale Grippe. Puh, Schwein gehabt!

Lässt sich eigentlich voraussagen, wann die nächste Grippepandemie ausbrechen wird? Nun, die Antwort auf diese Frage ist bestechend einfach: keine Ahnung.

In einer Zeit, in der man mittels Webcam und spezieller Smartphone-Apps sogar den eigenen Kühlschrank rund um die Uhr überwachen kann, ist das keine wirklich zufriedenstellende Antwort, aber ehrlicherweise die einzige, die man guten Gewissens geben kann. Den Zeitpunkt zu bestimmen, an dem ein neues Virus zum ersten Mal auftaucht, ist schlichtweg unmöglich. Nicht einmal Maurice Hilleman konnte das. Als er seine Pandemiewarnung hinsichtlich der Asiatischen Grippe für die USA abgab, war die Pandemie bereits in vollem Gange, nur auf der anderen Seite der Welt. Was ihn auszeichnete, war, dass er ein extrem guter Beobachter war, deshalb konnte er erkennen, dass die Grippe, die in Hongkong wütete, auch die USA erreichen würde. Sein Verdienst war, dass er für seine Überzeugung eintrat und binnen kürzester Zeit erfolgreiche und umfassende Gegenmaßnahmen einleitete. Einfach war das bestimmt nicht.

Auch heute ist das genaue Beobachten das einzige Instrument, das wir für die Bewertung eines Pandemierisikos haben. Durch das ständige Sammeln und Auswerten von Daten über Grippeviren hat man ganz gut im Blick, welche Grippeviren auf dem Vormarsch sind und ob es neue Virustypen in Tieren gibt, die dem Menschen gefährlich werden können.

Zurzeit sind die zwei heißesten Anwärter auf eine neue Grippepandemie zwei Vogelgrippevirustypen, H5N1 und H7N9, die bislang vereinzelt von Vögeln auf Menschen übertragen werden und eine heftige Lungenentzündung auslösen können. Beide Virustypen stehen deshalb unter besonders genauer Beobachtung. Es bleibt also abzuwarten, welche Mutanten beim nächsten Mal das Rennen machen ...

11. KAPITEL

Macht euch nützlich …

Manchmal sind die Bösen die besseren Guten. Denn wir lernen gerade, die wilden Gene zu zähmen und etwas Nützliches machen zu lassen. Was allerdings schwieriger ist, als anfangs gedacht.

O Mann, bin ich fertig ... Letzte Nacht habe ich durchgearbeitet, die Dokumente mussten fertig werden, denn mein Chef reagiert manchmal ziemlich empfindlich, wenn Deadlines nicht eingehalten werden. Jetzt ist es neun Uhr morgens, alles ist fertig, und ich habe mir einen halben Tag freigenommen. Die Familie ist außer Haus, und ich ziehe mir nochmals die Decke über beide Ohren. Außer dem Vogelgezwitscher von draußen ist kein Geräusch zu hören. Herrlich! Ich schließe die Augen und spüre, wie mich der Schlaf an die Hand nimmt und ins Reich der Träume geleitet ...

Dingdong!

Die Türklingel zieht mein Großhirn unsanft auf den Boden der Realität zurück. Och nööö, ich will schlafen! Wahrscheinlich ist es wieder der verrückte Hausmeister, der sich wegen irgendetwas beschweren will. Er soll weggehen ... Ich ziehe mir das Kissen über beide Ohren. Ich habe nichts gehört. Bin gar nicht da ... Andererseits ... Wenn das jetzt der Paketdienst ist, muss ich die Lieferung nachher bei der Post abholen, und das dauert jedes Mal ewig.

Mist.

Leise vor mich hin grummelnd, stehe ich auf, gehe zur Tür und öffne sie. Dort steht Hektor, unser Nachbar.

«Moin», grüßt er. «Euer Schlüssel steckt von außen, den wollt ihr bestimmt lieber drinnen haben. Außerdem wollte ich fragen, ob du ein paar Waffeln magst. Frisch schmecken sie am besten, und wir sind alle pappsatt.» Er drückt mir einen Teller mit herrlich duftenden Waffeln in die Hand und hat sich im nächsten Moment schon wieder von mir verabschiedet. Mir läuft das Wasser im Mund zusammen, doch erst einmal bringe ich meinen wertvollen Schatz in die Küche.

Dingdong!

Ach ja, der Schlüssel! Lieb von Hektor, dass er nochmals klingelt. Ich gehe rasch zurück zur Tür und öffne sie. Vor mir steht Wenzel

Sumper, unser Hausmeister, sein Gesicht ist gerötet, und seine Halsschlagader pulsiert bedrohlich. Er schwitzt heftig. (Mist, ich will zurück zu meinen Waffeln ...)

«Das ist zu viel!», bricht es aus ihm heraus. «Ihre Tante muss weg ... der Garten ... die Blumen ... Anarchie ...» Herr Sumper krallt sich am Türrahmen fest, ringt nach Luft und wettert dann weiter.

Eine halbe Stunde später stellt sich der Sachverhalt für mich wie folgt dar: Ein oder mehrere unbekannte Täter haben in der vergangenen Nacht Guerilla Gardening betrieben und auf Sumpers gehegter und gepäppelter Grünfläche vor dem Haus Blumen gepflanzt. Die Tatsache, dass die gepflanzten Blumen in ihrer Gesamtheit den Schriftzug «Blumenwiese statt Rasen» ergeben, legt für Herrn Sumper den Verdacht nahe, dass Hedwig mit dieser Schelmerei etwas zu tun hat. Aber beweisen kann er nichts, deshalb macht er sich bei mir Luft. Es dauert eine weitere halbe Stunde, bis ich den tobenden Hauswart abgewimmelt habe.

Puh, jetzt ist aber wirklich Ruhe angesagt. Noch schnell die leckeren Waffeln essen und dann zurück ins Bett. In der Küche bleibe ich wie erstarrt stehen. Vor mir schiebt sich Hedwig gerade das letzte Stück Waffel in den Mund.

«Das waren meine Waffeln», fahre ich sie an. «Und überhaupt, warum machst du nicht die Tür auf, wenn du zu Hause bist?»

Hedwig lächelt mich zuckersüß an: «Ach weißt du, mein Junge, ich habe die letzte Nacht ganz schlecht geschlafen. Da habe ich dringend ein wenig Ruhe gebraucht. Na ja, das Alter ...» Sie seufzt. «Manchmal beneide ich dich um deine Jugend. Aber du musst in deinem Überschwang wirklich noch lernen, dass man nicht Hinz und Kunz die Tür öffnet, man weiß nie, was einen da so erwartet. So, aber nun muss ich mich noch ein Stündchen hinlegen.» Hedwig drängt sich an mir vorbei, und mit einem letzten Blick auf den leeren Teller setzt sie nach: «Wirklich köstlich, diese Waffeln. Und frisch schmecken sie einfach am besten!»

Blumenwiese statt Rasen, Höhlenmalerei statt blankem Fels – seit Urgedenken versuchen wir unser Umfeld nach unseren Vorstellungen zu gestalten. Und manchmal geht das ziemlich in die Hose, denn Erfindungen wie Teleshopping, extrastilles Mineralwasser oder auch das Wissenschaftszeitvertragsgesetz hätte es nicht unbedingt gebraucht.

Aber da ist ja noch die andere Seite der Medaille, denn es gibt auch Dinge, die unser Leben angenehmer machen oder dafür sorgen, dass wir es ein wenig länger genießen können. Die Medizin hat dazu einen beträchtlichen Teil beigetragen, und es ist ein gutes Gefühl zu wissen, dass ein gebrochener Arm heute kein Beinbruch mehr ist.

Äh, das klingt irgendwie schief, aber Sie verstehen sicher, worauf ich hinauswill.

Doch die Medizin stößt trotzdem immer wieder an ihre Grenzen. Zwar kennt man mittlerweile von etwa 4000 Krankheiten den genauen Mechanismus, der ihnen zugrunde liegt, aber eine Therapie ist gerade einmal für 250 Erkrankungen verfügbar. Und diese Therapien behandeln häufig auch nur die Symptome, können aber die Krankheitsursache nicht bekämpfen.

Das ist unbefriedigend. Hinzu kommt, dass es einige Erbkrankheiten gibt, in denen nur ein einziges Gen defekt ist, das zu dem Krankheitsbild führt. Da wäre es natürlich schon verlockend, wenn man das schnell mal mit einer Therapie korrigieren könnte, die direkt am gestörten Gen ansetzt und das Problem an der Wurzel fasst – eine Gentherapie.

Der Gedanke ist nicht neu. Unser alter Bekannter Marshall Nirenberg – er hatte das erste Codon des genetischen Codes entschlüsselt – machte sich 1967 in der Fachzeitschrift *Science* erste Gedanken zum Thema Gentherapie. Damals hatte man gerade angefangen, die Sprache von Mutter Natur zu verstehen. Aber Nirenbergs Überlegungen gingen weiter. Er war sich sicher, dass es nur eine Frage der Zeit sein würde, bis man kurze künstliche

DNA-Nachrichten in Säugerzellen hineinbringen und sie so umprogrammieren könnte.

Die Überschrift seines Artikels lautete: «*Will Society Be Prepared?*» («Wird die Gesellschaft vorbereitet sein?»), und ihm konnte auch entnommen werden, dass Nirenberg diese Zukunftsperspektive, bei aller Faszination für die Wissenschaft, auch irgendwie Bauchschmerzen bereitete. Seine Hauptsorge bestand darin, dass es länger dauern würde, Antworten auf ethische und moralische Fragen zu finden, als rein technische Probleme zu lösen.

Nirenbergs persönlicher Tipp, wie lange die Lösung der technischen Herausforderungen dauern würde, lag bei 25 Jahren. Tatsächlich dauerte es knapp die Hälfte der Zeit, bis der US-amerikanische Biochemiker Paul Berg es gemeinsam mit Kollegen schaffte, Affennierenzellen so umzuprogrammieren, dass sie Teile des roten Blutfarbstoffs Hämoglobin aus Kaninchen herstellten. Und während die Affenzellen in ihrer Kulturschale vor sich hin dümpelten und sich fragten, wo zum Henker dieses Nagetierzeug in ihnen herkam, brachte die revolutionäre neue Technik Paul Berg zunächst eine *Nature*-Publikation ein und 1980 den Nobelpreis.

Paul Berg hatte gezeigt, dass es möglich war, ein Gen aus einem Säugetier in die Zellen eines anderen Säugers zu übertragen. Zusätzlich hatte er noch ein weiteres Problem der Gentherapie zumindest im Ansatz gelöst. Denn setzt man ein Stück Erbinformation vor einen Haufen Zellen und fordert es auf, sich auf den Weg in die Zelle zu begeben, ist das in etwa so, als ob man ein Schwein die Post austragen lässt. Gelegentlich und mit etwas Glück mag es sein, dass eine Sendung ihr Ziel erreicht, aber die breite Masse bleibt unterwegs hängen. In Anbetracht der Tatsache, dass der Mensch aus etwa 37 000 000 000 000 Zellen besteht, die alle das defekte Gen tragen, und zumindest ein paar Millionen Zellen korrigiert werden müssten, um überhaupt einen therapeutischen Erfolg zu erzielen, brauchte es dringend eine gute Idee. Paul Berg holte sich deshalb Hilfe von kompetenter Seite. Das war auch gar nicht so schwierig, denn es gab tatsächlich eine Gruppe von Spezialisten, die für diese Aufgabe in den Startlöchern standen – die Viren. Zugegeben, ein bisschen könnte man meinen, man würde den Bock zum Gärtner machen, aber auf der anderen Seite hatten Viren seit Jahrmillionen nichts anderes getan, als fremdes Genmaterial in Zellen zu schleusen. Und nachdem sie damit die Menschheit immer wieder vor ernsthafte medizinische Probleme gestellt hatten, konnten sich die Viren nun ruhig auch mal nützlich machen.

Und so bediente sich Paul Berg des SV40-Virus, in das er das Kaninchen-Gen einbaute. SV40 oder vollständig Simian-Virus 40 ist ein Virus, das in Nierenzellen der grünen Meerkatze entdeckt worden war. Es zeigte sich, dass dieses Virus in der Lage war, nicht nur Affen-, sondern auch menschliche Zellen zu infizieren. Außerdem konnte es in Hamstern Tumore auslösen, und bis heute ist sich die Wissenschaft nicht einig, ob SV40 nicht auch im Menschen Krebs verursachen kann. Für ein System, das eigentlich nur ein fremdes Gen in einer Zelle abliefern sollte, war das, gelinde ausgedrückt, suboptimal. Um Viren für die Gentherapie salonfähig zu machen, bedurfte es also weiterer Entwicklungen.

Der Trick bestand darin, dass man die Viren sozusagen domestizierte und vom wilden Wolf in ein handzahmes Hündchen verwandelte. So wurde aus dem Virus ein harmloser Gentransporter – ein Vektor, der beste Freund des Molekularbiologen.

Aber wie zähmt man ein Stück Erbinformation, das in eine kleine Proteinhülle verpackt ist?

Zuallererst wird in der Erbinformation gründlich ausgemistet – die Information für den Bau neuer Virushüllen fliegt raus. Ebenso muss sich die Information für alle Werkzeuge verabschieden, die in das Immunsystem des Wirts oder den Stoffwechsel der Zelle eingreifen. Idealerweise darf nur das an Information bleiben, was das Virus unmittelbar braucht, um seine Erbinformation in die Virushülle verpacken zu lassen oder um seine Information in der Wirtszelle vernünftig zu platzieren. Ein viraler Vektor ist also gewissermaßen ein Virus ohne Plan, von dem man sich lediglich das Statement erwartet: «Drin - das war ja einfach.»

Und weil sich ein viraler Vektor auch nicht mehr eigenständig vermehren kann, sucht man sich einen Subunternehmer (meistens laborübliche Zelllinien), der für das planlose Möchtegern-Virus neue Virushüllen zusammenbaut, in die das Vektorerbgut verpackt werden kann. Da durch die massive Entrümpelungsaktion im Erbgut des Vektors viel Platz frei geworden ist, kann man diesen Raum mit neuem Sinn füllen und die Information für ein therapeutisches Gen einfügen.

Schickt man den fertigen Vektor dann los, um bei der Zelle seiner Wahl «Hallo» zu sagen, wird der Vektor die Zelle infizieren - genau wie das ursprüngliche Virus. Nur wird in diesem Fall vom Vektor statt der Virusgene das therapeutische Gen in der Zelle abgeliefert. (Virus und Vektor: Ein wenig erinnert das an unseren Hauswart Sumper und meinen Nachbarn Hektor. Beide benutzen denselben Mechanismus, um sich Zutritt zu meiner Wohnung zu verschaffen - sie klingeln. Aber während Hektor in einem Akt wahren Altruismus mir den Morgen mit frischen Waffeln versüßen wollte, lieferte unser Hauswart so viel verbalen Bockmist ab, dass einem davon richtig schlecht werden konnte.)

Im Gegensatz zu Viren, die uns tatsächlich krank machen können, ist ein Vektor also nur noch eine Art Paketdienst, der an der Zelle klingelt, reingeht und seine Sendung abliefert. Und wie bei den Paketdiensten, bei denen es viele unterschiedliche Anbieter gibt, die sich in der Art der Zustellung, bei den Sendungsanforderungen und im Liefergebiet unterscheiden, verfügt man mittlerweile auch über ein ganzes Gros unterschiedlicher viraler Vektoren, die für die Gentherapie genutzt werden.

Zu den ersten Viren, die die Aufnahme in den gentherapeutischen Kader schafften, gehörten die Adenoviren, die ihre Eignung als Vektorsystem eigenständig und auf etwas ungewöhnliche Weise präsentierten. Und das kam so: Auf der Jagd nach neuen Grippeviren war es Maurice Hilleman, der 1953 aus Versehen die falschen Viren einsammelte. Was er da aus dem Rachen von einigen Rekruten auf einer Militärbasis in Missouri zutage gefördert hatte, waren nämlich nicht – wie erhofft – neue Grippeviren, sondern drei neue Typen von Adenoviren.

Um den peinlichen Fauxpas mit den falschen Viren auszugleichen, tat Hilleman das, was er meisterhaft beherrschte: Er entwickelte einen neuen Impfstoff gegen die Adenoviren, die auf vielen Militärstützpunkten verstärkt Probleme bereiteten und während der Wintermonate für etwa 90 Prozent aller krankheitsbedingten Ausfälle der Rekruten verantwortlich zeichneten.

Um den Impfstoff herzustellen, wurden die Adenoviren auf Affennierenzellen vermehrt. Nun aber waren diese Affennierenzellen auch das Zuhause von SV40-Viren. Den Adenoviren gefiel das, denn es zeigte sich, dass sie sich in den Affenzellen viel besser vermehren konnten, wenn ihnen SV40 eine helfende Hand reichte. So mussten sie die ganze Arbeit nicht allein machen. Die Entwickler des Impfstoffs waren aber anderer Meinung, sie wollten SV40 nicht dabeihaben. Als man mit viel Mühe SV40 aus dem System entfernt hatte, stellte man fest, dass sich aus irgendeinem Grund trotzdem noch ein Eiweißmolekül aus SV40 in den Adenoviruskulturen herumtrieb. Aber wie konnte das sein?

In detektivischer Kleinarbeit fand man in den sechziger Jahren schließlich heraus, dass sich in der Kultur zwei unterschiedliche Adenoviren befanden. Das eine Virus sah aus, wie es sollte, das andere aber hatte sich am Erbgut von SV40 bedient und quasi die «helfende Hand» von SV40 in das eigene Erbgut eingebaut. Interessanterweise ließ sich weder das eine noch das andere Virus in Affenzellen vernünftig vermehren.

Diese Entdeckung machte die Virusmischung, die so unzertrennlich wie Bonnie und Clyde in den Zellkulturschalen herumschwappte, aus gentherapeutischem Blickwinkel gleich in mehrfacher Hinsicht interessant. Erstens hatte das Adenovirus gezeigt, dass man fremde Erbinformation in sein Erbgut einbauen und sie anschließend erfolgreich in Zellen abliefern konnte. Zweitens konnte sich das Virus, das dabei entstanden war, nicht mehr ohne fremde Hilfe vermehren. Die Vermehrung funktionierte erst dann wieder, wenn man die fehlenden Virusproteine über das zweite Virus zufütterte. Damit hatte sich das Adenovirus eigenständig zum Vektor umfunktioniert, und auch wenn es noch bis in die achtziger Jahre hinein dauern sollte, bis man Adenoviren tatsächlich als Transporter für die Gentherapie in Betracht zog, hatte das Virus selbst eine wichtige Steilvorlage geliefert.

Es gibt aber noch mehr Gründe, warum sich Adenoviren als Vektor anbieten: Man kann sie leicht vermehren und ihr Erbgut unkompliziert verändern, sie liefern ihre genetische Sendung effizient und zuverlässig ab, und sie bieten so viel Platz, dass man selbst große Botschaften gut unterbringen kann. Aber – und das ist wirklich ein großes Manko – Adenoviren sind bei der Zustellung ihrer Sendungen nicht gerade unauffällig. Anders ausgedrückt: Für unser Immunsystem wirken adenovirale Vektoren ein wenig wie ein tiefergelegter Bus mit verchromtem Spoiler, Breitreifen und einer Haribo-Goldbären-Lackierung. Diskret geht anders. Und deshalb läuft unser Immunsystem im wahrsten Sinne des Wortes Sturm, wenn zu viele adenovirale Busse wild hupend und mit heulenden Motoren im System auflaufen.

Etwas gemäßigter lassen es dagegen adenoassoziierte Viren angehen – und zwar in jeder Hinsicht. Adenoassoziierte Viren oder kurz AAV sind sehr viel kleiner als Adenoviren und können auch nur kurze DNA-Botschaften transportieren. Verglichen mit den adenoviralen Bussen haben wir es bei AAV eher mit sportlichen Zweisitzern mit etwas dezenterer Lackierung zu tun, die das Immunsystem nicht gleich auf die Palme bringen. Unübertroffen ist aber eine andere Fähigkeit von AAV: Haben sie eine Zelle erst einmal infiziert, beherrschen sie die hohe Kunst, nichts zu tun. Hätte Diogenes schon AAV gekannt, er hätte sie wohlwollend in seiner Tonne als Gäste aufgenommen. Man kann AAV aber auch mit dem Partygast vergleichen, der den ganzen Abend über in einer Ecke steht und nichts macht – irgendwie eine Spaßbremse, aber gerade deswegen der Traumtyp eines jeden Gentherapeuten. Klingeln, reingehen, liefern, fertig.

Deshalb ist es auch nicht verwunderlich, dass sich adenoassoziierte Vektoren immer größerer Beliebtheit erfreuen, wenn es um Gentherapie geht. Charmant ist an diesen Vektoren außerdem, dass man sie auf bestimmte Zelltypen trainieren kann. Das ist zwar immer noch ein etwas zeitaufwendiges Unterfangen, aber mit etwas Glück und Geduld erhält man tatsächlich Vektoren, die ihre Sendung nur in den Zellen abliefern, in denen man sie haben möchte. Und das ist schon bemerkenswert, wenn man vergleichend in Betracht zieht, dass bei den meisten Paketzustellern, die eine viel längere Tradition bei der Auslieferung von Paketen haben, Sendungen für das vierte Obergeschoss mit hoher Wahrscheinlichkeit im Parterre hängenbleiben.

Ein Problem, das aber sowohl adenoassoziierte als auch adenovirale Vektoren haben, ist, dass ihre DNA-Botschaften in der Zelle wieder verloren gehen, wenn sich die Zelle teilt. Das liegt daran, dass die extra gelieferte DNA nur wie ein Post-it an den Chromosomen im Zellkern klebt und bei der Zellteilung nicht mit verdoppelt wird.

Abhilfe schafft dabei eine andere Gruppe von Viren – die Retroviren. Retroviren sind aus dem gentherapeutischen Blickwinkel deshalb so interessant als Vektoren, weil sie nach dem Eintritt in die Zielzelle ihre Erbinformation in das Erbgut der Zelle einbauen und fortan mit dieser genetisch unzertrennlich durchs Leben schreiten (ein bisschen ist das so wie mit Tante Hedwig, aber zumindest zählt ihr Aufenthalt bei uns zurzeit noch als Besuch).

Ein Virustyp, den man sich in dieser Gruppe nutzbar gemacht hat, ist das Humane Immundefizienz-Virus, kurz HIV. Da HIV nun nicht gerade der Inbegriff eines uneigennützigen Weltverbesserers ist, der sich für das Wohl der Menschheit einsetzt, klingt das im ersten Moment so, als ob sich die Vektorentwickler einen schlechten Scherz erlaubt hätten. Aber so abwegig ist der Einsatz von HIV als Vektor gar nicht. Auf dem Weg zum Vektor wurde HIV komplett entkernt, sämtliche HIV-spezifischen Gene wurden entfernt. Im Namen der Vektoren wurde HIV ausrangiert und durch die etwas unverfänglichere Bezeichnung «lentivirale Vektoren» ersetzt (ja, auch Vektoren müssen ihr Image pflegen). Und tatsächlich haben lentivirale Vektoren gegenüber anderen retroviralen Vektoren eine Reihe von Vorzügen. So können sie zum Beispiel ruhende Zellen infizieren, also Zellen, die sich gerade nicht teilen. Und das erweitert die Speisekarte der «Lentis» ganz erheblich, denn nicht alle Zellen im Körper teilen sich häufig.

Und auch beim Einbau ihres Erbguts in die Chromosomen der Wirtszelle gehen lentivirale Vektoren etwas subtiler vor als manche ihrer Kollegen. So wünschenswert dieser Einbau nämlich im Hinblick auf einen lang anhaltenden Effekt der Gentherapie ist, so problematisch kann er manchmal sein. Vielen Viren ist es nämlich im Endeffekt ziemlich schnuppe, an welcher Stelle des Zellgenoms sie ihr Erbgut einbauen. Drin ist drin. Und man kann sich vorstellen, dass die Situation schnell brenzlig werden kann, wenn der Paketdienst seine Lieferung mitten auf die heiße Herdplatte packt. Übersetzt auf die Ebene der Wirtszelle heißt das, dass viele Retroviren ihr Erbgut in Promotorbereichen von Genen einbauen, also in der regulierenden Schaltzentrale. Und wenn die Regulierung der Genexpression aus dem Ruder läuft, kann das zu ungebremstem Zellwachstum und im Extremfall zur Entstehung von Krebs führen. Lentivirale Vektoren meiden beim

Einbau ihres Erbguts die Promotorbereiche und arrangieren sich auf diese Weise besser mit der Wirtszelle.

Aktuell spielen lentivirale Vektoren deshalb in der Gentherapie eine immer größere Rolle. Außerdem sind sie ein beeindruckendes Beispiel dafür, dass sich Superschurken wie HIV vom Saulus zum Paulus bekehren lassen, jedenfalls dann, wenn man lange genug an ihnen herumschnippelt.

Das Gentherapiedebüt mussten die lentiviralen Vektoren jedoch einem retroviralen Vektorkollegen aus dem Tierreich überlassen, der sich vom Maus-Leukämie-Virus ableitet. Man schrieb das Jahr 1990, und die wissenschaftliche Welt war voller Euphorie angesichts der Möglichkeiten, die auf dem neuen Feld der Gentherapie schlummerten. Man hatte mit den viralen Vektoren die Werkzeuge, um fehlende Information in Zellen einzuschmuggeln, und man brannte darauf, sie zu nutzen.

Schließlich war es der US-amerikanische Mediziner W. French Anderson, der das Rennen machte und die erste genehmigte Gentherapie am Menschen durchführte. In klassischer Pioniermanier war er dafür mehrere Jahre lang durch das steinige Terrain behördlicher Bewilligungsverfahren gestapft. Sein Ziel war es, SCID, eine seltene, aber schwere Erbkrankheit, zu behandeln. Bei SCID-Patienten ist das Immunsystem größtenteils außer Gefecht gesetzt, und bereits ein kleiner Infekt kann heftige Auswirkungen haben und sogar zum Tod führen. Ausgelöst wird dieses Krankheitsbild dadurch, dass den SCID-Patienten wichtige Immunzellen fehlen, die für das zielgerichtete Erkennen und Wiedererkennen von Krankheitserregern verantwortlich sind – die Lymphozyten. Lymphozyten sind weiße Blutzellen und entstehen aus den blutbildenden Stammzellen im Knochenmark.

Kinder, die mit SCID zur Welt kommen, müssen deshalb möglichst schnell eine Knochenmarkspende von einem gesunden Spender erhalten, um so gesunde Lymphozyten bilden zu können und ein funktionierendes Immunsystem aufzubauen. Leider ist es oft nicht möglich, einen passenden Spender zu finden, dann bleibt nur die Möglichkeit, die jungen Patienten zu isolieren, um sie so gut wie möglich gegen Infektionen abzuschirmen und im Krankheitsfall mit Immunersatztherapien zu behandeln. Diese Ersatztherapien kann man mit einer Art Hightech-Notfallpflaster vergleichen. Sie bringen Linderung, können aber SCID nicht heilen.

Traurige Berühmtheit erlangte der «Bubble Boy» David Vetter aus Texas. David litt an SCID und lebte seit seiner Geburt 1971 in einer sterilen Plastikblase, bis er im Alter von zwölf Jahren eine Knochenmarkspende erhielt. Leider hatte sich mit den Zellen, die ihn gesund machen sollten, auch ein Virus eingeschlichen, und David starb vier Monate nach der Transplantation.

Die Ursache für SCID liegt in den Genen. Und auch wenn man mittlerweile eine Reihe von unterschiedlichen Genmutationen kennt, die SCID auslösen, so ist es, und das macht SCID für Gentherapeuten so interessant, in jedem Patienten nur ein Gen, das defekt ist und repariert werden muss.

Anderson und sein Team hatten sich auf ADA-SCID spezialisiert. Bei dieser Form der Krankheit fehlt den Patienten die Adenosin-Desaminase, ein Enzym, das unter anderem in den Lymphozyten gebildet wird und dafür sorgt, dass bestimmte giftige Stoffwechselprodukte abgebaut werden. Funktioniert diese enzymatische Müllabfuhr nicht, versinken die Lymphozyten in ihrem eigenen Müll und sterben ab. Ein Vorteil von ADA-SCID ist, dass man die Krankheit auch ohne Knochenmarktransplantation einigermaßen in Schach halten kann, wenn man den Patienten regelmäßig etwas von dem fehlenden Enzym spritzt. Das funktioniert aber nicht immer wirklich gut, und im Fall der vierjährigen Ashanti DeSilva drohte die Wirkung der Enzymersatztherapie zu versagen.

Um Schlimmeres zu verhindern, entnahmen French Anderson und seine Kollegen Michael Blaese und Kenneth Culver dem

Mädchen einen Teil ihrer Lymphozyten und schleusten im Labor mit einem retroviralen Vektor eine intakte Kopie des Adenosin-Desaminase-Gens ein. Danach wurden die veränderten Zellen im Reagenzglas vermehrt und anschließend in mehreren Portionen über zwei Jahre in Ashantis Blutbahn zurückgegeben.

Da Lymphozyten nur eine begrenzte Lebensdauer haben, war klar, dass die Wirkung dieser Gentherapie zeitlich begrenzt sein würde. Aber die Wirkung dieser neuen Therapie übertraf alle Erwartungen. Das Immunsystem von Ashanti erholte sich, es ging ihr gut. Und sogar zehn Jahre nach der letzten Behandlung konnte man bei zehn Prozent ihrer Lymphozyten noch das veränderte Gen nachweisen.

Die wissenschaftliche Welt und die Presse jubelten, Anderson wurde gefeiert und ging als Begründer der Gentherapie in die Lehrbücher ein.

Fanfaren, Jubel und Bravorufe

Happy End!

So schmeckt Erfolg in der Wissenschaft!

Na gut, ein paar kleine Abstriche muss man im Fall von Ashanti machen. Ihre Enzymersatztherapie bekam sie nämlich trotzdem weiterhin.

Moment, dann ist aber doch nicht ganz klar, welcher Teil der Wirkung auf die Gentherapie zurückzuführen ist und welcher auf die Ersatztherapie. Also, Fanfaren zurückfahren und nur noch leiser Jubel.

Und dann gab es noch ein zweites Mädchen, Cynthia Cutshall, das ein paar Monate nach Ashanti dieselbe Therapie erhalten hatte. Und bei Cynthia wollte sich partout nicht der gleiche Behandlungserfolg wie bei Ashanti einstellen. Aber auch Cynthia erhielt weiter ihre Enzymersatztherapie – und es geht ihr bis heute gut.

Jetzt aber Schluss mit diesen dämlichen Fanfaren und dem Jubelgejodel …

Heute ist man sich einig, dass die Wirkung dieser ersten Gentherapie überschätzt wurde. Zwar sind sowohl Ashanti DeSilva als auch Cynthia Cutshall noch heute am Leben und bei guter Gesundheit, aber es ist auch ziemlich sicher, dass die positive Entwicklung nicht allein ihrer Gentherapie zuzuschreiben ist. In den neunziger Jahren sah man das jedoch anders, man befand sich im gentherapeutischen Höhenflug.

Dass man dabei leicht abstürzen kann, wurde in einem besonders tragischen Fall offensichtlich, der sich im September 1999 in den USA an der University of Pennsylvania abspielte. Der Mediziner James M. Wilson leitete dort eine klinische Studie, die sich mit einer seltenen Erbkrankheit beschäftigte: dem Ornithintranscarbamylase-Mangel, kurz: OTC-Mangel.

Diese Krankheit tritt bei einem von etwa 30 000 Neugeborenen auf und wird durch ein defektes Gen verursacht. Den Betroffenen fehlt, wie der Name der Krankheit vermuten lässt, die Ornithintranscarbamylase, ein Enzym, mit dem der Körper giftigen Ammoniak in der Leber in Harnstoff umwandelt, der dann über die Nieren aus dem Körper gespült wird.

Ammoniak wird beim Abbau von Proteinen frei. Essen OTC-Patienten sehr viel proteinreiche Nahrungsmittel wie Eier, Fleisch, Fisch, Milchprodukte, Hülsenfrüchte oder dergleichen, steigt der Ammoniakgehalt in ihrem Blut an, und in der Folge zeigen sich typische Symptome wie heftiges Erbrechen, Krampfanfälle, Lebervergrößerung oder auch Nervenschädigungen. In besonders schweren Fällen können die Patienten sogar ins Koma fallen und sterben oder schwere Hirnschädigungen davontragen. Gerade bei Neugeborenen sieht man diesen heftigen Krankheitsverlauf häufig.

Jesse Gelsinger hatte Glück im Unglück. Auch er kam mit OTC-Mangel zur Welt, aber die Krankheit war bei ihm vergleichsweise mild. Wenn er eine proteinarme Diät einhielt, also auf Eskapaden wie Rührei mit Speck zum Frühstück verzichtete, und regelmäßig seine Medikamente nahm, kam er einigermaßen über die Runden und hielt die Ammoniakmengen in seinem Blut in

Schach. Er schloss die Schule ab und machte Pläne, wie es in seinem Leben weitergehen sollte, hatte Ideen und war offen für die Ideen anderer. Als er von Wilsons klinischer Studie erfuhr, war er begeistert: eine Gentherapie gegen OTC-Mangel! Die Zukunft klopfte an die Tür – und Jesse war bereit, ihr zu öffnen.

Wilson und sein Team hatten einen adenoviralen Vektor gebaut, der eine intakte Variante des OTC-Gens in der Leber abliefern sollte. Da man wusste, dass der Vektor vom Immunsystem erkannt werden würde, war im Vorhinein klar, dass die veränderten Zellen innerhalb weniger Wochen zerstört werden würden und die Wirkung der Gentherapie nur vorübergehend sein könnte. Mit dieser ersten klinischen Studie wollte man deshalb nur herausfinden, bis zu welcher Dosis die viralen Vektoren gut verträglich waren und ob man zumindest kurzfristig eine Verbesserung des Gesundheitszustands sehen würde. Im Idealfall wollte man die Therapie später einsetzen, um den schweren Krankheitsverlauf bei Neugeborenen abzumildern.

Es gab intensive Gespräche zwischen Jesse, seinem Vater und Dr. Steve Raper, dem behandelnden Arzt. Man diskutierte über Risiken und Möglichkeiten der neuen Therapie, und Dr. Raper hielt mit seiner Begeisterung für das Projekt nicht hinter dem Berg. Er berichtete von einer Studienteilnehmerin, deren Werte sich nach der neuen Therapie dramatisch verbessert hätten. (Im Nachhinein stellte sich heraus, dass diese Verbesserung lediglich auf einer zufälligen Schwankung beruhte und nicht das Ergebnis der Therapie war.) Was Dr. Raper allerdings *nicht* erwähnte, war, dass bei Experimenten an Affen mit einer Vorgängervariante des adenoviralen Vektors einige Tiere an der Therapie gestorben waren.

Schließlich unterschrieb Jesse, kurz nach seinem achtzehnten Geburtstag, die Einwilligungsformulare und wurde damit offiziell zu OTC.019 – dem neunzehnten Teilnehmer der gentherapeutischen Studie zur Behandlung von OTC-Mangel.

An dieser Stelle verließ Jesse Gelsinger das Glück. Am 9. September 1999 wird er im Krankenhaus der University of Pennsylvania aufgenommen. Er wird untersucht und muss eine Reihe von Tests durchlaufen, die seinen Gesundheitszustand und seine Eignung für die Studie testen sollen. Ergebnis: Seine Ammoniakwerte im Blut sind erhöht – damit müsste er laut offizieller Regeln von der Studie ausgeschlossen werden. Aber man schließt ihn nicht aus.

Stattdessen injiziert man ihm am 13. September 1999 insgesamt 38 Billionen der veränderten Viren direkt in die Leber. In Jesses Körper befinden sich zu diesem Zeitpunkt mindestens genauso viele Viren wie Körperzellen. Innerhalb von ein paar Stunden geht es ihm sehr schlecht. Er bekommt hohes Fieber, sein Immunsystem wehrt sich mit aller Kraft gegen den verabreichten Vektor, eine Entzündungswelle rollt durch Jesses Körper. Nach vier Tagen stirbt er an Multiorganversagen.

Jesses Tod war in vielfacher Hinsicht tragisch und warf eine ganze Reihe von Fragen auf. Warum war es so weit gekommen? Wäre sein Tod zu verhindern gewesen? Hätte er überhaupt an der Studie teilnehmen dürfen?

Antworten auf diese Fragen sind schwierig. Fakt ist, dass die Therapie bei achtzehn Studienteilnehmern vor Jesse keine derart schwerwiegende Reaktion hervorgerufen hatte und zumindest eine Studienteilnehmerin eine vergleichbare Menge an Viren verabreicht bekommen hatte wie Jesse. Fakt ist aber auch, dass man Jesse aufgrund seiner Ammoniakwerte von der Studie hätte ausschließen müssen und dass in den Vorgesprächen die Chancen der Therapie viel stärker betont worden waren als die Risiken.

Über die Gründe lässt sich nur mutmaßen. Aber mit Sicherheit wies diese frühe Pionierphase der Gentherapie Ähnlichkeiten mit dem großen Goldrausch auf. Die Möglichkeiten schienen unbegrenzt – und selbst wenn die Wirksamkeit der bislang durchgeführten Gentherapieversuche noch nicht berauschend gewesen war, so war bis zum Tod von Jesse aber auch nichts wirklich schiefgegangen. Vor lauter verlockenden Möglichkeiten hatte man die möglichen Risiken in die letzte Reihe gestellt und geflissentlich übersehen.

Nach Jesses Tod war es vorbei mit der Goldgräberstimmung. Mit einem gewaltigen Ruck kam das junge Feld der Gentherapie zum Stehen. Alle klinischen Gentherapiestudien an der University of Pennsylvania und viele weitere wurden von der Nationalen Gesundheitsbehörde gestoppt, Fördergelder für weitere Forschung gestrichen.

Und es kam sogar noch dicker: In einer klinischen SCID-Studie, die seit 1999 in Paris und London lief, wurden die blutbildenden Stammzellen von insgesamt zwanzig Kindern mit einem retroviralen Vektor behandelt. Zunächst ließen sich die Ergebnisse gut an. Bei neunzehn der behandelten Kinder erholte sich das Immunsystem zusehends, doch dann erkrankten fünf der jungen Teilnehmer nach der Therapie an Leukämie. Auch hier wurde der Vektor als Ursache für das Problem dingfest gemacht, sodass auch diese Studie gestoppt wurde.

In der Folgezeit wurde es in den USA und Europa ruhig um die Gentherapie. Die Euphorie war verflogen, und die neue Technologie war so populär wie Zahnschmerzen oder Genitalwarzen. Während man hier in eine Art Schockstarre verfiel, feierte die Technik jedoch in China Hochkonjunktur. 2003 wurde dort unter dem Namen Gendicine das weltweit erste gentherapeutische Medikament zugelassen. Hinter Gendicine verbirgt sich ein adenoviraler Vektor, mit dem das Gen für den Tumorsuppressor p53 in Krebszellen eingebracht wird.

Zur Erklärung: p53 wird auch als Wächter des Genoms beschrieben und ist, etwas vereinfacht ausgedrückt, die Spaßbremse in der Zelle. Wann immer es in der Zelle unkontrolliert und wild wird (dann, wenn Schäden am Erbgut auftreten oder sich die Zelle unkontrolliert teilen will), ist p53 zur Stelle, hebt mahnend den Zeigefinger und räuspert sich vorwurfsvoll. Hat das nicht den gewünschten mäßigenden Erfolg, macht p53 kurzen Prozess und leitet den zellulären Selbstmord ein (molekulare Pädagogik ist manchmal etwas extrem). Da in vielen Krebszellen p53 fehlerhaft ist und nicht mehr funktioniert, erhofft man sich, dass durch das Einbringen eines intakten p53-Gens die Krebszellen zerstört werden.

Das hört sich vielversprechend an. Trotzdem ist Gendicine in Europa und in den USA sehr umstritten, da die eigenen Daten mit quasi baugleichen Vektoren nicht ganz so überragend sind, wie es die Aussagen des chinesischen Pharmakonzerns SiBiono GeneTech anklingen lassen. Und die Tatsache, dass die chinesischen Forscher ihre Daten bis auf vereinzelte Ausnahmen nur in heimischen Fachzeitschriften veröffentlicht haben, hilft auch nicht dabei, diese Zweifel aus dem Weg zu räumen.

Doch einige Forscher machten auch in den USA und Europa weiter. Unter ihnen war auch Jean Bennett, Professorin an der University of Pennsylvania. Sie war 1992 an die Universität gekommen, um eine Gentherapie gegen angeborene Erblindung zu entwickeln.

Bis 1999 hatte Bennett zusammen mit ihrem Mann Albert Maguire bereits einige wichtige Rätsel geknackt, die für eine erfolgreiche Gentherapie am Auge wichtig waren. Sie hatten mit AAV-Vektoren ein geeignetes Instrument gefunden, mit dem sie genetische Informationen sehr gut in die Netzhautzellen des Auges hineintransportieren konnten, ohne dass es zu einer heftigen Immunreaktion kam. Aus den Arbeiten anderer Forscher wussten sie außerdem, dass ein Fehler im Gen RPE56 eine spezielle Form der angeborenen Erblindung verursachte – die Lebersche Kongenitale Amaurose oder kurz LCA.

Die Wege einer wissenschaftlichen Karriere sind manchmal verschlungen und schwer vorherzusehen. Bevor Jean Bennett Professorin an der University of Pennsylvania wurde und ihre Gentherapie gegen die Lebersche Kongenitale Amaurose entwickelte, hatte sie im Fachbereich Zoologie an der University of California in San Francisco über die embryonale Entwicklung von Seegurken promoviert.

Fasziniert von den neuen Möglichkeiten der Gentherapie, wandte sie sich danach aber einem weiterführenden Medizinstudium in Harvard zu. Dort fand sie in ihrem Partner im Gehirn-Sezierkurs, Albert Maguire, nicht nur ihr privates Glück, sondern auch ihren Nummer-eins-Forschungspartner für den weiteren wissenschaftlichen Werdegang.

Den Bogen von der Seegurke zu Sehstäbchen schlagen nicht viele Forscher. Aber auch wenn eine solche Entwicklung selten ist, ist sie nicht ausgeschlossen.

Die Lebersche Kongenitale Amaurose wurde zum ersten Mal 1869 von dem Augenarzt Theodor Carl Gustav von Leber frisch von der

Leber weg beschrieben. Die Benennung der Krankheit Lebersche (nach ihrem Entdecker) Kongenitale (angeborene) Amaurose (Erblindung) zeugt davon, dass Mediziner manchmal dazu neigen, die Dinge komplizierter zu machen, als sie eigentlich sind.

LCA-Patienten kommen meist schon schwer sehbehindert auf die Welt. Durch einen Gendefekt ist der Kreislauf, bei dem das Sehpigment auf die Sehstäbchen im Auge geladen wird und bei Lichteinfall wieder zerfällt, massiv gestört. Deshalb können Lichtreize nicht in ein Signal an das Gehirn übersetzt werden – und der Betroffene kann nicht sehen. Dadurch, dass die Sehstäbchen nicht benutzt werden, verkümmern sie schließlich und gehen verloren.

Jean Bennetts Plan war es, eine intakte Kopie des RPE56-Gens mit Hilfe eines AAV-Vektors in die Netzhaut einzubringen. Die ersten Patienten, an denen die neue Therapie ausprobiert wurde, trugen Schnauzbart, waren groß, von edler Abstammung und hatten ein Sabberproblem. Die Rede ist von Briards, einer französischen Hunderasse, die bereits seit dem 18. Jahrhundert gezüchtet wird. Ihrer edlen Abstammung und der damit verbundenen Inzucht verdanken überproportional viele dieser Hunde den RPE56-Defekt.

Die Gentherapie funktionierte, und die Briards erlangten ihr Augenlicht wieder. Gelegentliche Probleme mit der Sicht dieser langhaarigen Zottelmonster kann man jetzt mit einem einfachen Haarschnitt beheben.

Beflügelt von den Daten aus dem Tiermodell, trieben Bennett und ihr Team die Durchführung einer klinischen Studie am Menschen voran. Und auch hier waren die Ergebnisse besonders bei sehr jungen Studienteilnehmern vielversprechend. Nur vier Tage nach seiner Gentherapie lernte der achtjährige Corey Haas, was es heißt, wenn man vom Sonnenlicht geblendet wird.

Selbst wenn neueste Daten zeigen, dass die LCA-Gentherapie zwar zur Verbesserung der Sicht in LCA-Patienten beiträgt, aber den Verfall der Sehstäbchen auf Dauer nicht verhindern kann, so markierten diese Versuche doch einen Wendepunkt und läuteten eine Renaissance der Gentherapie ein.

2012 wurde mit dem Medikament Glybera das erste Gentherapeutikum auf dem europäischen Markt zugelassen. Behandeln kann man mit Glybera äußerst schwere Fälle der Lipoproteinlipase-Defizienz, einer extrem seltenen Fettstoffwechselkrankheit, die einen von etwa einer Million Menschen trifft. Zu haben ist die Therapie zum Schnäppchenpreis von einer Million Euro – aber das zahlt zum Glück die Krankenkasse.

Aber auch andere Erfolgsgeschichten über klinische Gentherapiestudien gegen neurodegenerative Erkrankungen, Leukämie oder die Bluterkrankheit mehren sich.

Der vorläufige Höhepunkt, 26 Jahre nach der ersten experimentellen ADA-SCID-Gentherapie, ist die Zulassung des Gentherapeutikums Strimvelis in Europa, mit dem ADA-SCID mit retroviralen Vektoren in den blutbildenden Stammzellen der Patienten behandelt werden kann.

Also alles in allem doch ein Happy End?

Nein, es geht gerade erst los.

Epilog

Christus steht riesengroß und mit weit ausgebreiten Armen vor einem strahlenden Himmel und blickt steinern in die Ferne. So weit, so Rio-de-Janeiro-Reisekatalog. Unerwartet ist allerdings, dass auf dem Foto, das ich da kommentarlos zugeschickt bekommen habe, unter der Statue nicht der sattgrüne Zuckerhut zu sehen ist, sondern zwei große Männerfüße mit krachgrün lackierten Nägeln, die zwischen sich ein Pappschild mit dem Datum des nächsten Sonntags hochhalten. Wie hat der Fotograf denn bitte dieses Bild gemacht? Ich lehne mich weit auf der Couch zurück, nehme die Beine hoch, kneife ein Auge zu und blinzele zwischen meinen Pantoffeln hindurch aus dem Fenster ... Anstrengend. Aber so muss das gewesen sein ... Ich drehe mich mit gestreckten Beinen ein Stück weiter, bis Hedwig ins Bild kommt. Dann lasse ich die Beine sinken und halte ihr das Foto hin.

«Weißt du, was das zu bedeuten hat?»

Sie zuckt nur mit den Schultern und sieht weiter aus dem Fenster. Sie wirkt unsicher? Kann das sein? Wir sprechen hier immerhin von Hedwig! Von jemandem, der den Zeugen Jehovas ohne mit der Wimper zu zucken an der Tür einen gebrauchten Staubsauger verkauft. Und jetzt wirft sie dieses komische Foto derart aus der Bahn? Da ist irgendwas im Busch. Was Großes. Es riecht quasi nach Elefant!

«Heeedwig», bohre ich nach. «Was ist lo-oo-os?»

Nach einer Weile dreht sie sich um und lässt sich mir gegenüber in den Sessel fallen. Sie seufzt. «Hach, das ist eine lange, dumme Geschichte.»

Das klingt ja immer besser! Ich lächle ihr ermutigend zu und ziehe schon mal die Schale mit den Erdnüsschen näher zu mir heran.

«Es ist passiert, als ich auf dem Weg zu euch war», beginnt sie schließlich. «Ich saß im Zug an so einem Vierertisch und las meinen Krimi. Nach einem Halt kurz vor Hannover ist dann ein Herr zu mir gekommen und fragte, ob er sich an meinen Tisch setzen dürfe. Er wirkte sehr seriös, mit Hemd, Bundfaltenhose und Rollkoffer, allerdings trug er keine Schuhe und hatte smaragdgrün lackierte Fußnägel.» Hedwig seufzt. «Ich hatte ihm gerade den Platz gegenüber angeboten, als sich so ein junger Langhaariger mit schwarzem Kunstledermantel neben mich quetschte. Der Kerl hörte laut über Handy-Kopfhörer irgendwelche Brüll-Musik. An Lesen war da nicht mehr zu denken. Ich hab also mein Buch zugeklappt und ihm auf die Schulter getippt. Er drehte sich zu mir um. Doch gerade als ich ihm erklären wollte, was sich hinter dem geheimnisvollen Wort ‹Ruhebereich› verbirgt, zog er sein Handy aus der Tasche, machte die Musik aus ... und wählte eine Nummer! Ich wollte natürlich protestieren, aber er hob die Hand und hielt breit grinsend drei Finger hoch, dann zählte er runter. Bei null war am anderen Ende der Leitung ein ‹Hallo?› zu hören. Und was macht dieser Schrat? Rülpst einfach laut ins Telefon! Hat man so was schon erlebt? Und dann hat er lachend losgelegt: ‹Mann, Klaus, du olle Rübe! Na, haste mich erkannt? Ich sitz

hier gerade im Zuch nach Hamburg und hab Zeit ... Wat treibst du so?› Der Kerl wollte wohl wirklich bis Hamburg neben mir sitzen und rumkrakeelen, dabei war gerade erst die Durchsage ‹Nächster Halt Hannover› gekommen. Da musste ich etwas unternehmen – Hach, irgendwie bleibt dieser ganze Erziehungskram immer an mir hängen, aber diesmal ... diesmal sah mich der adrette Herr von gegenüber an und hauchte leise: ‹Darf ich, Verehrteste?› Ein Kavalier, wie es schien. Trifft man ja selten genug heutzutage. Also nickte ich und überließ ihm den Welpen.»

Hedwig kommt langsam in Fahrt: «Er holte eine Kamera aus der Tasche und fotografierte den Langhaarigen. Aus nächster Nähe. Frontal. Mit Blitz. Sicher kein schönes Bild im klassischen Sinne.» Hedwig grinst schelmisch «Der Grobian blinzelte die Nachbilder weg und sagte zu seinem Telefon-Klaus: ‹Wart mal 'n Sekündchen, hier is so 'n Vollhonk, der noch nich genug Probleme hat!› Dann stand er auf und schnauzte: ‹Willst du Ärger, oder wat?› Aber mein Gegenüber gab sich ganz unbeeindruckt, kramte nur in Seelenruhe einen Stift und eine Liste hervor und sagte: ‹Ich bräuchte dann noch Ihren Namen.› – ‹Was?›, fragte der Rüpel und hat sich dabei wie ein Gorilla mit den Knöcheln auf dem Tisch aufgestützt. ‹Ihren Namen. So etwas haben Sie doch sicherlich? Für die Bildunterschrift.› Der Kavalier tippte dabei mit dem Stift auf eine leere Zeile. ‹Was 'n für 'ne Bildunterschrift?› – ‹Ich arbeite an einem Bildband›, erklärte der Herr und wippte dabei gut sichtbar neben dem Tisch mit seinen grünen Zehen. Das brachte den Gorilla ganz schön aus dem Konzept! Dann sagte der Mann: ‹Und für Ihr Bild habe ich sogar schon einen passenden Titel: Ruhe gibt es nicht, bis zum Schluss ... jemand seinen Zug verpasst.› *Genau in diesem Moment kamen wir quietschend in Hannover zum Stehen. ‹Wat meinen Sie mit* Zug verpasst?›, *fragte der Jüngere und starrte dabei immer noch wie hypnotisiert auf die wackelnden Füße.»*

Hedwig glüht jetzt ein wenig. Der Kavalier hat sie offenbar beeindruckt. «Dann kam das große Finale! Der Ältere sagte: ‹Och, manchmal passieren halt so blöde Sachen. Was weiß ich: Man telefoniert und verpasst dabei diese eine Durchsage, dass der Zug in Hannover geteilt wird und nur der hintere Teil nach Hamburg weiterfährt, so was eben.› – ‹Da soll 'ne Durchsage gewesen sein?› – ‹Sicher!› – ‹Sie wollen mich doch hier verarschen, oder?› – ‹Bitte, wenn Sie mir nicht glauben ...› Der Kavalier drehte sich zu einem Ehepaar um, das in der Sitzreihe hinter ihm gerade einträchtig seine Butterstullen kaute: ‹Entschuldigen Sie, da war doch gerade eine Durchsage mit Hannover, oder?› Die beiden nickten pausbäckig. ‹Mist, Mist, Mist!› Der junge Mann sprang auf, raffte sein Zeug zusammen und stürmte mit wehendem Mantel nach draußen.»

Hedwig macht eine Pause, und ihre Augen strahlen. «Als es dann endlich wieder ruhig war, hab ich mich bedankt und mein Gegenüber gefragt, warum er barfuß unterwegs ist. ‹Nun›, hat er da gesagt, ‹ich bin wirklich auf Fotoweltreise. Und so kommt man leichter in Kontakt und sieht sofort, mit wem sich ein Gespräch lohnt.› Tja, und dann bin ich mit Uwe ins Gespräch gekommen.» Ob man es glaubt oder nicht: Hedwig wird ein bisschen rot. «Wir haben uns ausgezeichnet verstanden. Irgendwann hat er mich gefragt, ob ich nicht Lust hätte, ein Stück mit ihm zu reisen ...», Hedwig stockt, «... und ich ... ich habe gesagt, ich würde es mir überlegen.»

«Und dann?», fragt meine Frau, die hinter der Couch steht und offensichtlich die ganze Geschichte mit angehört hat.

«Er hat gesagt, er würde mir schreiben, wo ich ihn treffen kann.»

«Und warum schreibt er dann an mich?», werfe ich ein.

«Ach, du hast doch gar keine Ahnung», seufzt meine Frau und knufft mich in den Rücken. «Eine Dame gibt doch nicht einfach so ihre Adresse an einen Wildfremden ohne Schuhe raus.»

«Aber meine rausgeben ist okay?»

«Mensch, Papa», mischt sich auch unser Sohnemann ein. Wo der jetzt wieder herkommt, weiß der Himmel.

Meine Frau setzt sich zu mir auf die Couch, legt die Hände in den Schoß und fragt Hedwig sanft: «Und du bist so lange bei uns geblieben, um auf Post von ihm zu warten?»

Hedwig nickt. «Und jetzt weiß ich nicht, was ich machen soll.»

Alle schweigen.

Schließlich sage ich: «Wenn du so lange gewartet hast, weißt du schon, was du tun willst. Aber nimm Pfefferspray mit.»

«Ich habe einen Ziegelstein unten in meiner Handtasche.»

«Gut, vergiss das mit dem Spray, ich such dir einen Flug raus.»

Zwei Tage später stehen wir alle am Flughafen. Hedwig trägt weite Hosen, einen großen Hut, ihre Handtasche und meinen alten Rucksack mit dem Wacken-Aufnäher. Meine Frau drückt ihr eine Flasche himmelblauen Nagellack in die Hand: «Für Uwe», sagt sie leise. Und Sohnemann hat für Hedwig sechs eng bedruckte Seiten mit sämtlichen brasilianischen Cafés, die Schwarzwälder Kirschtorte verkaufen. Der Abschied fällt uns allen schwer. Sogar mir. Was mich ein bisschen überrascht. Schließlich winkt Hedwig uns noch ein letztes Mal zu. Dann verschwindet sie hinter der Sicherheitskontrolle und macht sich auf den Weg in ihr Abenteuer.

GLOSSAR

Das Was-ist-Was im Land der wilden Gene

A

AAV, Adenoassoziierte Viren Die vielleicht größten Schnorrer der Virus-Welt! Wo andere Viren die Zelle überreden, ihnen alles, was sie brauchen, zur Verfügung zu stellen, da macht AAV nicht mal das selbst, sondern überlässt sogar das umprogrammieren anderen, vorzugsweise eben den Adenoviren.

Adenoviren Weit verbreitete und uralte Virengruppe mit DNA-Erbgut. Sie sehen aus wie ein zwanzigseitiger Würfel mit Stacheln an den Ecken - ein bisschen wie eine alte Seemine, wenn man so will. Sie werden seit langem als Gen-Fähre in der Gentherapie eingesetzt.

Aminosäure Zwanzig verschiedene Bausteine, aus denen sich die Proteine aufbauen (also quasi wie Lego für die Zelle).

Antibiotikum Substanz, die Bakterien in ihrem Wachstum hemmt oder abtötet. Gegen Viren sind Antibiotika wirkungslos.

Antikörper Wichtige Waffe unseres Immunsystems. Diese Proteine erkennen gezielt fremdes Material und markieren es, um es dann gemeinsam mit anderen Teilen des Immunsystems zu bekämpfen.

Apoptose Wenn eine Zelle im Organismus schwer geschädigt ist, wird sie häufig durch Apoptose, den zellulären Selbstmord, zerstört. Das macht sie oft aus eigenem Antrieb, aber manchmal auch erst nach «Ermunterung» durch das Immunsystem.

Archaeen Kernlose Einzeller, die neben Bakterien und Eukaryoten eine der drei Säulen des Lebens bilden. Bekannt dafür, sich häufig gerade da wohl zu fühlen, wo sonst keiner hinwill, weil es zu heiß, zu kalt oder zu ätzend ist.

ATP Adenosintriphosphat, gleichzeitig RNA-Baustein und universeller Energieträger. Der Müsliriegel der Zelle, der immer und überall sofort verfügbare Energie liefert: Ohne ATP läuft (fast) nichts!

ATP-Synthase Dieses Protein hat verblüffende Ähnlichkeit mit einer Turbine in einem Wasserkraftwerk, nur dass es statt strömendem Wasser strömende Teilchen nutzt und dabei den Energieträger ATP erzeugt statt Elektrizität.

B

Basen/Nukleinbasen Die Basen Adenin, Guanin, Cytosin und Thymin sind die Bestandteile der DNA, die wirklich die Information tragen: G-A-T-C - ein Alphabet des Lebens aus vier Buchstaben (wobei die RNA sich eine Extrawurst brät und Thymin gegen das ähnliche Uracil auswechselt).

Boten-RNA Siehe Messenger-RNA, mRNA.

Bakterien Kernlose Einzeller, die neben Archaeen und Eukaryoten eine der drei Säulen des Lebens bilden. Man vermutet, dass es auf und in unseren Körpern zehnmal mehr Bakterien als Körperzellen gibt. Wir raten daher davon ab, auf Zellebene über Hygienefragen demokratisch abzustimmen.

C

Chromosom Lange, lineare DNA-Stücke, in die das Erbgut der Eukaryoten unterteilt ist und die zur besseren Lagerung auf Proteine (siehe Histone) aufgewickelt sind wie Haare auf Lockenwickler. Eine menschliche Zelle besitzt in der Regel stolze 46 Chromosomen, die eines Champignons nur acht.

Codon Drei Basen (genetische Buchstaben) hintereinander bilden ein Codon, das eine Aminosäure oder den Abbruch einer Peptidkette codiert. ATG steht zum Beispiel für die Aminosäure Methionin.

Chemiosmotische Hypothese Diese Hypothese wurde von Peter Mitchell entwickelt. Der Brite stellte sich vor, dass die Zelle zur Energiegewinnung ein Teilchenungleichgewicht verwendet, ähnlich wie ein

Wasserkraftwerk die Tatsache nutzt, dass das Wasser unzufrieden ist, wenn es auf der einen Seite mehr Wasser gibt als auf der anderen – und sogar bereit ist, Arbeit zu verrichten, um das auszugleichen!

Cytoplasma Der von einer Zellmembran umschlossene flüssige Inhalt einer Zelle.

Chloroplasten Domestizierte Blaualgen in Pflanzenzellen, in denen die Photosynthese stattfindet, das heißt die Gewinnung nutzbarer Energie aus Licht, Kohlendioxid und Wasser.

Caenorhabditis elegans (eleganter neuer Stab). C. elegans Winziger Fadenwurm und Lieblingstier der Entwicklungsbiologen. Hat sogar seine eigene Zeitung: Die *Worm Breeder's Gazette* (Das «Wurmzüchter-Blättchen»).

D

Directors, The Rockband, bestehend nur aus WissenschaftlerInnen, mitgegründet von Francis Collins, dem Leiter des Human Genome Projects.

DNA Desoxyribonukleinsäure, die chemische Substanz unseres Erbguts.

DNA-Reparatur Verschiedene Mechanismen in unserem Körper, die helfen, Schäden an unserem Erbgut zu erkennen und zu reparieren.

Doppelhelix Die übliche Struktur unseres Erbguts: eine Spirale, gewunden aus zwei DNA-Strängen.

Drosophila melanogaster Die schwarzbäuchige Fruchtfliege, unangefochtene Heldin vieler Genetiker und Liebhaberin von matschigem Obst.

DNA-Polymerase Die zelleigenen Kopierer unseres Erbguts.

E

Enzyme Moleküle, bestehend aus Protein und/oder RNA, die chemische Reaktionen in Organismen beschleunigen.

Eagles Pub Stammkneipe von Watson und Crick, in der sie zum allerersten Mal einer ausgewählten, wahrscheinlich leicht angesäuselten Öffentlichkeit von ihrer Entdeckung der DNA-Doppelhelix berichteten (Also: *«Pub»lished ahead of p(r)int!*).

Eukaryoten Organismen mit Zellkern.

Endosymbionten-Hypothese Theorie, dass es sich bei den Mitochondrien und Chloroplasten in eukaryontischen Zellen um eingewanderte Bakterien handelt.

Epigenetik Beschäftigt sich mit Modifikationen von DNA und Chromosomen-Proteinen, die vererbbar sind, nicht auf Veränderung in der DNA-Sequenz beruhen, aber trotzdem einen gehörigen Einfluss darauf haben, wie die DNA-Sequenz genutzt wird.

Exons Abschnitte eines Gens, die in eine Proteinsequenz übersetzt werden.

G

Gen Ein Stückchen Erbgut, von dem kontrolliert RNA-Kopien erzeugt werden, die häufig als Bauanleitung für ein Proteinstück / ein Protein / mehrere Proteine / ein Stück mehrerer Proteinen dienen ... Die Details sind kompliziert und bereiten Wissenschaftlern, die von schönen einfachen Definitionen träumen, immer noch schlaflose Nächte. Eigenwillige kleine Biester!

Genetik Teilgebiet der Biologie, das sich mit der Vererbung beschäftigt.

Gentherapie Reparatur von defekten Genen im lebenden Organismus.

Genetischer Code Das System, nach dem eine DNA-Sequenz in eine Aminosäuresequenz übersetzt wird. Jeweils drei Basen (Codon) wird dabei eine Aminosäure zugeordnet.

H

Histone Proteine, auf die die DNA wie auf Spulen aufgewickelt ist.

Horizontaler Gentransfer Übertragung von Genmaterial ins Genom eines Organismus, der nicht der eigentliche Nachkomme ist, zum Beispiel von Moos-Genen auf Farne (im Gegensatz zum vertikalen Gentransfer).

HIV Humanes Immundefizienzvirus und Erreger der Immunschwächekrankheit Aids.

I

Intron Abschnitt eines Gens, das nicht in eine Aminosäuresequenz übersetzt wird.

Immunsystem Abwehrsystem unseres Körpers gegen Bakterien, Viren, entartete Zellen und Parasiten.

K

Kapsid Eiweißhülle, in die die Erbinformation von Viren verpackt ist; oft mit mehr Funktionen als ein Schweizer Taschenmesser (durchaus die dicke, unhandliche Angeberversion des Messers).

L

Lactase Enzym, das zum Abbau von Milchzucker benötigt wird.

Lentiviren Unterfamilie der Retroviren; der bekannteste Vertreter ist das Humane Immundefizienzvirus HIV.

M

Mitochondrien Kraftwerke zur Energiegewinnung in Eukaryoten.

mRNA RNA, die beim Ablesen eines Gens entsteht und einen Proteinbauplan enthält.

Mykoplasmen Winzig kleine Bakterien ohne Zellwand, die es sich gerne um oder gleich direkt in Zellen mit Zellkern bequem machen und sich dort vermehren.

N

Nobelpreis Hohe wissenschaftliche Auszeichnung, die von Alfred Nobel gestiftet wurde und seit 1901 jährlich in den Rubriken Physik, Medizin, Chemie, Literatur und Friedensbemühungen in Stockholm vergeben wird. Finanziert durch Geld, das Nobel durch das von ihm entwickelte Dynamit verdiente.

Neuronen Nervenzellen.

Nukleinbasen Siehe Basen.

O

Ornithintranscarbamylase-Mangel / OTC-Mangel Genetische Krankheit, bei der ein wichtiges Enzym fehlt, das für den Abbau von giftigem Ammoniak im Blut benötigt wird.

P

Protein Der MacGyver in der Zelle. Diese Multitalente werden durch geschicktes Kombinieren der zwanzig Aminosäurebausteine streng nach Vorgabe des genetischen Bauplans aufgebaut und können so ziemlich jede Aufgabe übernehmen, egal ob Stütze, Shuttleservice oder Schere.

Proto-Onkogene Codieren für Proteine, die wichtige Funktionen bei der Steuerung der Zellteilung haben. Aber wie heißt es bei *Spider-Man*? «Aus großer Macht folgt große Verantwortung!» Verliert die Zelle durch Mutationen die Kontrolle über diese Proteine, kann es leicht zur Entstehung von Krebs kommen.

Polypeptid Eine Kette aus mehr als zehn verknüpften Aminosäuren.

Prokaryoten Organismen ohne Zellkern.

Promotor Steuer- und Schaltzentrale beim Ablesen eines Gens.

Pseudogene Erinnern wie Burgruinen an den Glanz vergangener Zeiten. Sie sehen aus wie Gene, sind aber nur noch defekte Überbleibsel.

R

RNA, Ribonukleinsäure Mädchen für alles in der Zelle. RNA dient als Informationszwischenspeicher, kann aber auch operativ tätig sein und taugt sogar zum Krawattenmotiv (siehe auch RNA-Tie-Club).

RNA-Tie-Club Selbsternannter Gentlemen's Club, bestehend aus vierundzwanzig nerdigen Wissenschaftlern mit noch nerdigeren Krawatten, die jede Gelegenheit nutzten, um zu trinken, zu rauchen und über Genetik zu fachsimpeln.

Repressor Protein, das das Ablesen eines Gens unterdrückt.

Retrotransposon Kein Transposon mit Siebziger-Jahre-Schlaghosen, sondern ein springendes Gen, das von RNA wieder in DNA übersetzt wird und sich dann ins Erbgut einnistet.

Retroviren Virusfamilie, die über ein RNA-Genom verfügt, das nach Eintritt in die Wirtszelle zunächst in DNA übersetzt und danach in das Genom der Zelle eingebaut wird.

Reverse Transkriptase Protein der Retroviren und Retrotransposons, das eine RNA-Sequenz in eine entsprechende DNA-Sequenz umschreiben kann.

Ribosomen Zelluläre Maschine aus RNA und Protein, die anhand von mRNA-Anleitungen neue Proteine zusammenpuzzelt.

Ribozym Enzym, das aus RNA besteht und chemische Reaktionen beschleunigt.

rRNA / ribosomale RNA RNA-Moleküle, aus denen sich mit bestimmten Proteinen das Ribosom aufbaut.

S

SCID (Severe Combined Immunodeficiency) Schwere Erbkrankheit, bei der durch ein defektes Gen das Immunsystem des Betroffenen vollständig oder größtenteils zerstört oder funktionslos ist.

Spleißen Das Herausschneiden von Introns aus mRNA.

Spleißosom Große zelluläre Maschine, bestehend aus RNA und Protein, das mRNA-Moleküle spleißen kann.

Sequenzieren Ermittlung der Nukleotidabfolge in einem DNA-Molekül, also das Lesen von Gensequenzen, wobei der Inhalt nur begrenzte literarische Qualitäten hat: «GATTCCAGTAGTC ...»

Steinlaus Kleinstes einheimisches Nagetier, zu finden in biologischen Fachbüchern. Erfunden von Loriot, erstmals wissenschaftlich erwähnt 1983 und seitdem liebgewonnener und gehegter Running Gag der medizinisch-biologischen Welt.

T

Telomere Enden der Chromosomen, die aus einer großen Anzahl kurzer, sich wiederholender DNA-Sequenzen bestehen und bei jeder Zellteilung ein wenig verkürzt werden.

Telomerase Enzym, das Telomere wieder verlängern kann.

Thalassämie oder Mittelmeeranämie Ursache für diese Erkrankung sind Mutationen in den Genen des Hämoglobins, des Sauerstoff-Transportproteins in den roten Blutkörperchen.

Transfer-RNA, tRNA Adaptermoleküle, die auf der einen Seite ein Codon auf einer mRNA erkennen und auf der anderen Seite mit der jeweils spezifischen Aminosäure beladen sind. Sie sind die zentralen Bausteine bei der Übersetzung von mRNA in ein Protein.

Transkription Abschreiben eines Gens in eine mRNA.

Translation Übersetzung der mRNA in eine Aminosäurekette.

Transposons oder «Springende Gene» DNA-Stücke, die ihre Position im Erbgut verändern können.

Tumorsuppressorgene Codieren für Proteine, die die unkontrollierte Teilung von Zellen verhindern und so einer Krebsentstehung vorbeugen.

Tumorzelle Zelle, die sich aufgrund von Mutationen unkontrolliert teilen kann und so die Basis für die Entstehung von Tumoren ist.

V

Viren Infektiöse Partikel, die über keinen eigenen Stoffwechsel verfügen und sich nur in einer geeigneten Wirtszelle vermehren können. Offiziell nicht lebendig, aber irgendwie auch nicht richtig tot.

Vektoren Domestizierte Viren, die in der Gentherapie verwendet werden und darauf spezialisiert sind, therapeutische Gene in Zellen abzuliefern.

Vertikaler Gentransfer Übertragung von Genmaterial entlang der Abstammungslinie von den Eltern auf die Nachkommengeneration (siehe im Gegensatz dazu horizontaler Gentransfer).

Z

Zellkern Membranbeutelchen im Inneren von Eukaryotenzellen, von der aus die eingetütete DNA die Zelle steuert.

Zellmembran Doppelte Lipidmembran, die das «Drinnen» vom «Draußen» trennt und alle Zellen umgibt.

WAS NOCH ZU LESEN WÄRE ...

James D. Watson: *Die Doppel-Helix. Ein persönlicher Bericht über die Entdeckung der DNS-Struktur*. Rowohlt 2010

J. B. S. Haldane. *On Being the Right Size and Other Essays*. Oxford 1985

Gina Kolata: *Influenza. Die Jagd nach dem Virus*. Frankfurt am Main 2002

Mark Henderson: *50 Schlüsselideen Genetik*. Heidelberg 2014

Svante Pääbo: *Die Neandertaler und wir. Meine Suche nach den Urzeit-Genen*. Frankfurt am Main 2015

Florian Freistetter: *Die Neuentdeckung des Himmels: Auf der Suche nach Leben im Universum*. München 2014

Joachim Czichos: *What's so funny about Microbiology?* Ettlingen 2004 (deutsche Ausgabe)

DANKSAGUNG

Manchmal kommt Besuch überraschend. Ähnlich erging es uns mit unserem Projekt «Buch», das auf Vorschlag von Uwe Naumann relativ unvermittelt bei uns einzog. Zuerst war unser neuer Mitbewohner sehr bescheiden, ein zurückhaltender, angenehmer Gesprächspartner, der zum wissenschaftlichen Fachsimpeln und kreativen Pingpong einlud – eine echte Bereicherung im Alltagstrott.

Und so wuchs das Buch heran, wurde länger und bescherte uns viele schöne Momente.

Aber schnell forderte unser neuer Mitbewohner immer mehr Aufmerksamkeit, stand maulend neben uns, wenn wir uns nicht mit ihm beschäftigten, oder warf sich wütend trommelnd auf den Boden, wenn wir versuchten, ihm zu erklären, dass es da noch andere Dinge in unserem Leben gab, die erledigt werden wollten.

Ohne die Schützenhilfe von Dominike, Mathias, Juli, Mimi, Natalie, Irmtraud, Fred, Claudia, dem KG3 Team, Johanna und vielen anderen Wegbereitern hätten wir unseren Mitbewohner irgendwann gut verschnürt in die Papiertonne getreten und der Müllabfuhr beim Einsammeln kräftig applaudiert.

So aber fütterten wir das Buch mit immer weiteren Ideen, bis es eines Tages schließlich satt war und sich mit einem zufriedenen Rülpser auf den Weg ins Lektorat machte.

Wir staunten nicht schlecht, als unser Buch bereits kurze Zeit später geschniegelt und gebügelt und mit wunderschönen Zeichnungen von Oliver Weiss versehen wieder an unserer Tür klingelte. Aus unserem mitunter anstrengenden, pöbelnden Mitbewohner war ein richtiges Buch geworden, das den Wunsch äußerte, jetzt seine eigenen Wege gehen zu wollen.

Und so ließen wir es gehen ...

Wie es aussieht, haben sich nun die Wege von Ihnen, lieber Leser, und unserem Buch gekreuzt, und wir hoffen, dass auch Sie ein paar von den angenehmen Seiten unseres ehemaligen Mitbewohners genießen können.

Wir bedanken uns beim Rowohlt Verlag und ganz speziell bei Uwe Naumann und Regina Carstensen für die kreative Zusammenarbeit und die Geduld, die sie mit uns und unserem Opus hatten.

Das für dieses Buch verwendete Papier ist FSC®-zertifiziert.